暁の宇品

陸軍船舶司令官たちのヒロシマ

堀川恵子

講談社

暁の宇品

陸軍船舶司令官たちのヒロシマ

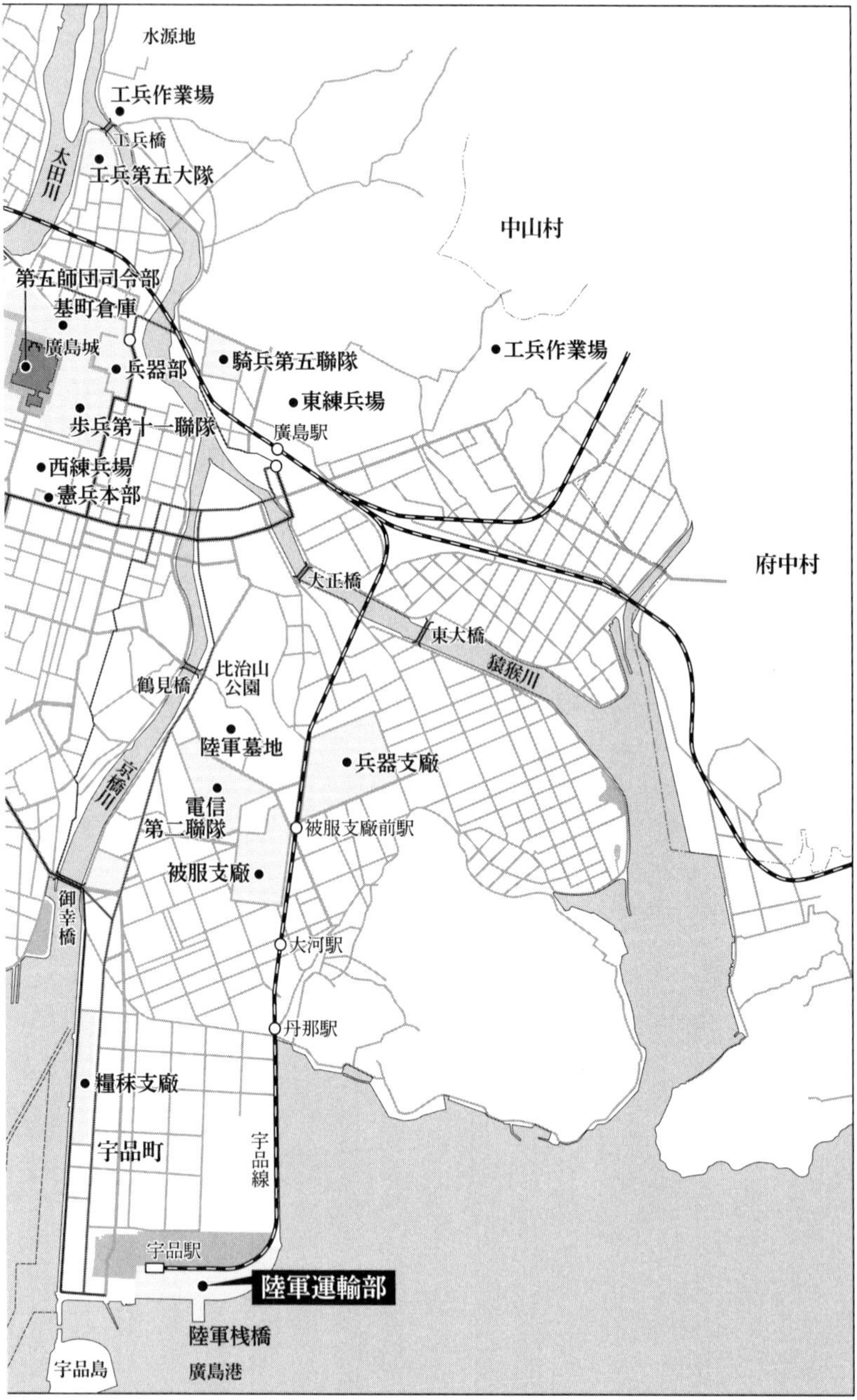

成地図をもとに再構成し、陸軍運輸部の査閲によって削除されていた「陸軍桟橋」を付記した

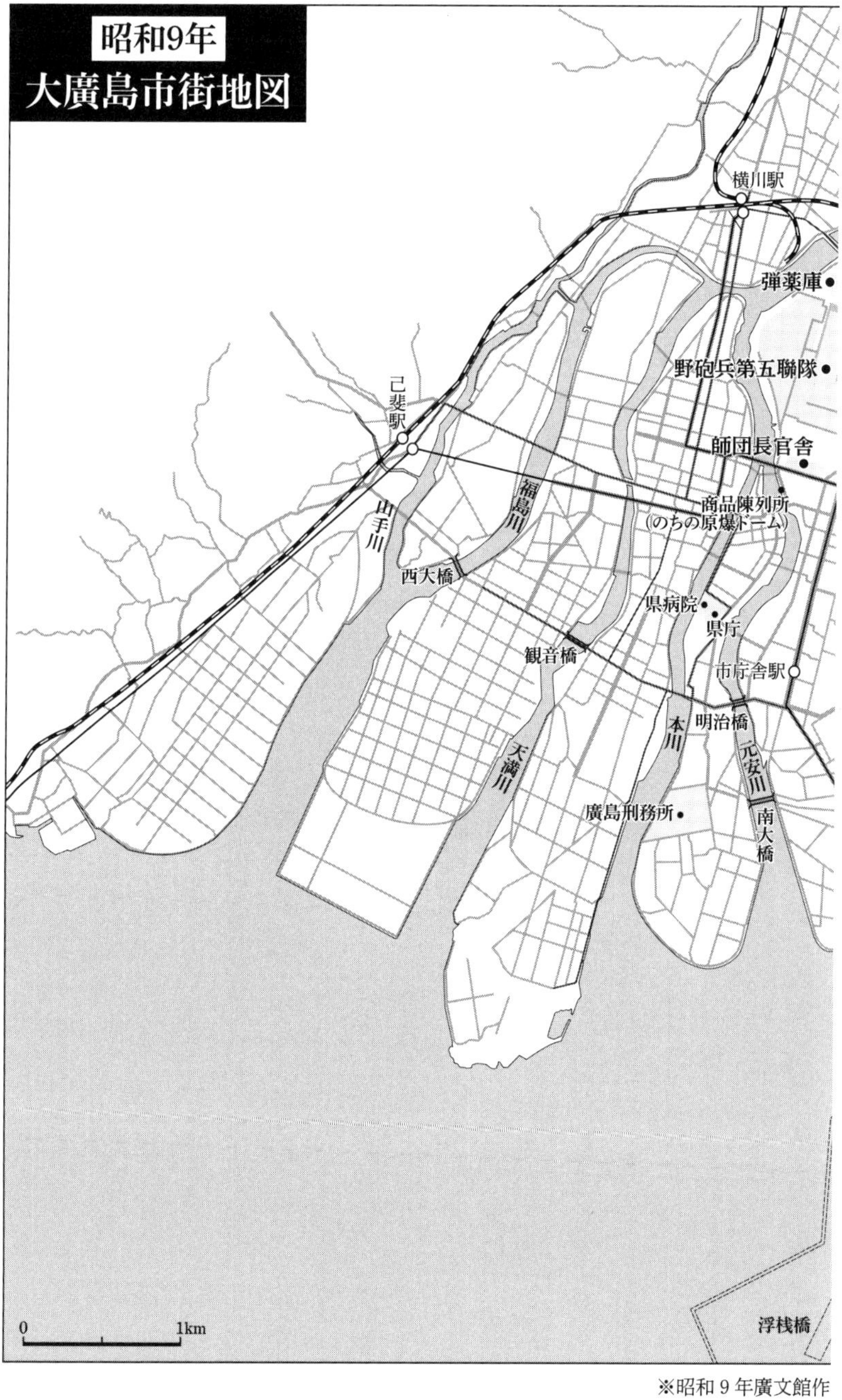
昭和9年
大廣島市街地図
横川駅
弾薬庫
野砲兵第五聯隊
己斐駅
師団長官舎
商品陳列所
（のちの原爆ドーム）
福島川
山手川
西大橋
県病院
県庁
観音橋
市庁舎駅
明治橋
本川
天満川
元安川
廣島刑務所
南大橋
浮桟橋
0
1km

※昭和９年廣文館作

序章

明治二七（一八九四）年、日清戦争を機に、東京の大本営が広島に移されたことはよく知られている。帝国議会も衆議院・貴族院ともに広島に議場を移し、議員たちが大挙して押しかけた。首都機能が丸ごと地方に移転した、近代日本で唯一の例である。その特異な様子は、広島市中に陣取った文武百官の住所にもうかがえる。

たとえば総理大臣・伊藤博文の居宅は大手町四丁目。参謀本部次長の川上操六は大手町三丁目。第一軍司令官の山県有朋は比治山《ひじやま》の麓。山県の後を継ぐ野津道貫《のづみちつら》は大手町八丁目。新聞社主筆の徳富蘇峰《とくとみそほう》が滞在した旅館は大手町四丁目。人力車で数分の距離に国内の要人すべてがそろった。

極めつけは広島の一丁目一番地たる広島城に、明治天皇その人が寝起きしていることだ。「廣島大本営職員録」によれば、侍従長はじめ大膳職《だいぜんしょく》（食事や儀式を担当）、庶務、会計、警備担当など六六人の職員が広島に随行した。

開戦から三ヵ月後の一〇月五日、明治天皇は勅令第一七四号を以て「臨戦地境（戦時にあって警備を要する地域）」の戒厳令を布告。広島を「戦場」並みに位置付けた。天皇自ら就寝するまで決して軍服を脱がず、侍従にも軍服を着用させた。戦地の兵隊と同じように過ごさねばと城内への女官の立ち入りを禁じ、ストーブを持ち込むことすら拒んだ。約七ヵ月の広島滞在の間、大本営から外に出たのはわずかに四度だけだった。

その広島でもっとも繁忙を極めた場所が、瀬戸内海の沿岸にあった。大本営が陣取る市内中心部から南に四キロ離れた埋め立て地、宇品《うじな》だ。宇品港は毎日のように輸送船を吐き出し、吸い込んでいた。兵隊のみならず、近代史に名を刻む明治の武人たちがこの港を玄関に戦地を往来。宇品はまさに物流と情報の中心地であった。

それから五〇年の後、広島は本当の戦場になった。

——人類初の原子爆弾は、なぜ〝ヒロシマ〟に投下されなくてはならなかったか。

本書の取材は、このシンプルな疑問を突き詰めることから出発した。

多くの人は、広島が国内有数の軍事都市であったからと答えるだろう。確かに広島の中心部には旧日本陸軍の最強師団のひとつと言われた第五師団があり、アメリカ軍の本土上陸を迎え撃つための第二総軍司令部も置かれた。

しかし当時、国内でそれなりの人口集積を持つ都市には、大小の差はあれど広島と同じように旧軍の基地があり、軍需工場が稼働していた。たとえどの町に原爆が落とされていたとしても、相応の理由はついただろう。ただ広島にはひとつだけ、他の都市にはない特殊な事情があった。

太平洋戦争末期、アメリカは原爆投下候補地を選定するための「目標検討委員会」を設置。昭和二〇（一九四五）年四月から七月下旬まで、日本のどの町にその運命を負わせるか議論した（以下「目標検討委員会会議要約」アメリカ国立公文書館所蔵）。

第一回委員会は、四月二七日。B29の航続距離や爆撃効果、未空襲の地域などの要素を勘案して、「広島・八幡・横浜・東京」を筆頭に、川崎・名古屋・大阪・神戸・呉・下関・熊本・佐世保など一七の都市を研究対象とした。

第二回委員会は、五月一〇、一一日。ここで四つの勧告目標が固まった。「京都・広島・横浜・小倉」である。特に京都と広島には「AA級」の記号が付され、「A級」の横浜・小倉より高い順位に置かれた。この時点で後の被爆地はキョウト・ヒロシマであったが、最終的に古都を破壊すると日本人の反発が強まり、占領後の統治が難しくなるとの懸念から京都は外された。

いずれにしても広島という地名だけは、議論の最初から最後まで常に候補地の筆頭にあがりつづけた。

広島が標的として選ばれた理由の冒頭には、こんな記述がある。

an important army depot and port of embarkation（重要な軍隊の乗船基地）

広島には、重要な「軍隊の乗船基地」がある。これに加えて、町に広範囲な被害を与えられる広さがあり、隣接する丘陵が爆風の集束効果を生じさせて被害を増幅させることができる、と説明は続く。

広島で軍隊の乗船基地といえば、海軍の呉ではない。陸軍の宇品である。日清戦争を皮切りに日露戦争、シベリア出兵、満州事変、日中戦争、そして太平洋戦争と、この国のすべての近代戦争において、幾百万もの兵隊たちが宇品から戦地へと送り出された。

何度も討議が重ねられた目標検討委員会で、広島が一度たりとも候補から外れなかった理由。それは広島の沖に、日本軍最大の輸送基地・宇品があったからである。

私は広島で生まれ育ち、二〇〇四年まで広島で記者として働いた。当時、宇品の海岸あたりは古びた倉庫群や船会社、小さなドックが建ち並び、ときの流れが止まったかのような、さみし気な場所という印象があった。取材で足を運ぶこともあまりなかった。

その宇品地区も近年、一気に再開発が進み、人の流れも風景もすっかり変わった。埠頭一帯には美しい公園が整備され、かつての倉庫街はベイエリアと呼ばれるようになった。若者たちをターゲットにしたカフェやセレクトショップ、ショッピングセンター、最近では新しいマンション群も目立つ。

いま宇品の埠頭周辺を歩いてみても、ここに人類初の原子爆弾の標的として狙いをつけられるような重大な軍事拠点があったことを思わせる痕跡は何ひとつない。戦争のたび数多《あまた》の兵隊を送り出した旧陸軍桟橋はとうに埋めたてられ、わずかに石積みの一部を残すだけ。港のあちこちに立つ看板も観光案内ばかりで、軍港宇品にかんする史料館もない。逆にここまで見事に何にもないと、まるで意図的に消されたかのような印象すら受ける。

世に出ている文献をあたれば、通りいっぺんのことはわかる。宇品地区の中心にあったのが「陸軍船舶司令部」だ。年配の広島市民にとっては、この正式名称よりも「暁《あかつき》部隊」の呼び名のほうがしっくりくるだろう。

船舶司令部は、戦地へ兵隊を運ぶ任務とともに、補給と兵站《へいたん》（前線の部隊に軍需品や食糧を供給・補充すること）を一手に担った。船員や工員ら軍属をふくめると三〇万人を抱える大所帯で、数えきれないほどの雑多な下部組織が存在し、その規模は前線の方面軍ひとつに相当するほど巨大だった。

司令部の周辺には、糧秣《りょうまつ》（兵隊の食糧や馬の餌）を生産する陸軍糧秣支廠《ししょう》、兵器を生産する陸軍兵器支廠の工場群と、それを備蓄する倉庫群がひしめき合っていた。近年、「被爆建物」として保存が議論されている全長九四メートルもの巨大な赤レンガ倉庫も、軍服、軍靴《ぐんか》、飯盒《はんごう》、毛布などを生産した陸軍被服支廠のほんの一部だ。これら膨大な軍需品が宇品から輸送船に載せられ、方々の戦地へと運ばれた。

宇品の心臓部、船舶司令部とは一体どんな組織だったのか。その実態については、現在に至るまでほとんど情報がない。ペリーの浦賀来港以降の海事にまつわる全事項をまとめた大著『近代日本海事年表』にも、なぜか船舶司令部は一度も出てこない。船舶砲兵や船舶工兵といった端末の部隊の手記は存在するが、司令部については何も見当たらない。原爆投下の目標とされたにもかかわらず、研究者もいない。世界中から人々が訪れる平和記念資料館にも、展示の片隅に小さなパネルだけ。船舶司令部そして軍港宇品を知る手掛かりは完全に封じられてしまっている。

かたやアメリカ側の資料は、宇品の重みを雄弁に物語る。

アメリカはすでに日露戦争の直後から、日本を仮想敵国とした作戦の立案に着手している。「オレンジ計画」と呼ばれるその作戦は、島国日本の海上封鎖を行って資源を断つ〝兵糧攻め〟を基本とした。

実際に太平洋戦争が開戦すると、ルーズベルト大統領はただちに「無制限作戦」を発令。武装していない日本の輸送船にいっさいの警告なしに攻撃を加え、撃沈するよう命じた。国際法は船員や乗客を非戦闘員とみなし、これを攻撃する際には事前に彼らを安全な場所に避難させるよう定めたが、それを犯してまで輸送船に狙いを絞った。

国土の四方を海に囲まれた日本は、平時から食糧や資源の輸入を船に頼っている。戦争になれば戦地に兵隊を送り出すのも、戦場に武器や食糧を届けるのも、占領地から資源を運んでくるのも、すべて船。シーレーン（海上交通路）も長い。その日本を屈服させるには、輸送船や輸送基地を攻撃することがいかに効果的であるかをアメリカは研究し尽くしていた。

太平洋戦争中に撃沈された輸送船は小型船まで含めると七二〇〇隻以上、出征した船員の二人に一人が戦死するという甚大な犠牲を招いた。陸軍船舶司令部の命によって送り出された者たちの眠る場所に墓標を立てるとすれば、茫洋たる大海には果てしない純白の墓標が林立することだろう。

太平洋戦争とは輸送船攻撃の指令から始まり、輸送基地たる広島への原子爆弾投下で終わりを告げる、まさに輸送の戦い〝補給戦〟だった。その中心にあったのが、広島の宇品だったのである。

二〇二一年、太平洋戦争開戦から八〇年の節目を迎える。陸軍船舶司令部について、当時を語ることのできる生存者は、もはやひとりもいない。当事者の証言を取材の柱とできる時代は完全に終わった。八〇年という歳月はそれほどの長さである。

本書は、宇品に生きた三人の軍人が残した未公開史料などを発掘、分析し、知られざる宇品五十有余年の変遷《へんせん》をよみがえらせる。

そこには陸上の部隊であるはずの陸軍が海洋で船舶を操るという、世界に例を見ない足跡が見えてくる。名も無き技術者たちが、この国の貧弱な船舶輸送体制の近代化に奔走した。先人たちが苦悩の末に宇品に集約させた、島国としてもっとも重要な兵站機能はやがて軍中枢で軽視されてゆく。

誰よりもこの国の船舶事情を知り尽くし、開戦に反対して罷免《ひめん》された軍人がいた。自ら開戦決定の歯車となり、破綻する輸送現場に立ち尽くす参謀がいた。そして敗戦を確信し、海ではなく原子野に立つことを選んだ司令官がいた。彼らの存在が、そして軍港宇品の記憶が、あまりに早く忘却の彼方に追いやられてしまったのは、世界で最初の被爆地となったヒロシマの宿命でもあった。

陸軍船舶司令部に生きた軍人たちの足跡、その海洋輸送のあり方を辿る先に見えてくるもの。それは、日本が明治の世から必死に築き上げてきたすべてを一瞬にして失った太平洋戦争破綻の構造そのものである。

旧日本軍最大の輸送基地・宇品には、この国の過去と未来が凝縮されていた。

暁の宇品●目次

第一章 「船舶の神」の手記

孤高の軍歴

東京・市ケ谷の駅を下りて外濠をわたり市ヶ谷台と呼ばれる丘を上っていくと、防衛省の広大な敷地の裏手に出る。長いダラダラ坂がほぼ頂上に至り、ひと汗かいたころ、左手に見えてくるのが防衛研究所だ。

長く目黒駐屯地にあった防衛研究所は二〇一六年、防衛省本省の敷地内に移転した。市ヶ谷台はかつて陸軍士官学校や陸軍省、参謀本部が置かれた旧陸軍の総本山で、現在は日本の国土防衛の拠点である。入り口の身分チェックは厳格で、目黒時代の和やかな空気は微塵《みじん》もなく、本省のお膝元ならではの緊張感が漂う。

一般の研究者やメディアが立ち入りを許される史料閲覧室は、建物の二階にある。この日、戦史研究センター史料室所員の齋藤達志さんが用意してくれた会議室には、もうひとり軍事史の研究家が同席した。

原剛さん（八一歳・年齢は取材当時、以下同）。防衛大学校四期の卒業で、四〇年以上にわたって防衛研究所に勤めた陸軍史の生き字引である。かつてメディア関係者の間では「困ったときの原さん」と頼みにされ、窮地を救われた記者は数知れない。NHKがドラマ『坂の上の雲』を三年をかけて放送したときにはスタッフに請われて陸軍軍事考証にあたり、台本の上で辣腕《らつわん》をふるったのは有名な話だ。

原さんは在任中、様々な史料を発掘、分析するだけでなく、それを一般公開させることにも尽力してきた稀有な人だ。戦中の不都合な情報が公になるのを恐れて史料公開を拒む遺族に対しても「これは個人史でなく国の歴史だ」と真っ向勝負で向き合った。そういうときは鬼の形相になったとの逸話も残る。

冷房のよく効いた会議室で汗が引いたころ、原さんは苦笑いで言った。

「船舶司令部とは、よりによって難しいところに踏み出したね」

そして、その顔から笑みだけが消えた。

「もう、誰も生きとらんよ。船舶司令部は戦時中にわけがわからんほど組織が膨らんでいって、本当に複雑なんだ」

そばに座る齋藤さんはいつもの冷静な表情でじっと話を聞いている。原さんが天井を見上げてボソッとつぶやいた。

「船舶といえば、田尻《たじり》さんか」

すかさず齋藤さんが引き取った。

「ああ、田尻中将。確かにそうですね」
言い終わらぬうち齋藤さんは席を立ち、「田尻中将」の軍歴をプリントして持ってきてくれた（カッコ内は筆者注、以下同）。

田尻昌次《しょうじ》
明治三八年　陸軍士官学校卒業（一八期）
明治三九年　福知山・歩兵第二〇連隊（少尉・小隊長）
大正七年　陸軍大学校卒業（三〇期）
大正八年　運輸本部（広島・宇品）
大正一〇年　参謀本部（船舶班）
大正一二年　福岡・歩兵第二四連隊（中佐・大隊長）
大正一五年　参謀本部（船舶班）
昭和五年　陸軍大学校教官
昭和六年　運輸本部（広島・宇品）
昭和一二年　第一船舶輸送司令部付（広島・宇品）
昭和一三年　第一船舶輸送司令官　兼　運輸部本部長（広島・宇品）
昭和一五年　待命

陸軍士官学校（陸士）は日露戦争最中の一八期。陸軍大学校を出てすぐ広島の宇品に配属され、東京の参謀本部でも一貫して船舶畑だ。昭和六年に東京から宇品の陸軍運輸部に配属されているのは、同年に起きた満州事変への準備だろうか。それから九年もの間、ずっと宇品にいる。陸大出の歩兵の将官人事としてはまず例のない、異例の長さだ。

日中戦争では、船舶部門の最前線である第一船舶輸送司令部付。現場で功績をあげたか、翌年には宇品のトップ船舶輸送司令官に着任。それからわずか二年後の昭和一五年三月、五六歳で待命。

ひととおり経歴を確認してから、雑談になった。

陸士一八期といえば、陸軍大将として高名な阿南惟幾《あなみこれちか》や山下奉文《やましたともゆき》、中将には酒井鎬次《さかいこうじ》、大島浩《おおしまひろし》らがいる。阿南や山下は太平洋戦争の最後まで第一線で指揮を執った。いっぽう、陸士・陸大ともに優等という陸軍きっての開明派として知られた酒井鎬次は日中戦争で東条英機と衝突し、田尻と同じ昭和一五年に予備役にされた。酒井にしても田尻にしても、まさに日本がこれから大戦に挑むという重大な時機に軍を去っている。

そんな話題になったとき、原さんがポツリと漏らした。

「田尻さんは、開戦には反対だったんじゃないかなあ」

思わずその横顔を見た。

「どうも上と衝突して、辞めさせられたような気がするんだ」

太平洋戦争は、広大な海洋を舞台にした戦いだ。まずは船がなければ始まらない。そんな大戦を前に、船舶輸送を率いる宇品の司令官が開戦に反対？　それで開戦直前に軍を罷免されたとすれば聞き逃せる話ではない。

「いやいや、なんの証拠もないよ。僕が田尻さんの後輩たちに話を聞いたりするなかで、勝手にそんな印象を抱いただけのことで」

原さんが「後輩たちに話を聞いた」というのは、約四〇年前。昭和五七（一九八二）年から二年にわたり、旧陸軍船舶関係者が偕行社《かいこうしゃ》（旧陸軍の親睦組織）に集まって行った座談会でのことだ。そのときの記録をまとめたものが、本書でも引用する『船舶兵物語』で、いわば「海軍反省会」の陸軍船舶版といっていい。

当時、防衛研究所の研究員となって間もない原さんは、後学のため座談を傍聴することを許された。記録を確認すると、確かに原さんは三回目の座談会から参加していた。そのとき、田尻氏はすでに亡くなっていたが、彼が多くの部下から慕われていたこと、戦前戦中には「船舶の神」と呼ばれていたことを知った。そしてその軍歴の最後が不遇だったのか、誰も口を濁してそのことにふれようとしない印象を抱いたという。

――田尻昌次。

「船舶の神」と呼ばれたというその軍人の名前には、実はかすかに覚えがあった。過去の取材ノートを調べると、数年前、広島の海沿いにある公園で書き留めた取材ノートの中に、そのフルネームが書かれていた。私はすでに「田尻昌次」に会っていた。

翌週の二〇一九年七月、それを確かめるため広島へ飛んだ。広島駅から広島港行の路面電車に乗って三〇分ほど。終点近くの駅で下り、埠頭へと歩いた。

スコールのような大雨があがったばかりで、真夏のじっとりとした空気がいっそう重く感じられる。夕暮れの港は風ひとつ立たず、人気もない。浮桟橋が小波に揺られてギーギーと苦しそうな声をあげている。

五分ほど歩くと、前方に宇品波止場公園が見えてきた。中央には高さ四三メートルもある派手なステンレス張りのタワーが夕陽を浴びてキラキラ光っている。三〇年前の「海と島の博覧会」で造ったものをここに移設したそうで「パラダイスの塔」と呼ぶらしい。近年の再開発によって、かつて埠頭がまとっていた陰影はすっかり消え失せてしまった。

そんな風景を横目に岸壁を西側から東隅まで突き進み、陸側を走る道路をわたると、ぽっかり空き地になっている一画があった。テニスコートが数面入るほどの広さで宇品中央公園という名称を持つが、そこだけ手を加えるのを避けたかのように草がぼうぼうに生い茂っている。

——確かここに「田尻昌次」の名前があったはず。

足元にまとわりつく藪蚊と戦いながら歩を進めると、空き地の片隅に年季の入った小さな石碑が夏草に埋もれかけていた。

宇品凱旋館建設記念碑

皇紀二千六百年　昭和十五年二月十一日

陸軍中将　田尻昌次書

記憶に間違いはなかった。確かに田尻昌次と刻まれている。

この公園にはかつて旧陸軍の「凱旋館《がいせんかん》」と呼ばれる建物があった。太平洋戦争が始まる前、宇品を出入りする船員たちの休憩・宿泊・慰安の場として作られた建物だが、戦争も半ばになると陸軍船舶司令部が陣取った。船舶司令部が置かれたということは、ここが輸送基地・宇品の中枢だったということである。

当時の凱旋館の写真を見ると、鉄筋コンクリート造三階建ての威風堂々たる外観で、中央に立派な塔屋を持つ構造は市ヶ谷の旧陸軍士官学校を思わせる。車寄せの両脇には巨大な獅子像が鎮座し、塔屋に設けられた展望室からは瀬戸内海が一望できたという。原爆が投下された後は被災者の収容所となり、戦後は第六管区海上保安本部として使われ、昭和四五年に老朽化を理由に取り壊しが決まった。ここまでの情報は石碑を見かけた何年も前に取材していた。だが、田尻という人物については詳細がわからず、そのままになっていた。

改めて石碑に刻まれた「田尻」の名をまじまじ見つめた。碑に刻まれた日付が、田尻が軍を去るひと月前の昭和一五年二月であることに気づいた。根拠はないが、奇妙な符合を感じた。

とにかく田尻昌次の足跡を辿らねばならない。軍人人生の大半を宇品で過ごした、一般にはほとんど無名のこの中将がどんな人物だったのか。その道をとことん極めて船舶輸送の最高司令官に登りつめ「船舶の神」と呼ばれながら、本当に開戦に反対したのか。もしそれが事実だとすれば、背景にはどんな事情があったのか。

翌日、宇品地区の歴史に力を入れている広島市の郷土資料館をはじめ、広島市内にある各種公文書館や史料館を訪ねてみた。そういえば前回も同じことをしたのを思い出した。田尻に関する史料はやはり一件も見つからなかった。

改めて船舶司令部の組織図を眺めるうち、気がついた。船舶司令部は、各地方に配置された師団のような地域の軍隊ではない。輸送業務をつかさどる陸軍省（軍政）と参謀本部（軍令）直轄の組織だったから、史料があるとすれば東京ではないか。

再び東京に戻り、防衛研究所で関連史料を探した。灯台下暗しとはこのことで、田尻中将の史料は膨大に残されていた。彼は「書く軍人」だったようで、直筆の史料だけで数万ページ。その多くは船舶輸送の歴史を総括するもので、彼個人の歩みにはいっさいふれられていない。さらに田尻は戦前、個人名で上陸作戦にかんする専門書まで出版していることもわかった。

それらを読み解きながら意外に思ったのは、軍事の専門的な話にしては文章が極めて読みやすいということだ。筆致が客観的で、無駄な言葉がない。何かを主張するときには必ずデータで立証するかたちをとり、この時代の軍人にありがちな精神主義の類《たぐい》は皆無だ。陸軍中将という肩書きからは連想しにくい、むしろ学者のような人物像が浮かび上がってきた。

残されていた自叙伝

二〇一九年秋、田尻昌次中将の遺族と連絡がとれた。

電話口に出たのは、田尻中将の長男の妻・田尻みゆきさん（九五歳）。事前に手紙を送っておいたが、改めて取材の趣旨を説明した。みゆきさんは黙って耳を傾けた後、最近ではめったに耳にすることのない美しい日本語で、こう言われた。

「お電話をいただくのが、少々、遅うございましたわ。せめて夫が生きていれば色んなことを知っていたのだろうと思いますけれども」

みゆきさんの夫、つまり田尻中将の長男は二〇一二年七月に九六歳で亡くなったという。当事者はもちろんのこと、その子まで亡くなってしまうほど向き合う時代は遥かに遠い。思わず肩を落としかけたとき、みゆきさんが続けた。

「でも、義父は書くことを生きがいにしておりましたから、たくさん記録を残しておりまして、自叙伝もありますの。あまりに量が多いものですから、私ども家族もすべてを読めているわけではございませんが」

聞けば、田尻中将は戦後いっさいの表舞台から退き、自室にこもり、自身が生まれてから現在に至るまでの道のりを冊子にまとめていったという。自叙伝に、陸軍を去ったいきさつはどのように書かれているのか。また防衛研究所に残されていた彼の客観的な記録に、自叙伝という個人史を編み込めば、宇品の陸軍船舶司令部の大きな潮流が見えてくるのではないか。

それから田尻ご一家とお会いしたのは、抜けるような青空が広がる初冬の午後。ちょうど現在の天皇皇后の即位パレードが行われた一一月一〇日のことだ。

横浜の小高い丘の上の閑静な住宅街に、田尻家はあった。戦前には珍しい和洋折衷の建築で、関東大震災を経験した田尻中将が地震に強いことを一義に設計したものだという。神奈川県からは文化財として保存したいとの声もかかっているらしい。元高級軍人の豪邸というよりは、質実剛健という形容の似合う静かで落ち着いた佇《たたず》まいである。

　重厚なマントルピースを備えたリビングのソファに、着物姿の田尻みゆきさんが腰かけていた。みゆきさんは、その年齢とはとても思えぬほど矍鑠《かくしゃく》とされていて、月に数度、自宅で茶道の稽古もつけている。そのみゆきさんの両脇には、長女の天野恵子さんご夫妻が座る。

　壁際に並べられた家族写真の中に、幾条もの勲章を帯びた軍服姿の男性がいた。田尻昌次中将だ。軍人らしい威圧感は微塵もなく、家族ですら「声を荒らげるのを誰ひとり見たことがない」という人柄がしのばれる穏やかな顔。当時の部下たちから「童顔の将軍」と呼ばれていたことを後から知った。

　田尻家の三人を前に、取材趣旨を改めて説明した。田尻中将が陸軍を罷免された可能性について調べていることをお伝えすると、みゆきさんが不思議そうに言った。

「ですが義父は、宇品にある軍の倉庫が火事になったために、その責任をとって退任したと聞いておりますのよ」

「船舶の神」田尻昌次陸軍中将
（田尻家提供）

　恵子さんの夫・義也さんが一冊の本を手にとった。そして首を傾げてつけ加えた。

「実はこれ、田尻昌次の長男、つまり私の義父が書いた自叙伝です。そこにも、父の昌次は倉庫の火事で責任を取ったと書いてあります。でも、そう言われると確かに、なぜかモヤッとした書き方なんですよね」

事前にみゆきさんから送っていただいていた田尻昌次中将の長男・昌克さんの私家版の自叙伝。それもまた貴重な情報の詰まった資料だった。

昌克さんは戦前に慶應大学を卒業後、三井物産に入社して船舶部に所属。太平洋戦争中は、かつて父が率いた船舶司令部に軍属として働いた。徴兵されなかったのは、幼いころに耳を患って聴力に障害が残ったためだ。

戦後は商船三井の副社長を務め、亡くなったときは経済紙でその功績が取り上げられたほどの人物である。端正な文章で綴られた自叙伝には現役時代の父の様子や、自身の船舶司令部での勤務の詳細も綴られていた。その中に二ヵ所、父が退任したときのことについて次のような記述があった（傍点筆者）。

この年明けて二月頃宇品陸軍運輸部の軍需品倉庫に火事がおきた。この事が原因かどうか判らぬが、父は三月末退役する事となった。私は広島に行き父と共に広島駅を一等車に乗って出発した。駅には旧部下の人やその他大勢の人が見送りに見えていた。

昭和十五年春、父は宇品陸軍船舶司令官を最後に退任した。（この年正月過ぎ宇品の軍需品倉庫に火災があった。この事が原因か、何か他の事があったのか分からぬが。）

二ヵ所とも、火事が原因かどうかは分からぬが、とわざわざ付言している。すでに書いたように昌克さんは田尻中将が退任した翌年から宇品の船舶司令部に勤めている。そこで働くうち、父の元部下たちから何らかの裏事情を耳にしていたのではなかろうか。

確かに軍隊にとって火事は禁物で、その処罰は厳重に行われるのが常だ。火事で処分を受けた中将といえば、硫黄島で戦死した栗林忠道中将がいる。それも近衛第三師団長から絶海の孤島への左遷《させん》ではあったが、罷免のような重罰ではない。「船舶の神」とまで呼ばれた陸軍中将が火事の不始末で退任、というのはどうも信じがたい。

田尻家を訪れてから一ヵ月後の年末、二度目の訪問で、田尻中将が書き残した大部の自叙伝を、三度に分けてお借りすることを許された。

全一三巻の自叙伝は、几帳面《きちょうめん》な性格を表すかのように六ミリ四方の升目の原稿用紙に一文字一文字を丁寧に置くように綴られ、糸のこよりできっちり留められていた。それぞれの表紙にはタイトルを書いた和紙が貼り付けられていて、「士官学校時代」「大隊副官時代」「幼年学校（教官）時代」そして「船舶輸送司令官時代」などと続く。

手元の日記や各種史料を引きながら書かれたようで、さまざまな出来事の日にちや時間までが詳しく書き込まれている。さらに超一級の軍事機密であったと思われる上陸作戦直後の現場写真や、戦闘予定地の空撮写真、偵察時に現場でメモされた写景図、皇族による宇品地区の視察時の写真、張作霖《ちょうさくりん》との記念写真なども添付されていて、まさに垂涎《すいぜん》の史料だった。

未発表のまま眠っていた、船舶輸送司令官の膨大な手記。そこには日露戦争での勝利を経て変容していく陸軍将官たちの世界が描かれていた。藩閥《はんばつ》とは無縁の田尻青年が、いかに軍人として道を切り拓き、「船舶の神」となったか。宇品の輸送部隊を率いる司令官としていかなる懊悩《おうのう》を抱えたか。そしてこの国が破滅への道を辿ってゆく道程が、船舶輸送という視点から具体的なデータを伴って予言されていた。「田尻さんは罷免されたのでは」という原剛さんの見立ては正しかった。

田尻昌次の歩みは、まさに陸軍船舶司令部の歩みでもある。その道のりを知るためには、まず明治という時代から見つめ直さねばならない（以下、特に断りのない場合はすべて自叙伝に基づく）。

臥薪嘗胆の日々

田尻昌次は、明治一六（一八八三）年一〇月二八日、兵庫県の但馬《たじま》（現・豊岡市日高町浅倉）に生をうけた。

田尻家に伝わる文書《もんじょ》によれば、田尻一族は清和源氏（源頼光）の系譜に連なり、判官代《ほうがんだい》（院司《いんし》の次官）の職にあった。その末裔《まつえい》にあたる但馬田尻家は戦国時代の田尻甲斐守《かいのかみ》忠行を始祖とする。播磨国《はりまのくに》念仏城（現・兵庫県加東市）の城主であった忠行は天正八（一五八〇）年、羽柴秀吉を大将とする織田信長軍との「三木合戦《みきかっせん》」で別所長治とともに敗れて自刃した（前年に戦死との説もある）。忠行は生前、念仏城近くに曹洞宗・總持院《そうじいん》東條閣を建立。三代目以降、但馬に移り豪農として一帯を治めた。田尻昌次の父は一一代当主にあたり、母もまた丹後の名家の出であった。

一族の隆盛を象徴するように、田尻家の庭には樹齢数百年の大松があった。「寿の松」と呼ばれた大松は一〇メートルを超える幹や枝が四方へ這うように広がり、この辺りではちょっとした名所だった。この大松の世話のためだけに数人の庭師が住み込みで働いたという。

三男の昌次が生まれたころ、家には乳母とお手伝いの男女がいて、昌次は「ボンさん、ボンさん」と呼ばれて可愛がられた。

広く一族郎党の面倒をみていた田尻家の没落は、人の良い父が旧出石藩《いずしはん》勘定方・井上家と、酒屋を営む親戚の借金の保証人になったことから始まる。

ときは明治維新によって社会構造が一変し、そこに西南戦争後の大不況の波が押し寄せ、全国のあちこちで旧家が落ちぶれていった時代である。田尻家も保証人として借金の肩代わりをするため家財を売り払い、田畑も手放し、やがて破産の危機に陥った。

家長たる父は但馬を離れて上京し、宮内省の御用掛として赤坂御所の菊づくりに励んだりもしたが、十分な収入が得られるわけではなかった。但馬の広い家の中には、年老いた祖父母と母、長男、長女、次男、三男の昌次、二女と三女が残された。こまごまと世話を焼いてくれたお手伝いたちは、いつしか姿が見えなくなった。長男は四歳で、長女は生後三〇日で早世、母が、そして祖母が追いかけるようにこの世を去った。

不条理なことはあるもので、田尻家に借金を肩代わりしてもらった井上家は、横浜に出てからすこぶる羽振りが良くなった。ある外国人の助言によって手掛けた廻漕店が時流に乗ったのだ。横浜港に入港してきた船の荷を沖に上げ、別船で築地に回す商売で、あっという間に一廉《ひとかど》の財を成した。

井上家は、大恩ある但馬の田尻家から跡継ぎの次男を引き取って学校に通わせたが、彼も病で早世してしまう。そこで三男の昌次を引き取り、教育をつけることで話がまとまったのが明治二六年、田尻が一〇歳のときだ。

「東京で学問をたて、お前が田尻家を再興させるのだ」

祖父から一族の未来を託され、但馬から送り出された。

田尻は神奈川県尋常中学校（後の神奈川県立第一中学校）に編入する。幼いころから勉学はよくできた。故郷の但馬に医者がいないので、医学者を目指して猛勉強し、成績は常にトップグループを走った。

横浜では青春も謳歌《おうか》した。友人たちと書店に通ったり、人気力士の錦絵を観に行ったり、地元のライバル校である横浜商の生徒と道で鉢合わせれば、取っ組み合いのけんかもした。田尻は自分たちの姿をこんな風に書いている。


当時学生のことを書生と呼んだ。書生には封建制の中に反骨的な一種の気風があった。書生仲間には質実剛健の気風が漂っていた。木綿の黒紋付の羽織、白い兵児帯《へこおび》に白い袴をはき、頭にはわざと穴をあけた破帽を阿弥陀に被り、左眉をいからせ傲然《ごうぜん》と闊歩《かっぽ》していた。


田尻が青春時代を過ごしたのは、大日本帝国憲法が施行されて民権運動が盛りあがり、その象徴たる帝国議会が開設されて間もないときだ。一〇代の多感な時期に自由の気風みなぎる横浜で学友たちとともに過ごした経験は、彼の後の軍人としての生き方に影響を与えたとしても不思議はない。

だが、闊達な書生生活も、家の中ではやや勝手が違った。いくら家族同然とはいえ、生活費や学費の面倒まで丸抱えされる居候の身には違いなく、同級生と遊ぶための小遣いもなかなか頼めない。靴の裏が擦り切れても言い出せず、血を流しながら歩くこともしばしばだった。

田尻は横浜での居候生活をふり返り、「私の、自分の思うことを自由気ままに発表できない内向的な性格」は、このころの生活に起因しており、「それが一生の性格になった」と書いている。

しばらくして、父が亡くなったとの報せが届く。田尻は急いで帰郷し、嘆く間もなく一家の借金の清算をして回らねばならなかった。わずかに残された仏具まで売り払って債権者に伏して許しを乞い、ようやく証文に棒をひっぱってもらうことができた。今後は自分が、祖父と妹二人を養う一家の主である。そのためには一日も早く勉学を修め、但馬で医者にならねばならない。

一八歳のとき、国内の最難関高校のひとつ、京都の第三高等学校（三高）を受験。全体の三〇番で合格した。東京の一高（第一高等学校）でなく三高を選んだのは、故郷で医者になるには京都のほうが都合よかろうという理由からだ。

ところで、田尻が横浜で過ごす間に時代は大きく動いた。大国・清との戦争である。それを機に田尻が世話になっていた井上家の居宅は、ひと昔前の武家屋敷を思わせる重厚な門構えの御殿に様変わりした。国内の廻漕業の需要が一気に沸騰したのだ。巷《ちまた》では兵隊たちが続々と朝鮮半島へと送られ、開戦が布告されるや東京の大本営まで広島に移される大騒動となった。

帝国日本が初めて経験した外国との戦い、日清戦争。それは後に田尻が「第二の故郷」と呼ぶことになる広島の未来を決定的に運命づける出来事となった。

輸送基地・宇品の誕生

なぜ広島の宇品が、戦争の玄関口となったのか。

理由のひとつは、鉄道である。朝鮮半島への航路としては、明治七年の台湾出兵で使われた長崎港のほうがはるかに近い。しかし、東京を起点とした鉄道は広島まで開通したばかりで、その先は未通だった。全国各地から集めた兵隊や物資を戦場に運ぶには、出航する港へと繋がる軌道系アクセスが整っていることが必須だ。宇品はその条件を満たす、もっとも西側にある港だった。

広島市郷土資料館の学芸員・本田美和子さんは、宇品が旧陸軍の輸送拠点になった歴史的意味をこう解説する。

「日清戦争の開戦前、長州出身の伊藤博文総理大臣は、陸軍の輸送基地を地元の山口に置きたかったようです。軍の拠点になれば多くの産業が誘致され、町は発展します。ですが鉄道が広島までしか開通していないことから、伊藤総理の希望は叶いませんでした。このことは広島の今後に決定的な影響を与えました。

日清戦争をきっかけとして宇品を抱える広島は大陸への出兵基地としての性格を確立し、以来、北清事変、日露戦争と戦争のたびに軍事機関や関連施設が設置され、軍事都市としての性格を強めていき、その立場は原爆が投下され太平洋戦争が終結するまで続くことになります」

さらに宇品が軍港に選ばれたのには、もうひとつ理由があった。宇品港は西日本のどの港湾よりも早く整備が終わっていて、軍港としてすぐに使えたからだ。

話は、一四年前の明治一三年にさかのぼる。

このとき、広島県令（現在の県知事）に就任したのは、旧薩摩藩出身の千田貞暁《せんださだあき》。当時はまだ鉄道がなく、千田は広島に赴任する際、東京から海路で広島へ向かった。そして、その不便さに閉口した。まず広島市沖にある小さな漁港（当時は独立した島だった宇品島と想像される）で、手漕ぎの小舟に乗り換えねばならなかった。広島の沖には中国山系から流れ下る複数の河川から大量の土砂が堆積《たいせき》していて、大きな船は航行できないからだ。

宇品島からも満潮時でなければ出港することができず、何もない小島で何時間も待たされた。手漕ぎの小舟で浅瀬を大回りしながら、町の中心部にある広島城まで辿り着くのに一昼夜がかり。千田は広島の経済発展のためには、何よりも港湾整備が急務であることを痛感した。

千田が立案した宇品地区の埋め立ては、沖に向かって二・二キロの堤防をつくり、約二三〇ヘクタールの干拓地を築くという大事業だった。あまりに規模が大きく、地元からは反対の声があがった。漁業への影響もさることながら、人も通わぬような沖合に広大な土地をつくるなど「無用の長物」との批判があった。

千田はなかなか一徹な男だったようだ。私財を担保に入れるほどの熱意をもって地元を繰り返し説得し、文字通り艱難辛苦《かんなんしんく》の末、五年三ヵ月もの歳月をかけて難工事を完成させた。ちなみに千田は晩年、「後の日清戦争を考えての事業着手だったのか」と問われ、それを否定している。

総工費は三〇万四五八五円、当時としては国家事業の規模で、完成四年前の明治一八年八月四日には明治天皇の行幸も行われた。ところが千田自身は、逆に工事費が膨んだ責任を問われて中央政府から行政処分を受け、宇品港完成を記念する県をあげての祝賀行事を目前にして新潟県令に左遷された。宇品築港の立役者はさんざんな目に遭って広島を去ったわけだが、後に宇品の輸送部隊を「暁部隊」と呼ぶようになるのは「暁」の文字を千田の名前からとったのだと伝わっている。

現在の宇品埠頭に立って瀬戸内海を見わたすと、一帯が天然の良港であること、そしていかに軍事利用に優れていたかが一目でわかる。

まず瀬戸内海に点在する島々が外部からの見晴らしをさえぎるため、軍事目的の秘匿《ひとく》が容易だ。一キロ沖の左手には造船工場や舟艇《しゅうてい》研究所がつくられた金輪島《かなわじま》があり、三キロ沖の右手には検疫所が置かれた似島《にのしま》、そして真正面には船舶部隊の練習基地が設けられた江田島《えたじま》が見える。さらに左手奥には軍需品が蓄積された坂町、舟艇倉庫が設けられた鯛尾《たいび》。宇品港を起点として軍事要塞を築くには格好の地形である。

宇品港の特性については、太平洋戦争時に船舶参謀として指揮をとった上野滋（三八期）がいかに機能的だったかを語っている（上野滋『太平洋戦争に於ける船舶輸送の研究』第一巻）。

宇品港は岸壁の際まで最大一〇メートルの深さがあり、港のすぐ近くまで大型船をつけることができた。周辺の島々が風をさえぎってくれるため波も穏やかで、使用できる海面も広い。湾の周辺には、いっときに最大二〇〇隻もの船舶を碇泊させて作業することができた。

また錨地《びょうち》から海岸までの距離が近く、小舟による往来が短時間ですむ。船の片側を岸壁に接岸させて作業するより（片舷荷役）、船の左右両方の舷から同時に作業ができるため（両舷荷役）、作業効率もよかった。あらゆる作業に欠かせない木舟は、宇品のすぐ対岸にある金輪島で大量生産できた。

船舶の運航にはバラスト（船荷の重さに応じて船底に積む砂利）が不可欠だが、それも目の前の似島で豊富に採れた。似島には、軍にバラストを売って一代で財を成した島民の成功譚も伝わる。また宇品のすぐ背後には広島市が構え、船舶の運航に不可欠な水も豊富だった。

前出の本田美和子学芸員によると、広島は江戸時代から河川を利用した「水運」で物流が行われたため、城下に川船、海船が充実していたことも大きかった。明治前期に刷られた広島の「買物案内記」（『「広島諸商仕入買物案内記」に見る明治前期の広島』展）には、河岸沿いのあちこちに雁木（階段状の船着き場）があり、その側には問屋や廻漕店、汽船会社が集まる様子が描かれている。

宇品の広大な埋め立て地の存在や、国内でいち早く整備された港といったインフラに加えて、その運用を支える大小の海運業者が多数存在していたことも、軍にとっては重要な利点となった。

日清戦争の最中、宇品には船舶輸送をつかさどる大本営直轄の「運輸通信部宇品支部」が置かれた。その初代長官は後の総理大臣・寺内正毅《てらうちまさたけ》だ。

開戦前から輸送業務に忙殺されたという寺内について、座談会『船舶兵物語』別篇に掲載された評伝には、「明治25年当時、国軍の最大関心事は輸送力の貧弱にあった。寺内さんは選ばれてその任についたが、着任以来輸送力の整備に没頭した。日清の役の戦捷の重大要因はここにあった」との一文が引かれている。

さらに朝鮮半島に先遣された第五師団（広島）の参謀として現地で指揮をふるった、後の陸軍元帥・上原勇作についても、「元帥はこの勤務を通じ兵站の苦悩と辛酸《しんさん》を嘗め尽くした。（略）緒戦のころ、制海権の帰趨不明の時期に、軍隊軍需品を何時どこに揚げるか等船舶輸送の最も重要な問題について現地軍の側で苦労」したと伝えている。

——輸送や兵站を軽視すれば戦そのものが成り立たない。

初の対外戦争となった日清戦争を通して、明治の武人たちはそれを「国軍の最大関心事」と定め、宇品を陸軍の一大輸送基地とすべく全力を傾注していく。

日清戦争の講和後、陸軍は宇品周辺の埋め立て地を次々に買収して軍用地に変えていった。長く「無用の長物」と嘲笑されてきた広大な埋め立て地は、住民の立ち退きを要求する必要すらない便利な土地であった。すでに突貫工事で仮に完成させていた広島駅から宇品軍港までの六キロをつなぐ宇品線も、本格的に仕上げた。

また日清戦争では現地部隊に届けた食糧が腐ってしまうなど、その鮮度を保つのに大変な苦労があった。そこで宇品地区に陸軍糧秣支廠を置き、精米工場や缶詰工場、糧秣倉庫を建設した。宇品が「罐詰王国」と呼ばれる一大缶詰製造地になるのは、今後の戦争における補給を重要視した陸軍の方針によるものである。糧秣支廠のみならず陸軍被服支廠、兵器支廠が次々に誘致され、宇品地区には巨大な煉瓦造りの建物群が所せましと建てられていく。

また宇品港のすぐ沖にある似島には、戦地から帰還した兵隊が国内に伝染病を持ち込まぬよう検疫を行う陸軍検疫所も新設された。ここで児玉源太郎の信を一身に受けた後藤新平が、ドイツを抜いて世界最大の検疫体制を確立させたことはよく知られている。この検疫体制の整備に投じられた費用は一五〇万円。当時の国家予算が九〇〇〇万円前後だったことを考えると、いかに巨額かがわかる（鶴

見祐輔『正伝　後藤新平2　衛生局長時代』)。

宇品には、地方都市としては桁はずれの戦時費や軍費が投じられ、その風景は一変していく。

第二章　陸軍が船を持った

海軍、同意せず

二〇二〇年一〇月一四日、広島駅からタクシーに乗り込んだ。

「陸軍墓地にお願いします」

行き先を伝えると、いつもと同じ返事がもどってきた。

「え?　どこの墓地ですって」

若い運転手の中には、その名称すら知らぬ人も珍しくない。

「比治山の放射線影響研究所の、すぐ裏手にある墓地です」

そこまで伝えると「ああ、あれか」という話になる。いまだ千人規模の慰霊祭が続くおとなり呉の海軍墓地であればこうはならないだろうが、この町で「陸軍」の記憶は遥かに遠い。

広島駅から車で一〇分ほど走った南側に、こんもりと緑を茂らせる比治山。その片隅に、陸軍墓地はある。日清戦争から太平洋戦争に至るまで、故郷に戻ることのかなわなかった全国の陸軍兵士の墓石や遺骨を祭っている。敗戦から七五年、ここで慰霊祭を執り行った旧陸軍の遺族会はとうとう二つだけになった。

そのうちの一つ「船舶砲兵」の遺族会が、この日の午後に集まった。抜けるような青空の下、八十路前後の遺児たち九人が囲むのは、墓地の突き当たりにある船舶砲兵部隊慰霊碑だ。実家の墓に遺骨を納めることのできた人は誰もおらず、遺族にとってはここが祈りの場である。全員が静かに焼香し、「ふるさと」を合唱。顔すら知らぬ父を思って涙をにじませる人もいる。色なき風が、線香から立ちのぼる煙をかき消してゆく。

「うちの父は江戸川丸。東シナ海で撃沈されました」

「兄は、摩耶山丸。最後は済州島の沖らしいわ」

「うちは立山丸。八丈島のあたりですわ」

まるで海軍遺族のような会話が交わされる。しかし、亡き人たちは皆れっきとした陸軍兵士だ。陸軍でありながら徴兵された先は輸送船、戦場は陸ではなく海だった。何十万という陸軍兵士が今なお輸送船とともに海深く眠っている。

ここ一〇年ほど、私は広島を取材で訪れるたび市内の古本屋をめぐっては宇品の船舶司令部にかんする手記が出ていないか探し歩いてきた。少し前、地元で一〇〇年以上の歴史をもつ古本屋の同世代の店主からこう言われたことがある。

「宇品は海軍だから、広島で資料はなかなか出ないよ」

確かに船を運用した部隊だから、海軍だったと勘違いされても仕方がない。遺族の中にさえそう思い込んでいる人がいるくらいだ。だが宇品の部隊の正式名称は、陸軍船舶司令部。ここに疑問がある。

船舶を使う海洋輸送業務は本来、海のエキスパートたる海軍の仕事だ。事実、世界中のほぼすべての国の軍隊で、海上輸送を担うのは海軍である。陸軍の出番は船から荷が下ろされる揚陸《ようりく》の段階や、その荷を前線に運搬する輸送業務から。陸軍が海洋業務全般を担うという宇品の形態は、世界でもまれな現象なのだ。

なぜ、日本では陸軍が船を動かすことになったのか。

旧日本陸軍の船舶輸送をテーマに出版された、ほぼ唯一といえる書籍が『陸軍船舶戦争』（松原茂生著述・遠藤昭著述編集、一九九六年・現在は絶版）。主たる著者である松原茂生（故人）は陸士五〇期。日中戦争そして太平洋戦争に船舶参謀として参戦し、戦後は自衛隊で輸送業務を担当した陸軍船舶部隊の生き字引で、詳しくは後述するが田尻昌次を師と仰いだ人物である。

その松原が、日本陸軍が船舶輸送を手掛けた経緯について次のように書いている。

日本の陸海軍間で、輸送船の設備、つまり、人馬や軍需品を安全かつ能率的に積み込むための付属設備と、安全かつ迅速に揚陸するための接岸設備、更には、泊地（引用者注：船舶が停泊できる海洋上の場所）の輸送船から敵岸迄の輸送用舟艇、および、その行動を直接に援護するための戦斗用舟艇などの研究開発は陸軍で担当するという協定があったと伝えられている。

残念ながら、協定の日時、内容は明らかでないが現実の作業はこの協定の主旨通り進められていた。

松原でさえ、陸海軍の間で「協定があったと伝えられている」が、その詳細は明らかではないと筆をにごしている。

近年、陸上自衛隊が島嶼防衛を念頭に、長崎・佐世保に「水陸機動団」を新設した。これに前後して旧軍の船舶輸送問題に光があたり、軍事史の掘り起こしが進んでいる。陸軍が船舶輸送を手掛けた経緯も少しずつ判明してきた。

その端緒は日清戦争の三年前、明治二四（一八九一）年にさかのぼる。参謀本部で「今信玄」と呼ばれた戦略家・田村怡与造《たむらいよぞう》が作成した『兵站勤務令起草文書』では、「外征においては海軍に全面的に依存せざるをえない」との方針が示された。つまり参謀本部としては、陸軍の部隊を船で外地へ運ぶ輸送任務は海軍に行ってほしいと希望した。

ところが、この陸軍の意向に内務省と逓信省《ていしんしょう》の同意は得られたが、海軍からの同意を得ることができなかった。海軍は、陸軍部隊を運ぶ海洋輸送の仕事は海軍の任務ではないと拒んだのである（遠藤芳信『日本陸軍の戦時動員計画と補給・兵站体制構築の研究』）。

軍隊の海洋輸送は、大きく三つの段階に分けられる。まず上陸部隊を船舶に乗せて海洋を運ぶ作業、次に部隊や軍需品を揚陸する作業、そして根拠地を築いて前線に物資を届ける作業だ。海軍としては、陸軍の兵隊を船で運ぶ作業は陸軍が自力で行うべきであり、もし上陸するまでに海上で戦闘が発生するようなら、海軍の主任務ではないけれど護衛するのはやぶさかではないと主張した。

海軍のエース山本権兵衛（第一六・二二代総理大臣）はこれから後に大本営条例を改正する際、陸軍と海軍が協同する必要性について「最小限に制限」する方針を打ち出しており、あくまで陸軍のことは陸軍内で処理すべきといった基本姿勢を明確にしている。

海軍が陸軍の輸送に対して非協力的だった背景には、建軍当初からの陸軍（長州）と海軍（薩摩）の縄張り争いに加えて、この国の鎖国の歴史も無関係ではないだろう。

諸外国が大航海時代に象徴される長い歴史の中で陸海軍の機能を分担、発展させてきたのに比べ、日本は二〇〇年以上にわたって国を閉じた。北前船などのごくわずかな例を除き、長く海運機能を失った。そして鎖国を解いたとたん、いきなり列強とわたりあう軍事力を整備せねばならなくなった。海軍からすれば諸外国に伍する艦船も足りないのに、陸軍を輸送するどころではなかったとも考えられる。

ともあれ海軍に拒否された陸軍は、軍隊輸送を自前で行わなくてはならなくなった。ところが、その運用には根源的な問題があった。なぜなら陸軍は「自前の船」を一隻も持たず、船員もいない。海洋業務にかんしては、ないない尽くしなのである。

少し時代をさかのぼるが、陸軍が初めて外征した明治七年「台湾出兵」ではどうだったかを見てみよう（海上労働協会『日本商船隊戦時遭難史』等参照）。

台湾出兵は、日本の漁船が台湾に漂着し、乗船者が原住民に殺害されたことを理由に陸軍が出兵したものだが、このときもいきなり「船舶輸送」が問題となっている。

長崎港から台湾に向けて、陸軍中将・西郷従道《さいごうつぐみち》が率いる三千余の兵隊を送ることになった。当時の日本で、軍隊輸送のできる大きさの船をわずかに所有するのは太平洋郵船会社、一社だけ。ところが同社の船はアメリカとイギリスが所有するもので、日本の出兵に正当性がないとしたアメリカが中立宣言を行ったため、軍事利用が禁じられてしまう。

長崎港にはすでに兵隊が集結しているのに、船がない。おりしも陸軍の主力である旧武士階級の間には新体制への不満が高まり、三年後には西南戦争というかたちでその不満が暴発するという不穏な空気が充満する最中のことだ。しかも兵隊の半数は九州の士族が占めている。このまま出兵できなければ、兵隊を制御できなくなる。陸軍首脳は進退両難の窮地に陥った。

ここで動いたのが、長崎の台湾蕃地《ばんち》事務局で指揮にあたっていた大隈重信だ。大隈は急遽外国船を購入し、旧知の三菱に依頼して輸送の実務にあたらせて出兵を実現した。陸軍の窮地を救ったのは海軍ではなく、民間の船会社だった。これを機に政府に大恩を売った三菱は三年後の西南戦争でも全社をあげて軍事輸送にあたり、大きく飛躍していったのは周知の事実だ。

西南戦争から一七年後の日清戦争においても、陸軍が自前の船を持っていないという事情は変わらない。平素の軍務に船を必要としない陸軍が、戦間期から船舶を保有しつづけることはそもそも難しい。

そこで行われたのが「民間船のチャーター」だ。一般には「貸船」というが、軍事利用では「傭《よう》船《せん》」という。その仕組みは、三菱頼みだった時代に比べてやや合理的になった。国内最大の船会社となった日本郵船を通じて、外国航路用の大型船舶を外国から購入させる。これを「御用船」として戦争の間だけ陸軍が使う。戦争が終わったら陸軍が責任をもって船を再整備して日本郵船の社船に戻すという契約である。

船を持たない陸軍には、操船のできる船員もいない。そこで船とあわせて船員もセットで借りなければならない。そのため、外国から購入した船には外国人船員がそのまま乗務した。いわばレンタカーではなく、運転手付きのタクシーを雇うイメージだ。日清・日露戦争ともに日本の大型輸送船の主要乗組員が外国人だったというのは少し意外だが、例えば日露戦争で撃沈された輸送船の死亡者名簿には、かなりの数の外国人の名が掲載されている。

船体と船員を民間からセットで借り受けるこの形が、陸軍の船舶徴傭《ちょうよう》の原型だ。この方式は昭和の太平洋戦争が終わるまで一貫して続けられることになる。

松原茂生は世界でも例をみない旧日本陸軍独自の海洋輸送システムについて、

――陸軍船舶司令部は、船と船員を持たない海運会社のようなもの
と位置づけているが、的を射た表現だろう。

さらに付け加えれば、大型船で運んだ兵隊や軍需品を朝鮮半島の沿岸に陸揚げするためには、船と陸地とを中継する小舟が多数必要となる。これについても陸軍は自前の小舟を持っていない。そこで国内各地に点在する海運業者から大量に小舟を借りあげた。この場合も船体と船員がセットでの徴傭だ。小舟は家族経営が多く、船長が夫で船員が妻というケースも少なくなかった。田尻昌次が世話になった横浜の井上家が経営する廻漕店が日清戦争で繁盛をしたのも、こういった事情があった。

さらに輸送船に荷を積み込んだり、小舟から沿岸に荷下ろししたりする際にも労働力が必要にな

る。陸軍にはすでに軍需品や糧秣を前線に届ける雑役を担う「輜重兵《しちょう》」という兵科があったが、舟の仕事にまで手がまわらなかった。それに海上の仕事には、それなりの熟練を要する。そこで陸軍は、国内各地の港湾で働く沖仲仕らをかき集めて荷役を手伝わせた。

日清・日露戦争時に宇品港で撮影された写真をよく観察すると、面白い風景に気づく。小舟を漕いだり、艀《はしけ》を操作したり、荷を担いでいる男たちの風体は明らかに軍人ではない。首にタオルを巻きつけたり、頬かむりをしたり、背中に会社の屋号が染め抜かれた法被《はっぴ》を着ている者もいる。彼らは全員、民間から集められた港湾労働者だ。これらの業務を正式な軍務として陸軍の兵隊（後の船舶兵）が担うよう整備されるのは、はるか昭和以降のことになる。

戦後に田尻昌次がまとめた『船舶輸送作戦原則の過去と現在』第二巻によると、日清戦争時の日本の汽船保有数は六八〇隻（約一一万二〇五総トン）。これは現代でいうところの大型タンカー一隻分にも満たず、軍隊が独立して戦闘を行う際の基本単位である一個師団（約一万八〇〇〇人）を一度に運ぶこともできない。

しかも御用船の大きさは汽船で平均一二〇〇トン、帆船で六〇〇トンだ。現在、横浜港のランドマークタワー足下に保存展示されている帆船「日本丸」でも二二七八トンあることから想像すると、当時の船がいかに小さかったかがわかる。

日露戦争の前年になると、国内の船舶保有数は一〇八八隻（六五万七三〇〇総トン）と、船腹量では日清戦争終了時の六倍になる。それでも依然として船舶は足りず、日露戦争でも不足分は外国船を日本の船会社経由で徴傭して補った。

このような貧弱な態勢で、陸軍は戦争が起きるたび民間から船と労働者を必死にかき集め、日清戦争で二四万人、日露戦争では一〇九万人の将兵を宇品から朝鮮半島や大陸へと運んだのである。

陸軍部隊の輸送にかんする陸海軍の役割分担が初めて法令に明示されるのは、日露戦争後の明治四三年になってからだ。海軍の「海戦要務令」が改定され、「陸兵輸送の業務は陸軍に属す、然れども海上及揚陸地に於ける輸送戦隊の護衛は海軍を以てするものとす」（第二五三条）と明記された。ここで陸軍部隊の輸送業務、乗船、搭乗、陸上への揚陸はすべて陸軍が計画し、その護衛のみを海軍が行うことが法令上、はっきりと定められた（齋藤達志「日本軍の上陸作戦に関する研究」）。

海軍は、出港・戦闘・上陸そして補給まで、すべての行動を最初から最後まで自力で完結できる。しかし海洋業務のノウハウを持たない陸軍は、そのほとんどを民間業者に頼らねばならなかった。当然、その船舶輸送は多くの問題を抱えることになる。日本が近代国家としての歩みを始めたときからずっと船舶輸送問題は陸軍のアキレス腱だったのである。その不安定な体制を一気に近代化させる人物が、まだひとりの貧乏学生にすぎない田尻昌次少年だ。ここで再び田尻の物語に戻ろう。

貧乏教諭から陸士へ

明治三四年、横浜の中学から京都三高への進学が決まった田尻昌次の人生航路は、順風満帆には進まなかった。

三高に入学する直前、思わぬ事態に見舞われた。老体に鞭打って畑仕事で家計を支えてきた但馬の祖父が倒れたのだ。同居する妹二人の内職の収入はわずかなもので、田尻家は共倒れの危機に陥った。家族を養うため但馬で医師になろうと三高を目指した田尻だったが、家族を見捨てて進学するのか、家族のために三高をあきらめて働くのか、いきなり決断を迫られた。すでに制服も用意していたが、三高には一年間の休学届を出して故郷にもどることにした。

京都駅を発ち、山陰東線に乗り換えた。汽車は煤煙を吐き上げながらあえぐようにして但馬の深い山々へ分け入ってゆく。

――私は、この山と闘うのだ。そして、この山を乗り越えるのだ。

そう自分を奮いたたせたと自叙伝にはある。

但馬に戻ると、家から片道六キロの府中尋常高等小学校（現・豊岡市立府中小学校）に代用教員として働く口が見つかった。教育者としては何の経験もなく、ずぶの素人だ。学校にひとり居残って唱歌の練習をしたり、初めてさわるオルガンの猛特訓をしたりと、慌ただしい日々が始まった。

代用教員の月給は一〇円、これで四人の家族を養わねばならない。

田尻の思考は理系型で、とにかく数字でものごとを整理する癖があった。生活費も然《しか》り、米ひとり一ヵ月の消費量は平均一斗、四人だから毎月四斗必要になる。これを炊く燃料や醬油、塩など調味料を買うと、手元に残るのは一円から多くて二円。残る生活費を計算しながら家族全員の雑費に優先順位をつけて賄《まかな》った。

教員らしい背広も用意できず、三高の制服で通勤した。毎日往復一二キロの道のりで、靴の裏はすぐ穴だらけになった。砂利が入っては足を刺し、雪の日には歩を進めるのもままならない。仕方なく寒さをこらえて下駄を履くと、校長から「風紀違反」との注意を受けた。同僚に靴の修理代を貸してほしいと頼むも、お前に返済できるはずがなかろうと断られた。気弱な田尻には、重ねて頼み込むことはできなかった。

年が明けてから一度だけ、三高に復学しようと考え、祖父と妹を親戚に預ける算段をつけようとしたことがある。休学期間が明けるまで、あと二月しかなかった。しかし祖父は、「わしは但馬で死ぬ」と頑として動こうとせず、休学が明ける日はとうとう訪れなかった。

家には一銭の余裕もなく、雨の日も雪の日も、垢まみれの制服と破れかけの靴で砂利道を通い続けた。この貧相な若者が、後に陸軍中将として郷里に凱旋することになろうとは、さすがに誰も想像できなかっただろう。

赤貧の教員生活の中にも、楽しみを見つけた。子どもたちは慈悲をもって接すれば驚くほど成長する。落ちこぼれの子ほど愛しく思え、遠足ではいつもビリの子を背負って歩いた。貧しい家から通学する子には時間を割いて放課後におさらいをした。教育の仕事は自分の天職かもしれない、そんな風に思えるようになった。

但馬にもどって季節が何度か巡り、教師の仕事にも慣れてきた明治三七年、巷はロシアとの一大決戦、日露戦争の話題で持ち切りになった。

街頭には広島の宇品へと向かう兵士たちが行進し、沿線には万歳の嵐が湧き起こる。遥か満州や旅順では血で血を洗う激戦が繰り広げられている。日本の目と鼻の先の玄界灘では、陸軍の輸送船「常陸丸」など三隻がロシアのウラジオストック艦隊に撃沈され、乗船していた兵隊一〇〇〇人以上が殉難、世論は悲憤慷慨《ひふんこうがい》した。そこに日本海を目指して進んでくるロシアのバルチック艦隊の目撃情報が新聞に逐一掲載され、人々の危機感は高まってゆく。

ある日、田尻家に徴兵検査の紙が届いた。田尻が二〇歳を半月ほど越えたときのことだ。命じられるがまま足を運んだ入隊検査は、文句なしの甲種合格。あれよあれよという間に地元の福知山連隊への入隊が決まった。稼ぎ頭を失った貧家に取り残される祖父と妹二人はどうなるのか。

不安が募る中、横浜の井上家から田尻家に思わぬ情報がもたらされる。


――陸軍が近々、日露戦争の戦時要員として、陸軍士官学校に全国からあまねく英才を募集するらしい。それも東京でなく地方の師団で受験ができる。


士官学校の多くは陸軍幼年学校出身者が占める。一般の中学や高校から陸軍士官学校に入るのは「帝大に入るより難しい」とも言われる難関だ。しかし同じ兵隊にとられるなら一兵卒よりも、将校への道が約束された士官学校を卒業できれば俸給ははるかに高い。今の田尻には、とにかく「金」が必要だった。

受験日まで、もう間はなかった。もとより三高に上位で合格した実績はある。田尻は代用教員の仕事を終えてから毎夜、三高受験のときに使った教材をひっぱり出しては猛勉強した。久しぶりに学ぶ楽しさを味わった。

ある日の日曜日、但馬から姫路の第一〇師団司令部まで出向き、試験を受けてみた。日々の仕事とかけもちでの受験で自信はなかったが、しばらくして司令部から一通の電報が届く。

——本年一二月一日、東京府市ヶ谷の陸軍士官学校へ出頭せよ。

合格通知だった。

「歓びと哀しみは、あざなえる縄のごとしだ」

このときの気持ちを、田尻はこう綴っている。

もはや三高に復学して医師を目指す道は完全に潰《つい》えた。徴兵も拒否できない。祖父の病はすすみ医者に支払う金もかさむばかりで、二人の妹たちには婚期が迫る。家族にせめて人並みの生活を送らせるには、面前に拓けた陸士への道を進むしかない。

気弱な自分が、まさか軍人になろうとは夢にも思わなかった。だが、これも与えられた運命だと受け止めた。家族の世話は近隣の親戚によく頼んでまわり、必ず東京から生活費を仕送りすることを約束して故郷を後にした。

明治三七年一二月一日、田尻昌次は単身東京に出て、市ヶ谷台に厳然とそびえる陸軍士官学校の校門の前に立った。このとき、二一歳。

だらだら坂の上にのぞく建物は中央に立派な塔屋を持ち、重厚な建屋が羽を広げている。外装は錆御影で覆われ、内部は天井にいたるまで石膏で装飾された堂々たる佇まいだ。

まさに田尻が入校する前週には、乃木希典率いる日本陸軍が難攻不落の旅順《りょじゅん》要塞への第三回攻撃を開始し、二〇三高地を鮮血に染めている最中だった。前日の戦闘の詳報が毎朝の点呼のときに詳しく報告されるという異様に張り詰めた空気の中で、生徒たちは士気も鼻息も荒かった。

オルガンや唱歌の練習に没頭した日々は遥か彼方。田尻が士官学校で目にした風景は、これまでとはまるで別世界だった。陸軍将校がどう「作られるのか」という点において、田尻の足跡は興味深い。

日本国中で一番忙しいと言われる陸軍士官学校。その一日は、夜明け前から始まる。真っ暗闇の中に点呼を受け、寝室を清掃。寝具・衣服・手回り品を「あたかも豆腐を重ねるように」筋目を立てて整頓し、銃剣類を手入れし、食堂で一斉に朝食を摂る。一時限目の授業が始まるまでは各々、自習室で予習をする。すべて号令一下、一糸の乱れなく動かねばならない。

午前は室内学科で、典、範、令、戦術兵器、築城、地形地理、語学、数学、国語、戦史など軍事百般。午後は室外教練。剣術、馬術、手旗通信、野外における行軍、戦闘、築城、宿営などの戦闘訓練もある。さらに軍人勅諭の精神、忠君愛国、義勇奉公などの精神教育が行われ、学年末には未来の将校としての交際法、洋食の食べ方まで徹底して叩きこまれた。

生徒は三〇人単位の区隊に所属し、ひとつの区隊が三つの内務班に分かれる。内務班ごとに寝室が割りふられての共同生活だ。各内務班には必ず幼年学校出身者が数名編入された。陸軍幼年学校教育綱領に「帝国軍隊の精神元気は幼年学校に淵源《えんげん》す」とあるように、彼らはまさにエリート将校の卵だ。幼年学校出身者は新入りの地方出身者を徹底的に「指導」した。指導というのは「兄貴面をして、地方出身者に鉄拳制裁を加えること」。田尻もまた入校当日の朝、いきなりこてんぱんに殴られた。理由は「頭の毛が長すぎる」ということだった。

市ヶ谷台の森には早朝から深夜まで、教官の号令と蛮声が響き渡った。新入生たちは軍人として一から矯正されていった。「度し難きものには遠慮なく鉄拳が加えられた。要するにわれわれを軍人向きとするため必要な人間改造が行われたのである」と田尻は書いている。

このころの陸軍幼年学校の風潮について、陸軍大将の児玉源太郎は「粗野・粗暴の弊風」が浸潤しつつあると危惧《きぐ》していた。こうした気風は暴力にうったえる「壮士的軍人」の苗床になりかねず、陸軍将校は戦士であると同時に紳士たらねばならないと、国軍の根幹たる将校団の立て直しを模索していたという（小林道彦『近代日本と軍部』）。

そんな士官学校でも、日曜と祭日だけは完全に休日となった。服装検査さえパスすれば、生徒は自由に外出することが許された。ここでも幼年学校出身者はまとまって行動した。旧長州藩、薩摩藩、土佐藩、肥後藩などの有力藩単位で「日曜下宿」が設けられ、政界や軍部の最新の人事情報を交換したり、食事会を行ったりして活発に交流。休日の下宿すら「一種の藩閥養成機関」になっていた。

非藩閥の地方出身者には、まるで居場所がない。田尻はこの先、長い茨《いばら》の道が待ち構えていることを予感した。「藩閥は、これからの長い軍人としての一生中、人事上に絶えずつきまとい、地方出身者はよほど優秀でない限り、彼らを抜いて出世街道を歩くことはほとんどできないだろう」と嘆いている。

田尻は待ちに待った日曜になると、とにかく市ヶ谷台から遠く離れ、横浜の親戚や中学の同級生たちに会いに行った。ウドン、ソバ、赤飯、餅菓子を、背伸びできないほど腹に詰め込み、平素の鬱屈《うっくつ》をこれでもかと晴らした。

非藩閥士官の悲哀

陸士一八期、田尻昌次の卒業時の成績は歩兵七四二人中、四七番。上位一割のグループに食い込んだ。上位の優秀者のほとんどは軍事科目や戦闘訓練にも秀でる幼年学校出身者が占めていて、地方出身者は田尻ふくめ八人だけだ。

陸軍士官学校を卒業した者は、少尉任官前の「見習士官」として、それぞれ出身地の部隊（原隊）に配属される。但馬出身の田尻の場合は、福知山歩兵第二〇連隊の留守部隊だ（主力は満州に出征中）。この年から約八年、長い下積みの日々が始まる。

田尻は、その年に徴兵された新兵の教育を担当することになった。見習士官は皆、ほぼ同様の道を歩むが、元教師である彼にとっては願ってもない任務である。士官学校に合格していなければ、自分がその新兵となっていたはず。年齢も近く、彼らへの思い入れは自然と深まった。

「ヘーゲルやスペンサーの教育論を、ここで実際に活かしてみよう」

そう心がけ、起床から消灯まで新兵たちと行動をともにし、悩みを聞き、手取り足取り教育に当たった。新兵たちはそんな田尻を兄貴のように慕った。だが、ここでも私的制裁が横行していることを田尻は繰り返し嘆いている。

兵の内務班においては新兵に対する古参兵の目にあまるリンチが絶え間なく行われた。私は新兵が気の毒でたまらなかった。私はその気配を察知したときは容赦なく内務班に立ち入り、それを強制的に止めさせた。リンチの仕方は多種多様に亘ったが、鉄拳制裁、長時間の不動の姿勢、長時間の満水茶碗の捧持、寝台の背負い、捧銃、銃に向かっての謝罪の繰り返し、銃に対する長時間の敬礼、難題を課して兵を困らせ、または恥をかかせること、ふとん蒸しが普通に行われていた。

日露戦争が終結し、満州から凱旋してきた古参兵たちは気が荒く、猛烈な酒飲みに変身していた。血で血を洗う修羅場をくぐった彼らを前に、戦闘経験もない見習士官が指揮をとるには、もはや気合しかない。号令には腹から力を込めたが、嫌悪する鉄拳制裁だけは絶対にふるわなかった。「暴力には一片の合理的理由も見いだせなかった」からだと彼は書いている。

順当に少尉となり、連隊旗手を拝命。約二年間、満州での守備任務も経験した。帰国後に中尉に任官。このころの田尻の月給は三二円だ。教師時代の三倍にはなったが、実家への仕送りを考えるとギリギリの生活には違いない。

それでも満州での守備任務中には三割の増給があった。そのお陰で妹のひとりを嫁入りさせることができた。やがて祖父も亡くなり、残されたもう一人の妹を自分の下宿に引き取り、茶道や華道を習わせ嫁入りの準備をさせた。田尻は「生まれて苦労ばかりだった妹は、一八歳で初めて幸福を知った」としみじみと書いている。その妹も嫁入りさせてわずか一年後には早世してしまう。最期は自分の家に引き取り、そばに居てやれたことだけが、兄としてせめてもの救いになった。

軍人生活も、常に順風ではなかった。中尉に任官後、いよいよ旅団副官（旅団長の補佐役）に任命されることが内定したとき、初めて理不尽な藩閥人事に直面した。

福知山旅団の中で、士官学校の卒業順位は田尻が飛び抜けていた。周囲の者たちも、彼の副官就任を疑わなかった。ところが蓋を開けてみれば、副官に任命されたのは同じ一八期の吉川右。旧土佐藩の出身者だった。

田尻の自叙伝には、一八期の卒業序列を記した大きな名簿の原本が折りたたんだ状態で添付されていた。Ａ３サイズの用紙をさらに一回り大きくした油紙で、一面に細かな文字で同期全員の成績が記されている。田尻の名前は一列目の四七番。吉川右は、遥か後ろの一六二番だ。その吉川という名字の上には強い筆跡で小さな丸印が書きこまれている。よほど悔しかったのだろう。

何ら閥の背後勢力のない但馬出身の私が、片隅に追いやられることは不思議なことではなかった。連隊長は、事の次第を具《つぶ》さに私に話し聞かせて、諦めるより仕方ないと因果をふくめ引導を渡された。そしてお前の処遇については別途何とか考えるから暫く雌伏《しふく》して時機の来るを待てと親切に慰めて下さった。

私はこの事件により、但馬無閥の私が軍に一生を托して将来を開拓するには、私個人の実力を養成し、個性を磨き、他に遜色なき人格を修養し、以て茨の道を切り拓き、堂々と勇往邁進《まいしん》するより他なきをいやというほど思い知らされた。

田尻は、この時期から独学で英語の勉強を始め、自分のことを「英語マニヤ」と呼んでいる。ちょうど明治四一年、陸軍に「外国語学奨励規則」が制定された時期と重なる。規則には、成績優秀者を外国語の学校や海外に派遣して語学を習得させるという項目があった。地方の留守隊に置かれて三年余、田尻はなんとか自分の軍人人生に突破口を開きたいともがいていた。

そのまま地方に埋没しかねなかった田尻が幸運だったのは、先の引用からも見てとれるように、上官である連隊長が人格者であったことだ。田尻は旅団副官に任命されなかった代わりに、歩兵大隊の副官に登用された。そこで身を粉にして働き、ますます連隊長の信頼を勝ち得ていった。

そして福知山の原隊に戻ってから苦節八年、思わぬ辞令を受ける。

——東京に戻り、陸軍中央幼年学校の指導教官として勤務せよ。

陸軍エリートの金の卵、名門藩閥の子弟教育にあたる幼年学校の教官といえば、軍人の中でもよくよく選ばれた者ばかり。むろん但馬の連隊からは先例のない人事である。田尻の実直な働きぶりを認めてくれた連隊長の長年の働きかけが、ようやく実を結んだのだった。

「ここに貴官の抜け道あり。この機に研鑽《けんさん》を積み、陸大を出るのだ。そうして貴官の才能を中央にて開花させよ」

連隊長は、熱い励ましの言葉で送ってくれた。

陸軍大学校は、陸軍省にあっても参謀本部にあっても、エリート高級参謀の道に加わるための登竜門だ。陸大卒業者は軍中枢で重要な任務を帯び、士官学校では遥か前の期の先輩ですら次々に追い越し出世していく。連隊長は、教官任務の先にそんな未来を示唆《しさ》してくれた。

田尻は再び但馬を後にして、一路東京へと向かった。

ただ何もわからぬまま漠然と士官学校を目指して上京した一〇年前とはすべてが違った。苦労の末にようやく与えられた好機。これを何が何でも掴み取り、軍人として茨の道を切り拓くのだという決意があった。

水を得た魚

これまでの苦難の道のりに比べれば、幼年学校の指導教官になってからの田尻昌次の歩みは遥かに滑らかに進む。なぜなら指導教官という仕事は、彼にとって天職であり、まさに水を得た魚のようだったからだ。

大正二（一九一三）年三月、東京幼年学校（二八期）の第三中隊・第二区隊長として勤務することになった。同僚は士官学校各期の成績優秀者ばかりで、ほとんどが幼年学校出身者だ。さらに各科目の教師陣には、東大教授や各界を代表する著名な知識人がずらり名を連ねている。こんな教育を幼いころから当たり前のものとして受けてきた幼年学校出身者に、途中入学の民間出身者が敵うわけがないと、半ばあきらめの気持ちが湧いたほどだ。

場違いにすら思えた新天地での勤務も、周囲の人間関係に助けられた。特に陸士同期の阿南惟幾は孤立無援の田尻に「同情」し、彼の歓迎会を開いたり、学校内外の事情についても常に詳しく教えてくれた。田尻は阿南への感謝を終生、持ち続けた。

田尻は第二区隊の生徒たち全員に、毎晩日記を書かせた。生徒指導の参考にするためである。いくらエリートの卵とはいえ、家を離れて厳しい寄宿舎生活を送る彼らの姿は、幼いころに故郷の但馬を離れ、ひとり横浜で過ごした自身の生い立ちと重なるものがあった。自分は彼らの「父親」になったつもりで指導する、そう決めた。

生徒の中には、若き日の長勇《ちょういさむ》（二八期・後に中将）がいた。昭和六年の三月事件や十月事件（未遂のクーデター計画）に加わり、最後は沖縄戦で牛島満司令官とともに割腹自決を遂げるという、猪突猛進型の軍人として知られる人物だ。

その長は、意外にも気弱な少年だったようだ。長少年に対して田尻区隊長がとった行動をみると、その指導ぶりがよくわかる。


長勇は殆《ほと》んど毎晩といってよい程寝小便をする癖があった。私は彼の寝床の毛布を調べると果せるかなその中央を円く小便で濡らしている。私はひそかに小使に命じてその毛布を干して乾かせ、乾けばまた元の通りに整頓させた。それがあまり度重なるので何とか治してやり度いと思った。

私は寝小便を治すには鼠の黒焼一疋を完全に食わせたら特効があると聞いて、ある日曜に、彼を誘って上野広小路のよろず黒焼屋に行きその通りにさせた。その効果は覿面《てきめん》だった。彼は鼠の黒焼の完全一疋を以て完全に寝小便が止まってしまった。彼は少年ながらに私に対し非常に感謝した。彼は後に太平洋戦争のとき琉球軍の参謀長として奮戦し自決したが、最後に至るまで一生を通じ私を実の母の如く慕ってくれた。一事が万事、その他にもいろいろな癖のある少年がいたが、根気よくその矯正に努めた。


休日になると、生徒たちは「日曜下宿」ではなく、大挙して田尻の下宿に遊びにきた。せめておやつのひとつでも出してやりたかったが、用意できたのは焼き芋だけ。当時の軍人は薄給で、正月の餅すら用意できない生活だった。世間は憲政擁護運動が盛り上がり、軍人に対する風当たりはことさらに厳しかった。

――やりくり中尉、やっとこ大尉、大尉の月給で女房は麦飯。

やりくり中尉の田尻も生活はきゅうきゅうだった。そんな中にも夏休み、実家に戻れぬ事情のある生徒がいると知ったときは、彼らのために鎌倉で合宿を計画し、ひと夏を一緒に過ごすなど親身に面倒をみた。

余談だが、教え子の中には後に陸軍大将として男爵にまでなる奈良武次（旧一一期）の息子がいた。これが大変な美少年で〝お稚児《ちご》趣味〟の猛者《もさ》がしきりに言い寄ったという。田尻は「奈良の息子を絶対に守らねば」と、腕っぷしの強い生徒にその周辺を常に固めさせるなど苦心をした。

学科の補佐も、区隊長の大事な仕事だ。幼年学校では精神論が幅をきかせ、「西洋臭いもの」はいっさい排除し、起床や就寝の際には必ず皇居に向かって遥拝させる、そんな指導に重点が置かれた。横浜で自由奔放な書生生活を送った田尻は「私はこれに対しては多少、批判的であった」が、それはおくびにも出さず、なにより数学を強化することに力を入れた。授業が終わると毎日必ず全員を集めて数学の復習を行い、苦手とする生徒には何時間でも付きっ切りで教えた。

現場の指揮官として問われるのは、冷静な観察力と判断力。それを養うには理論的な思考が欠かせない。理論的思考は、いっときの感情の昂《たか》ぶりによって判断を誤ることを制御してくれるというのが田尻の持論であった。

校内では試験の度に廊下に結果を貼り出すのだが、田尻の区隊は全校で一度もトップを譲らなかった。幼年学校でも過去に例を見ない珍事で、思わぬ噂が流れ始めた。

――田尻教官が自分の生徒にあらかじめ試験問題を漏らしているらしい。

これには温厚な田尻が珍しく怒った。自分は試験問題の詮考《せんこう》にいっさい加わらないと言って、教官による会議をボイコットして周囲を驚かせた。それでも田尻の率いる区隊の成績は一向に変わらず、疑念はやがて晴れた。

こんなことをしている間にも、田尻は夜になると神田の英語塾にひとり通い続けた。このときに育んだ英語力は後に英米軍の作戦資料を読み込むのに大きな助けとなる。

大正三年、初めて出席した卒業式。陸軍首脳の山県有朋や上原勇作らの姿を間近に見たときは少し胸が高鳴った。田尻と親子のようにして過ごした生徒たちは、白銀重二《しろかねちょうじ》（陸大三六期優等）を筆頭に、多くが陸大に進んで中将の栄位を占めた。さらに後のことになるが、太平洋戦争を経て戦後に生き延びた生徒たちは、田尻が昭和四四年に逝去するまでずっと枕頭《ちんとう》を見舞い、親密な師弟関係が続いた。

幼年学校でのめざましい指導実績が認められ、翌大正四年、田尻は陸軍大学校の受験に向けて準備する時間を与えられた。

このころ、陸大の受験資格は「任官後二年以上の隊付勤務を経験した中少尉で、所属長が推薦した者」と規定されていた（後に任官後八年未満に変更）。陸大を目指すのは、士官学校卒業者の中でも特に優秀な者たちばかり。毎年、二〇〇〇～三〇〇〇人が受験に応募し、その中から選抜された約六〇〇人が一次試験に臨む。そこからさらに六〇人程度の精鋭を選ぶ狭き門である（陸軍大臣官房編『陸軍成規類聚』）。

たとえ有力藩や幼年学校出身者、高名な軍人を親に持つ二世であっても、陸大受験だけは実力勝負。受験は八回まで許されており、年中行事のように延々と受験して隊務に支障を及ぼす者もいて、受験回数が後に四回に制限されたほどだ。

一〇月、第一次の筆記試験が行われた。筆記は七日間ぶっつづけで行われる本格的なもので、知力だけでなく体力、根気も試される。田尻は無事に合格し、一二月の再審口頭試験へと進んだ。

口頭試験も約一〇日間にわたって行われるという大変なものだ。戦略戦術、地形学、兵器学など複数の科目があり、受験生ひとりに対して陸大教官ら四人が対峙《たいじ》して詰問する。その厳しさは、途中で泣き出す受験生も出るほどだった。

最終日は「人物考査」である。「自身の弱点は何か」と問われた田尻は、大真面目にこう声を張り上げた。

「私の弱点は、人を殴れないことであります！」

これには面接官も頭を掻いて苦笑いし、「それは貴様の長所ではないか」と言って面接を早々に打ち切ったという。

一週間後、筆記試験を突破した約一二〇人の受験生全員が陸大講堂に集められた。皆を勢ぞろいさせた前で長い校長訓辞が行われた後、合否が直接、言い渡されるのである。田尻は一発合格を果たした。

この間、故郷に近い丹後から薬屋の次女をめとり、待望の長男、昌克を授かってもいた。耐えに耐えてきた人生にようやく薄日が差し始めた。

三年後の大正七年、田尻は陸大を六〇人中、三六番で卒業した。卒業後の進路には、英語を活かしての参謀本部第二部の外交担当を希望したが、それは叶わなかった。

福知山の原隊で半年間の中隊長勤務をへて配属されたのは、思いもしなかった広島の宇品。陸軍省の配下にある「陸軍運輸部」だった。

実は陸軍省には、かねて陸軍運輸部から「宇品に陸大出身者を配属してほしい」との要望が出されていた。運輸部が「陸大出」を欲しがったのは、船舶に関するあらゆる運用を民間業者に頼ってきたため部内に専門家が育たず、さまざまな問題が生じつつあったからだ。

やや余談になるが、田尻家の先祖が戦国時代、「三木合戦」で秀吉に敗れたことはすでに書いた。秀吉は摂津港から通じる三木城への補給路を断って兵糧攻めを行った。城内では餓死者が相次ぎ、その戦法は「三木の干殺《ほしごろ》し」と呼ばれた。補給戦に敗れ当主が自刃するという塗炭《とたん》の苦しみを味わった一族の末裔、一二代の田尻昌次が、日本陸軍の海洋輸送と兵站、つまり補給を司る軍人になろうとはどこか因縁浅からぬ話である。

シベリア出兵と宇品

大正八年六月、田尻は三五歳にして初めて広島の地を踏んだ。宇品を舞台に、軍人として終生を捧げることになる船舶のスタートラインについた。

陸軍運輸部の庁舎は宇品港の目の前にあり、田尻の自叙伝にも当時の写真が一枚貼られている。こぢんまりした木造二階建ては、明治期に海沿いの料亭を買いあげたものだ。建物の周りには外界を遮る柵もなければ塀もなく、海を望む敷地には砲台ひとつなく、衛兵の姿もない。陸軍の基地というより、まさに海運会社の構えである。

田尻が赴任する三年前に撮影された宇品港かいわいの絵葉書が数点、広島市公文書館に保存されていた。宇品港には二つの桟橋が並んでいる。東側が陸軍運輸部が管理する軍用桟橋、西側が民間会社の汽船が発着する商用桟橋だ。

海の方向に向かって長く「く」の字に伸びた商用桟橋には、商船や漁船が隙間なくぎっしりとひしめきあっている。長い埠頭には客を運ぶ人力車が何台も行き交っており、さぞ賑やかだったことだろう。東隣にある軍用桟橋の沖には見渡す限り大小の船が煤煙《ばいえん》をあげ、その周りを小蒸気船が蟻のように走り回っている。よく衝突が起きないものだと感心させられるほどの混雑ぶりだ。

このころの小学校の教科書には『港』という文部省唱歌が掲載され、子どもたちに親しまれた。『港』の歌詞は、宇品港の風景をうたっている。

（一番）空も港も夜ははれて
　月に数ます船のかげ
　端艀の通いにぎやかに
　寄せくる波も黄金なり

（二番）林なしたる帆柱に
　花と見まごう船旗章
　積み荷の歌のにぎわいて
　港はいつも春なれや

『港』の軽快な三拍子のメロディは軍港の物々しさよりも、人々の営みでにぎわう戦間期の宇品の空気をよく伝えている。埠頭に絶え間なくこだまする汽笛の音は、港から三キロ離れた御幸橋《みゆきばし》周辺にまで響きわたったという。

陸軍運輸部の事実上の前身は、日清戦争時に置かれた「陸軍運輸通信部」。講和後の業務は、台湾陸軍への補給任務だった。

しかし日露戦争を経て朝鮮半島が併合されると、国内外の定期航路が広がり、運輸通信部の業務はもはや台湾への輸送業務に収まらなくなった。そこで大規模な組織改編が行われ、日露戦争の最中に新たに設立されたのが、昭和二〇（一九四五）年まで続く「陸軍運輸部」である。

運輸部は、二つの顔を持つ。平時（戦間期）においては、陸軍省（整備局交通課）の配下にあり、植民地や国内の軍関連の輸送を担当する。これが戦時になると参謀本部（大本営）の直轄となり、戦時編制の「船舶（輸送）司令部」が組織され、現地軍の輸送や上陸を支援する。

この際、運輸部のトップである部長が、船舶司令部のトップである司令官を兼ねる。運輸部は船舶司令部に対して継続的に人員や資材の補給を行う。つまり両者は、事実上ほぼ同一組織といえる。平時の業務においても、運輸部は参謀本部から指令を受けることが多く、陸軍省と参謀本部の二大組織を親に持つような組織であった。田尻自身、「両者の関連緊密であつて截然《せつぜん》と区分することができないものが多くあ」り、「表裏一体をなすものである」と書いている（『船舶輸送業務回想録』）。

つまり陸軍運輸部は、その場所こそ広島・宇品に置かれていたが、内実は地方の事情にはほとんど関与せず、国家の方針で動く中央直轄組織であった。

田尻が宇品に着任した大正八年、日本が行っていたのがシベリア出兵（大正七〜一一年）だ。宇品はそのための輸送業務で繁忙を極めていた。四年間で九個師団が交代で出兵、宇品はその輸送と補給のため毎月二〇隻以上（約八万総トン）の船舶を民間から借り上げて定期船を運行させ、約七万二〇〇〇人の兵隊を送り出した（松原茂生『陸軍船舶戦争』）。

将来を嘱望《しょくぼう》される陸大出身者として初めて宇品に配属された田尻は、まずどんな軍務に携わったのか。自叙伝にはなぜか詳しい記述がない。そこで現在、陸上自衛隊朝霞駐屯地にある輸送学校で管理課長を務め、本書でも参照する『輸送戦史』を編んだ森下智二佐に訊いてみた。

森下二佐は、田尻がかかわったであろう業務について大きく三つ挙げた。

「まず、シベリア出兵に伴う輸送計画の策定です。具体的には命令を下す参謀本部と実際の運航に携わる船会社の間に立って、どの船に何を乗せてどこへ運ぶかといった見積もりや計画をつくらねばなりません。

また、宇品港に出入りする輸送船に乗務させる部隊の行動や、それを支援する運輸部の業務、警備にかんする見積もりといった細部の指導もしたでしょう。加えてシベリア出兵以外の、運輸部の日常的な船舶輸送についても色々と手当てをしたと思われます」

数の限られた輸送船を必要に応じて効率的に運用するには、緻密な計画が欠かせない。いつ、何を、どう積むのかといった作業に加えて、港湾で荷役が発生すれば、それに必要な労働力も確保せねばならないし、港湾に揚陸した荷物をタイミングよく運搬する陸上の輸送計画も練らねばならず、多方面との調整が必要になる。細かな目配りを要求される任務は、これまで見てきた田尻の性格に合致しているようにも思える。

宇品に着任して一年近く後の翌大正九年四月、田尻はウラジオストックの浦塩軍司令部に派遣され、そこで一年ほど勤務した（陸軍運輸部はシベリア出兵時には戦時編成にならず、部員を派遣するにとどまった）。

浦塩では、日本─シベリア間という広域な輸送処理の要領を体得できたこと、そして寒冷地輸送に関する船舶のデータを得られたことが二大成果だったと彼は自叙伝に書いている。

また日露戦争が勝利に終わったとはいえ、ロシアの南下は日本にとって依然として大きな脅威であることに変わりはない。田尻は輸送業務の暇をみては船を出して沿岸地域を視察してまわり、各地の地形や港湾整備の状況、ロシア軍の展開する様子を丹念に調べた。自叙伝にはウラジオストック周辺港湾のパノラマ写真が何枚も添付されている。彼はそれらの情報を膨大な報告書にまとめ、参謀本部に提出した。

また田尻はここでいきなり「船舶の神」らしい伝説をひとつ作った。

大正一〇年一月、樺太で日本の兵隊を乗せた「バイカル号」が、北樺太西岸のアレクサンドロフスク附近で氷海に流されて行方不明になる遭難事件が起きた。報せを受けた田尻はすぐさまロシア軍から砕氷船「ナジョージヌイ号」を借り入れ、石炭や食料、清水を搭載した輸送船「新潟丸」を同行させて自ら捜索に乗り出した。間宮海峡を数日間かけて走り回り、樺太の名寄沖でバイカル号を発見、救助に成功するという海の新人らしからぬ活躍を見せた。

浦塩軍司令部での任務を終え、宇品に戻った後の大正一〇年七月、田尻は東京の参謀本部第三部（船舶班）の本部員に抜擢された。

一連の田尻の人事について、前出の森下二佐はこう指摘する。

「まずは船舶輸送の拠点である宇品の運輸部に配属して、さまざまな船舶輸送の基本業務をデスクワークを中心に会得させ、次は輸送先のウラジオストックに派遣して実際の軍隊輸送の現場を経験させて練度を向上させるとともに、陸軍全体の輸送計画を調整・統制させています。このような段階を踏ませることで、田尻氏を船舶輸送の専門家として育成しようとした意志が明確にうかがえます」

田尻はいよいよ参謀本部中枢へと足を踏み入れ、船舶輸送の近代化という一大業務に携わる。そして宇品の陸軍運輸部、ことに研究部門の置かれた金輪島を舞台に数々の開発に乗り出すことになる。

第三章　上陸戦に備えよ

ガリポリの教訓

大正一〇（一九二一）年六月、田尻昌次は参謀本部の兵站部門を所管する第三部（船舶班）に配属された。ヨーロッパを舞台にした第一次世界大戦の終結から三年、日本陸軍では大戦の影響を受けて兵器の近代化が最重要の課題となっていた時期だ。

船舶班では、ある開発が長く遅滞《ちたい》して大きな問題となっていた。それは、陸軍の部隊を上陸させる際に必要となる小型舟艇である。大型の輸送船は大量の兵隊や軍需品、糧秣などを一度に運ぶことができる。しかし戦闘時に設備の整った港に正面から船を着けることは不可能で、自然のままの岸や浜から上陸することになる。その際、輸送船が深度の浅い岸に近寄ることは難しく、兵隊や物資はいったん小舟に移しかえて上陸せねばならない。

これまで日本陸軍がいっさい自前の船を持たず、民間からかき集めた船と労働力に頼ってきたことはすでに書いたとおりだ。しかし今後の戦争では、上陸する際に陸地から激しい攻撃を受けることも予想される。それに耐えうる機動的な舟艇を開発し、なるべく陸軍独自の兵力でもって上陸を行わねばならないとの気運が高まっていた。

すでに田尻が参謀本部に採用される五年前から、船舶班では上陸用舟艇について、従来の手漕ぎ舟からエンジンを搭載した鉄製の舟に転換するという新方針が出されていた。しかし、田尻が現場で目にした風景は近代化には程遠い惨憺《さんたん》たる状態だった。

中央で決められた方針に基づいて、実際に研究・開発を行うのが宇品の陸軍運輸部である。田尻は、宇品港のすぐ目と鼻の先にある金輪島に舟艇工場が置かれていると聞いて、東京から視察に行ってみた。

岸壁を上がってすぐの巨大な倉庫には、日清・日露の二度の戦争で使われた大量の艀舟《はしけぶね》が所せましと陸揚げされていた。その隣にある研究所は倉庫よりも簡素なバラック建てで、休憩する場所すらない。新艇の開発などほとんど手つかず。技師たちは一日中、倉庫に座り込み、保管中の木舟が腐らぬよう底焼きをしたり、櫓のねじれを矯正したりする旧舟の整備に明け暮れていた。

「鉄舟の開発はどうなっているのか」

技師からは見当ちがいの返事がもどってきた。

「ここにある木舟はすべて運輸部の財産です。整備を怠れば、木はすぐに腐ってしまいます。新しい舟艇を開発せよということは、これらの舟を廃棄しろということでしょうか」

今は一〇〇隻の木舟より、一隻の自走式の鉄舟がほしい。しかし新米の船舶参謀がそんなことを訴えても、現場が動くはずもない。現実問題として鉄製の舟というのは、口でいうほど易しいものでもなかった。日本で初めて民間船が溶接の技術によって完成したのは、大正九年の長崎三菱造船所でのことなのである。

田尻はすっかり頭を抱えて宇品にもどり、久しぶりに運輸部本部に足を運んで事情を聴いた。すると別の問題も明らかになった。参謀本部は運輸部に開発を命じながら、そのための予算は一銭も配分されていないというのである。これでは開発のための資材を調達することも、優秀な人員を確保することもままならない。命令は掛け声だけで、責任を負うものがひとりもいないのだった。


小型舟艇の開発が急務とされた背景には、第一次世界大戦の教訓があった。

大戦は戦争の様相を一変させた。ヨーロッパの戦場では飛行機、戦車、毒ガス、潜水艦などの新兵器が次々に登場。火器・火砲など通常兵器の破壊力も、まるで別の兵器のように威力を増した。それは日本軍の誇ってきた歩兵による勇猛な銃剣突撃や夜襲、白兵戦とは位相の異なる展開で、迫られたのは「人力から機械」、「量から質」への転換だった。

陸軍は、未曾有の大戦に多くの人材を観戦武官として派遣し、戦場の情報収集にあたらせた。参謀本部第三部からも人員を派遣したが、なかでも船舶班に大きな影響を与えたのが「ガリポリ上陸作戦」である。

ガリポリ半島は、トルコの西端からヨーロッパ側に向けて伸びる細長い半島だ。英仏軍（連合軍）は、ここのトルコ軍砲台を鎮圧して首都イスタンブールを陥落させ、地中海と黒海を直に結ぶロシアへの輸送ルートを確立しようとした。

連合軍の海軍は戦艦や巡洋艦、駆逐艦からなる大艦隊を投入し、陸軍も四〇万という大兵力を集中、大戦を通じて初めて大規模な上陸作戦を展開した。ところが兵力では圧倒的に勝りながら、連合軍は陸のトルコ軍から猛反撃を受け、とうとう八ヵ月後には撤退を余儀なくされてしまった。

後に田尻はこう書いている。

日清日露は敵の抵抗なき敵前上陸作戦で、ただ疾風怒濤等悪天候と戦えばよかったのだが、将来戦においては「ガリポリ上陸作戦」の如く、独り悪天候のみならず、必ずや海岸を直接堅固に守備する敵の抵抗を排除して上陸を強行せねばならぬことを予期せねばならぬ。

果して然らば上陸作戦は従来とその様相を異にし、戦法においても器材においても画期的な改善を加えねばならぬことは火を見るよりも明らかである。

この上陸作戦の敗因で注目されたことのひとつは、手漕ぎのカッターは損害を受けやすく、無傷で上陸できたのは外付けエンジンの、自走できる鉄舟だったことだ。

田尻が参謀本部に配属されたとき、日本陸軍の上陸用の舟といえば、エンジンのない団平船（船底が平らな和船で搭載人員七〇人・馬一〇頭）や、馬船（馬を運ぶために使った箱型の小舟で搭載人員四〇人・馬六頭）といった、手漕ぎボートを大きくしたような木舟だった。ガリポリでのカッターと同じ定義の無動力の舟だ。しかも日本では操船するのは民間人である。

日清・日露戦争では、兵隊が輸送船から小舟に乗り移った後、海上で四〜五隻をロープで一列に結び、その先頭に小蒸気船と呼ばれる動力船をつけて陸地に向かってゾロゾロ引っ張った。上陸地点に近づいたところでいっせいにロープを切り離し、後は各々の艇が手漕ぎで岸にたどり着くという方式がとられた（『陸軍船舶戦争』）。

しかしガリポリの例が示すように、これから想定される敵前上陸では、悠長に舟を漕いでいる間に砲撃されてしまいかねない。自船を持たない海運会社たる日本陸軍にあっても、自走式の小型舟艇を早急に開発し、独力で上陸できる体制を整えることが急務となったのである。

遅々として進まない宇品の小型舟艇の開発は、やがて中央の逆鱗《げきりん》にふれる（以下、森下智『輸送戦史』等参照）。

田尻が参謀本部に配属される前年の大正九年、工兵出身ながら参謀総長に登りつめた上原勇作が見守るなか、高知県宿毛沖で敵前上陸演習が行われたときのこと。

泊地に到着した輸送船から、上陸のために次々と小型舟艇が下ろされた。何年も前に鉄舟への転換が命令されたにもかかわらず、海上に浮かんだのは相変わらず手漕ぎの木舟ばかり、日清・日露戦争の風景となんら変わらなかった。

「こんな木舟で上陸ができるか！　鉄舟にせよ！」

激怒した上原は、舟艇の担当者を皆の面前で叱りとばした（上原のあだ名は「雷親父」だった）。運輸部の面子《メンツ》は丸つぶれになり開発が進み始めるかと思いきや、事態はそう簡単には運ばない。

翌大正一〇年、相模湾で行われた関東大演習。ここからの風景は、田尻も現場で目撃している。

演習は、清水港で六隻の輸送船に一個連隊の歩兵を乗せ、茅ケ崎海岸へ奇襲上陸することを想定したものだ。上原の一喝により鉄舟の開発は緒に就いたばかりで、使われる舟は木造のまま。しかも当日は天気が悪くて波が荒く、平素の業務を民間業者まかせにしてきた軍人たちは、大揺れする輸送船から木舟を下ろすことすらできなかった。結局、輸送船を伊豆半島の網代《あじろ》まで回航して、港から揚陸を行うという大失態を演じてしまった。

翌大正一一年、四国北岸で行われた特別大演習。

ここで四馬力のエンジンを外付けした、自走式の木舟二〇隻が初めて投入された。鉄舟の開発は難航しており、従来の木舟に船外機を取りつけるという近道を選んだのだ。実際、宇品の運輸部ではこれを「伝令艇」と名付け、日々の業務で各島を結ぶのに重宝していた。しかし大量の兵隊や軍需品を積み込む演習では、船外機がついたためかえって舟の安定が悪くなり、目的地に着く前にほとんど転覆して使い物にならなかった。

さらに大正一四年、伊勢湾で行われた演習ではとうとう〝事件〟が起きた。

この演習で初めて、満を持して開発中の自走式の鉄製の舟が導入された。しかし船底が平らな構造だったために波の影響をもろに受け、四日市港内で多くが転覆して沈没。乗船していた多数の将官が溺死するという惨事になった。開発の遅滞は死者まで出した。

上陸用舟艇の近代化は、一〇年かけても成功しなかった。参謀本部の末尾に席を連ねた田尻は、先輩たちの苦労を目《ま》の当たりにした。

ズーズー弁の天才技師

開発が一気に動き出すのは、田尻が参謀本部で研鑽を積んで中佐となり、現場を率いる船舶班長に就任した大正一五年三月以降のことだ。

田尻が船舶班長に就く少し前、ある予備役の技術者が陸軍運輸部に採用され、金輪島での研究開発に加わっていた。田尻が陸軍を罷免されるまで二人三脚で歩むことになる、市原健蔵である。

市原は純然たる民間人だ。大阪高等工業造船科を卒業後、広島の木之江商船学校で教鞭をとる造船部門の技術者だった。彼はかつて鉄道第一連隊に一年志願兵として入営し、工兵として働いたことがあった。造船とは畑違いの鉄道の現場においても市原の技術の高さは評判になるほどで、あっという間に工兵少尉に登用された。当時の上司だった工務科長がそのことを覚えており、その縁で乞われて商船学校から文官として運輸部にやってきた(『船舶兵物語』)。

市原はユニークな男だった。山形・酒田の出身で、いかにも朴訥《ぼくとつ》なズーズー弁で話をする。文学青年を気取り、なにごとか起きると下手な短歌を即興で詠みあげて皆を笑わせた。しかし、いざ研究に没頭すると別人になって「入神」の妙技を見せ、上司であろうが遠慮なく持論をぶつけた。

足しげく金輪島に通ってくる参謀本部の田尻班長に、一回りも年下の市原が嚙みついた。小型舟艇の開発を難航させている最大の理由は金輪島にあるのではなく、陸軍省が要求する「具備用件」だというのである。

「中央の方々は、一隻の舟の中に兵装の歩兵三五人と馬匹を同時に搭載せよとおっしゃいます。しかし、こんな条件で上陸用舟艇を開発するのは至難です」

市原の念頭には、陸軍の仮想敵国がアメリカとされていたことがあった。具体的にはアメリカの植民地下にあるフィリピン・ルソン島を攻略することで、そのためには南洋の高波の中を小型舟艇でわたりきらねばならない。

「船乗りには知られたことですが、あの辺りの海域は日本近海とは比べようのない三メートル以上の荒海、それも手ごわい巻波が起こります。それを小舟で渡り切るには、兵隊と馬、さらには戦車の搭載を別々の種類の舟艇に区分けしなければ、どうにも安定が取れません。それに戦車の大型化も進んでいるという話ですから、それ専用の舟艇も別途、必要です」

開発の遅滞は金輪島が開発を怠けているせいではと疑っていた田尻は驚いた。一技術者が上陸地点の様子まで詳細に想定して舟艇開発に臨んでいる。舟艇問題に頭を悩ませてきた参謀本部の高級参謀たちの中でも、演習時の想定は話題にあがっても、そこまで深くは突き詰めていなかった。

開発が成功するときというのは優秀な人材が揃うだけでなく、いくつかの良い偶然も重なるものだ。田尻が市原技師とのやりとりを続けていた最中の大正一五年末、実際にフィリピン周辺の島々に偵察に向かう機会が訪れた。この海域での上陸作戦を検討するため、陸海軍共同の調査班（班長は陸軍の要塞課長）が編制され、田尻は船舶班を代表してその一員となった。

このころの日本の仮想敵国が、ソ連でなくアメリカであったという事実は意外に響くかもしれないが、日露戦争以後、ロシア革命によって赤軍の脅威が一時、弱まったことに加えて、日本とイギリス・アメリカとの距離は広がりつつあった。アメリカは列強の一角に並ばんとする日本の軍備拡大を警戒し、ワシントン軍縮会議で日本の主力艦保有を規制。日露戦争を勝利に導いた日英同盟も、ワシントン軍縮会議後の大正一二年には失効していた。

陸軍は、海軍に歩調をあわせるかたちでアメリカの海軍基地があるフィリピンへの強襲上陸と占領を目標のひとつに定めた。陸軍の予算の多くは従来どおり、本来の仮想敵国であるソ連との戦闘準備に充てられていたが、ソ連と対峙するうえで対米戦を制することには意味があった。

調査班の一行は鹿児島港から出発、重要な泊地となる台湾やフィリピンの島々を数週間かけて視察し、上陸作戦を想定して綿密な現地調査を行った。

「こんな広大な海域を舞台にして、現在の日本の貧弱な装備で上陸作戦を行うというのは、ほとんど絵空事ではないか」

田尻は強烈な危機感を抱いた。それまでソ連の南下ばかりを想定し、限られた海域での寒冷地輸送しか念頭になかった。想定外だったのは、海域の広さだけではない。市原技師が指摘していたとおり、沿岸に次々とうねるように押し寄せる巻波の威力はすさまじいもので、彼の主張が的を射ていることを確信した。

帰国後、田尻はすぐに「人馬分離論」に取りかかった。宇品と東京を行き来しながら陸軍省と交渉を進め、半年後に「具備用件」を撤回させる。これを機に小型舟艇の計画は数種類に「ファミリー化」され、開発は一気に加速する。

研究熱心な市原は、アフリカの未開地で原住民が使っている丸木舟の構造まで徹底して調査した。田尻は、この優秀な開発者に新しい知見を与えれば面白い化学反応が起きるような気がして、彼を積極的にヨーロッパに派遣した。

市原はイギリスやドイツの陸軍研究所で研鑽を重ね、ドイツからは未来の夢のエンジンと言われたロータリーエンジンの設計図まで持ち帰った。その爆発的な加速力を、船舶搭載用として活かせないか真剣に研究に取り組んだ（戦後、宇品に開発拠点を置いた東洋工業・後のマツダが、世界に先駆けて量産ロータリーエンジンの開発を成功させたのは市原の存在と無縁ではないだろう）。

「班長の私が一度も洋行したことがないというのに、君は豪勢なもんだな」

市原が帰国するたび、田尻はそうからかった。東京から遠く離れた広島の小島にいる無名の文官を海外にひんぱんに派遣するなど前例のないことだったが、田尻は市原に限らず優秀な民間出身者を好んで活用した。俄然、現場の士気は上がる。


組織において新たな開発を進めるには、人材だけでなく相応の予算も必要だ。すでに書いたが、陸軍運輸部の予算には「研究開発費」がなかった。今後の上陸作戦に不可欠とされているはずの小型舟艇が、陸軍省ではまだ兵器として認定すらされておらず、予算措置がいっさいとれなかった。

市原は次々に試作艇をつくった。現場から資材調達の要望があるたび、田尻は「やむを得ず輸送費の節約流用」を行ったり、船舶から鉄道による代替補給が可能な定期航路（朝鮮半島の元山―清津線など）を廃止したりして、開発のための必要経費を無理やり捻出《ねんしゅつ》した。しかし、このような付け焼き刃の策を続けていては後日の査察で問題になりかねないし、毎年、予算を継続的に得られる見通しもたたない。

そこで上層部にかけあい、昭和二年、運輸部内に新たに調査研究機関を設置、予算と人員を配当させた。これによってお粗末なバラック建だった金輪島の開発拠点を改修したり、工員たちのための休憩所を設けたり、外洋に近い荒波が起きる宮崎・土々呂海岸《ととろかいがん》に常設の試験研究所を設置することができた。

翌昭和三年、一〇年がかりの舟艇開発が成功する。

その転換点はいささかドラマチックだ。後に太平洋戦争が終わるまで一貫して陸軍の足となる「大発動艇（大発）」誕生の瞬間を、若き船舶参謀・篠原優《しのはらまさる》（三九期・工兵）が目撃している。篠原は本書の後半で重要な登場人物となるが、ここで彼の書いた手記の一部を先行して抜粋する（篠原優『暁部隊始末記』）。

毎年夏になると九州の土々呂海岸（宮崎県延岡市）で太平洋の外海に臨んで大発動艇の試験研究が行われた。その結果、外海に面する海岸の巻波や波浪に対して十分の満足を得られるものがない。特に戦車などの重量物を搭載した時、大きな波浪や海岸の巻波に遭うと大発の安定性が失われやすい。研究試験委員は日夜頭をひねって苦心した。特に大発の直接の技術的責任者である市原技師は寝食も忘れて大発の改善工夫に没頭していた。何か名案はないものかと連日の悩みの種であった。

或る日の会議の席上で、市原技師が変なものを卓上に取り出した。それはマッチ箱で大発の模型を作ったものである。従来の大発と違う所は、艇の舳が二つの頭になっていることであった。上から見ると別に変わった所もないが、下から見ると二隻の艇を並べて結び合わせたような双頭の艇であった。これを見せられた時、一同の研究委員は一笑に付した。

市原技師は、この大発模型を指さしながら熱心に説明した。「工兵などが渡河作戦の時、戦車などを積むのに、一隻の舟だけでは乗せられないので、二隻の船を並べて結び合わせて門橋を作ります。この大発は、この門橋の着想を取り入れて大発の舳を二つにして安定をよくし、かつ二つの舳によって凌波性《りょうはせい》もよくしたものです。是非試作してみたいと思います」

一同は市原技師の熱心さに早速一隻を試作した。かくて出来上がった大発は、試験の結果極めて成績が良好であった。これが日本の上陸作戦の基本型大発動艇として、太平洋戦争とともに世紀の大上陸作戦に参加することになるのである。市原技師はその技術的功績によって、陸軍大臣東条英《ママ》機より表彰された。

船底の形状を平形からV字、さらに二重のV形（W形）に変更したことで、トリムバランス（船頭と船尾の安定性）は著しく安定し、縦揺れや横揺れによってバランスを崩した後の復元力も劇的に増した。

大発の全長は約一四・八メートル、幅三・三メートル、エンジンは六〇馬力の水冷ディーゼル、満載時の速力七・八ノット。兵装の兵隊六〇人を搭載でき、前方の艇首が地面に向かって開くので迅速に上陸できる。昭和三年ころには後に大量生産される原型がほぼ確立された。

翌昭和四年、和歌山県沖や山口、福岡で立て続けに行われた敵前上陸演習に初めて、新開発の大発が投入された。すべての演習で舟艇は一隻も転覆、沈没することなく、一個師団規模の兵隊と軍需品をスムースに揚陸させることができた。長く失敗を重ねてきた上陸演習が、田尻班長の下ようやく成功したのである。

賞賛を浴びた市原技師は、例の短歌調の言い回しでこう笑ってみせた。

——仕事は計算尺では出来あがらず　夢寐《むび》の間に天の声を聴く

一日二四時間ずっと大発の構造について考え続けていたある日、ふと横になってうたた寝をしたとき、船底W形のヒントを得たという。先の手記にあるように市原には陸軍省整備局動員課長の東条英機陸軍大佐から「陸軍技術功労賞」が授けられ、まとまった賞金を手にしたが、それも全額、部下たちに分け与えてしまった。

市原は阿吽《あうん》の呼吸で通じる田尻班長の下、存分に働ける職場で飛び跳ねた。大発に続いて一回り小さい小発動艇（小発）、装甲艇（攻撃能力の高い海の戦車）、高速艇甲（敵岸の視察用舟艇）、高速艇乙（伝令艇）、特殊発動艇（防錆鋼板製で、敵前で大小発の指揮をとる舟）など、さまざまな種類の舟艇を怒濤《どとう》の勢いで完成させていく。

舟を持たぬ陸軍は、ようやく自前の「足」を得ることになった。

船舶工兵と練習部

大発や小発が完成すれば、今度はそれを操縦できる人員が必要になる。いわば、陸軍版の水兵だ。田尻は船舶班長時代、後に陸軍の主要な制度として定着する二つの組織改革を宇品の運輸部を舞台に実現させた。

まず目を付けたのは「工兵」の存在である。工兵とは、敵との戦闘を目的とする「歩兵」と異なり、専門的な技術で戦闘を支える兵隊のこと。具体的には道路の構築（架橋、爆破、渡河、掘削）や要塞陣地の建設、鉄道、電信、航空、測量などの分野がある。田尻はこれに「船舶」を加えられないかと考えた。

船舶輸送の仕事は、たとえば搭載荷の重量計算や必要燃料量の予想、輸送ルートの最短化の検討など緻密な計算が必要で、理系の能力が要求される。さらに操船やクレーンなどの機械を扱う揚陸の作業でも専門技術が必要だ。これまで民間人の腕と経験に頼ってきた業務だが、今後の戦闘をともなう上陸作戦を考えると、新兵器たる大発を民間人に操縦させるわけにもいかない。そこで工兵の分科の中に船舶部門を設け、上陸作戦の専門部隊を育成する方針を提案した。

そうして陸軍に新設されたのが「船舶工兵」だ。その最初の拠点となったのが広島の第五師団である。

広島市中心部の北側に「白島《はくしま》」という閑静な住宅街がある。私もここに長く暮らしたことがあるのだが、白島地区のへりをなぞるように流れる京橋川には広島市内で唯一の吊り橋がかかっていて「工兵橋」と呼ばれている。白島地区に明治から置かれた広島第五師団・工兵第五連隊が由来という。

昭和二年、宇品の陸軍運輸部にもっとも近い工兵隊という事情から、その白島の中隊が日本で最初の「船舶工兵」に指定された。最初は数十人という小さな規模から始まり、宇品港沖で大発の操縦訓練を三ヵ月間、実訓練を一五〇時間かけて行った。少し遅れて第一一師団（善通寺）や第一八師団（久留米）にも船舶工兵部隊が設けられ、各地で同様の上陸演習が行われるようになる。

これら工兵部隊の所属について田尻は、各師団の配下にバラバラに配置するよりも、宇品に独立工兵連隊として集結させて常時訓練を行い、戦時には出航する輸送船ごとに配備すべきだと主張した。しかし、それを実現するには陸軍全体の編制にかかわる一大作業が必要で、この時点で彼の主張は実現を見なかった。

最初は工兵の一分科に過ぎなかった船舶工兵は、後の数度の事変を経て徐々に数を増してゆく。田尻なき後の太平洋戦争には独立工兵連隊として宇品に拠点ができ、昭和一八年九月には兵役法の改正で「船舶兵」という新たな兵種が誕生、約一八万人を抱える大所帯となる。そんな近未来の景色を共有することができる者は、まだ田尻のそばにはいなかった。

同じ時期、田尻が宇品で完成させたもうひとつの制度が「船舶練習員制度」だ。

陸軍に入隊した兵隊は、陸上の戦闘訓練が中心で、船に接する機会はほとんどない。中には海を見たことのない兵隊すらいる。日本軍が外征するには必ず船に乗らねばならず、軍事教練では「下船訓練」も行われた。だがその内容は小学校の二階の窓から縄梯子《なわばしご》をぶら下げ、地上に下りる程度のものに過ぎなかった。

実際の現場では、波の影響で上下左右に激しく揺れ動く輸送船から重い背嚢《はいのう》を背負って銃を持ち、完全武装の状態で艀を伝い、海面に揺れる小舟に飛び降りなければならない。これには相応の経験と技術が必要で、タイミングを間違えばすぐに足を骨折してしまう。足場を踏み外して転落でもすれば、重装備のまま海没することになる（実際そうなった兵隊も少なくなかった）。

また陸軍の御用船では、操船は一般の「船員」が行い、船内のあらゆる業務は「船長」が実権をにぎる。小型の舟艇とは異なり、高度な航海技術を必要とする輸送船では、これまで通り民間人に頼らねばならない。だが戦闘海域で戦況を分析して船上の部隊を統率したり、上陸地点を定めたり、兵隊や軍需品を揚陸したりする際に指揮をとるのは軍人でなければ務まらない（後の輸送指揮官）。船上で適切な指揮をとるには、さまざまな船舶や海洋の知識が必要となる。

そこで田尻は昭和四年、各師団から陸軍将校や下士官を宇品の陸軍運輸部に派遣させ、海洋での業務を訓練させる「船舶練習員制度」を創設した。言ってみれば陸軍版の「船舶兵学校」だ。内訳は毎年、甲練習員として陸大卒業者二名とその他将校八名、半年ごとに乙練習員として下士官約一〇名である。

陸軍運輸部の北側の埠頭に、新たに「船舶練習部」が設けられた。新築された練習員講堂の正面入り口の両脇にはポプラの木が植えられ、なんとか学校らしい体裁を作った（年配の広島市民に「宇品の練習部」という言葉を記憶する人は多い）。

一人前の高等船員を養成する基礎教育は、高等商船学校では座学三年と航海実習一年の四年を要する。それを宇品では将校に約一年、下士官に約半年の間、一気に学ばせるという猛烈なカリキュラムを組んだ。

座学は「上陸作戦」「船舶輸送」「海運資材」「舟艇」「艤装《ぎそう》」「揚搭《ようとう》」「港湾施設と海運地の設定」「海洋」「通信」「気象」「海図の見方」などの諸学科で、実技は「手漕」「水泳」「小蒸気船の運航」など船舶の実務全般を修習する。最初は長い軍刀を腰から離そうとしなかった将校たちも、狭い船内を駆け回るうち帯刀をあきらめた。基本の水泳訓練は対岸の金輪島で行われ、宇品の練習員になると、ひと夏で元の顔がわからぬほど真っ黒になった。

実地演習では、練習船・宇品丸（二一二八トン）が使われた。宇品丸は陸軍運輸部が初めて所有した直轄船だ。貨物輸送大手の栗林商船が所有していた元アメリカ船籍の石炭焚貨物船を購入し、これに二五トンの起重機を取り付けるなどして改造した（森下智『輸送戦史』）。

宇品丸は年間を通して練習員を乗せ、瀬戸内海を皮切りに台湾や朝鮮、大連、九州などを航行。数週間にわたる航海訓練になると海軍から複数の教官が派遣され、水兵並みの厳しい訓練が行われた。元練習員の手記を読むと、民間出身で宇品丸の専従だった重松海三船長と佐々木一等運転士の名前が頻出する。航海が初めての陸軍の練習員たちは皆、ふたりの海の男に手取り足取り世話になったと書いている（宇品丸は戦闘に使われなかったため戦禍を生き延び、昭和四一年まで民間船として活躍した）。

宇品の練習員たちは全員、上衣の左胸に青い碇《いかり》のマークをつけた。陸軍運輸部という組織は陸軍でありながら、その職場が海であったせいか、雰囲気はまるで海軍のそれであったと証言する人も多い。

こうして宇品で教育を受けた将校は「船舶将校」としての資格を得た。ほとんどは原隊に帰隊したが、中には陸軍運輸部に引き抜かれる者もいた。

練習部出身の船舶参謀、嬉野通軌《うれしのみちのり》（四三期）はこう回想する（『船舶兵物語』）。

「日中戦争までの上陸作戦がうまくできたというのは、横の連絡にこの練習員制度で教育をされた方が運輸部を主体にして各部署にばらまかれており、上陸作戦の思想統一上、極めて有利であったと私は考えるわけです」

船舶練習員制度の実施によって、各師団の将校クラスには毎年一〇人ずつ船舶の専門家が生まれた計算になる。この制度は常に上陸作戦を伴うことになる以後の戦闘に欠かせぬものとなり、太平洋戦争の終戦間際まで続けられる。


もうひとつ、田尻が取り組んだ課題があった。彼が船舶班に配属される以前から懸案となっていた、海軍との協力体制の構築だ。

欧米諸国では敵地への上陸作戦を計画するにあたり、積極的な陸海軍の協同が進んでいた。かたや日本では旧藩閥闘争や予算の獲得、政党との協力関係を巡って両者が対立する場面が多かった。しかし陸軍で船舶を操る部門においては、海軍は大先輩に違いない。田尻はフィリピン攻略という共通の目標をひとつの口実として海軍と連携を深め、その助けを借りながら陸軍独自の海洋輸送体制を確立させようと考えた。

海軍は常に艦隊決戦に主眼を置き、輸送業務には無関心だったとの批判がある。しかし満州事変までの戦間期においては事情が異なる。両者は田尻中佐という特異な存在を仲介とするかたちで意外なほど共同歩調をとっている。海軍にとってもフィリピン攻略には陸軍の協力が絶対不可欠で、両者の距離が縮まる理由があった。

大正一四年、参謀本部内に陸海軍協同作戦に関する研究を行うための協同委員が設立された。昭和二年には初めて、四国の新居浜で陸海軍の対抗形式による上陸演習も行われている。満州事変に至るまでに行われた陸海軍の連合図上演習は二二回にものぼる（岩村研太郎『戦間期日本陸軍の上陸作戦研究―「渡海作戦」の追求―（増補版）』）。

田尻は、舟艇開発にかこつけては海軍省の艦政本部にひんぱんに相談をもちかけ、情報交換に努めた。また陸大では陸海軍両大学の生徒を集め、フィリピン上陸作戦の合同兵棋演習を開催したり、宇品の運輸部で勉強会や研修を行う際には必ず海軍士官を教官として招いたりした。海軍の本来業務とは関係のない宇品丸の航海演習に海軍士官たちが同乗してくれたのも、その延長線上にある。

海軍との間に築かれた良好な関係は後に田尻が戦場にたったとき、その危機を救うことにもなるのだが、両者の関係については別の後日談がある。昭和一七年春、田尻の長男・昌克の結婚式が行われたときのことだ（新婦は本書の冒頭に登場した田尻みゆきさん）。厳しい統制下で電灯にはカバーがかけられて会場は薄暗く、十分な馳走も用意できなかったというが、出席者の豪華な顔ぶれは人々を仰天させた。

仲人を務めたのは海軍大将の中村良三（海兵二七期）。時の海軍大臣・嶋田繁太郎を筆頭に、陸海軍双方から大将や中将クラスがずらりそろってテーブルを囲んで談笑し、まるで大本営の連絡会議のような風景になった。陸海軍の関係が悪化する最中で、田尻もすでに軍籍を離れていたが、それでも大勢の海軍の大物たちが駆けつけた。このときのことは陸海軍の垣根を越えて人間関係を築き、「陸海軍中将」との異名をとった田尻の面目躍如たる一場面として関係者に語り継がれた。

船舶班のエース

参謀本部の船舶班長として、また宇品の陸軍運輸部での研究開発を事実上率いる船舶参謀として、田尻昌次中佐の名声は確立された。「船舶の神」と呼ばれるようになったのもこのころからだ。

昭和四年、陸軍大臣・宇垣一成《うがきかずしげ》大将が初めて、宇品の陸軍運輸部を視察することになった。特命検閲（勅命によって行われる元帥の査察で、後に上奏される）である。

田尻は参謀本部を代表して宇垣大臣の随員を務めた。宇品で始まったばかりの船舶工兵と船舶練習部員たちの訓練の現場、金輪島の開発研究所、完成したばかりの大発の披露など、運輸部一帯を胸を張って案内した。言うなればこのときようやく、陸軍大臣に堂々と報告のできる状態が宇品に整ったのである。

この特命検閲で、田尻はある人物と懇意になった。同じく宇垣の随員として同行した、今村均中佐。今村は陸軍省軍務局の課員で、平時において陸軍運輸部を統括する立場にあった。田尻は軍令、今村は軍政を代表した。

今村中佐は田尻より三歳下。士官学校は一九期で田尻の一期後輩、同じ日露戦争最中の入校だ。今村の卒業時の成績は五四番と、田尻とほぼ同等。だが陸大の卒業年次は田尻より三期も早く、卒業は同期の東条英機らを抑えての恩賜優等、首席だった。

輝かしい履歴をもつ今村だが、彼もまた宮城県出身という非藩閥将校で、父親は軍人でなく裁判官、家庭の経済的苦境から一高進学をあきらめて士官学校に入った「外様《とざま》」である。実直で毅然とした人柄は多くの部下に慕われ、後に名将と呼ばれる人物だ。陸士入学以前の似たような境遇も手伝ってか両者は意気投合した。田尻の自叙伝に添付された写真に、二人は穏やかな笑みを浮かべている。

毎日のように顔を合わせ、角突き合わせながら行った特命検閲前の事前準備で、今村はこんなことを言った。

「私は陸大の学生だったとき、輸送や補給の問題についてはほとんどまったく何も学びませんでした。そういう講義は一度もなかったですよ。でもこうして現場に立つと、船の整備ひとつとっても大変な仕事ですし、兵站なくして戦はできない。宇垣大臣に教育のあり方を変えるよう進言せねばならないのではないでしょうか」

今後エリート街道をまっしぐらに突き進むであろう今村が、軍隊輸送の重要性を極めて正しく理解していたことは少なからぬ驚きだった。

昭和に入って船舶輸送システムの近代化が一気に確立されていくいっぽうで、輸送や兵站という任務への眼差しは冷たかった。参謀本部の花形である作戦や戦略担当に比べて一段格下の仕事と見なす風潮があった。四方を海に囲まれた日本では、どこに兵を進めるにも船舶による上陸作戦が不可欠であるのに、筋のとおらぬ話だと今村は嘆いた。

田尻もまた、「当時陸軍一般の風潮として此の種海上輸送に対する認識は極めて不十分で、単に後方勤務として特種的のものと考え陸上作戦に比し極めて低い水準に置かれ」ていたと書いている(『船舶輸送業務回想録』)。

日清日露で兵站部門を統率したのは、寺内正毅（後の総理大臣）、上原勇作（後の元帥）、児玉源太郎（元陸軍大臣）ら陸軍中枢の主要人物だ。彼らは宇品に莫大な軍事予算を投入し、積極的に環境整備に取り組んだ。明治天皇も台風が西日本を襲えば「宇品は大丈夫か」と心配し、児玉らが報告を兼ねて献上した宇品港の写真が宮中には複数残されている。それが補助的な「後方勤務」と軽視されるようになったのはなぜか。

前出の陸上自衛隊輸送学校・森下智二佐はこう分析する。

「昭和期に兵站軽視の傾向が顕著に表れた理由は多々ありますが、根源的な要因は士官学校や陸軍大学校における教育の結果だと思います。教育体系が明治・大正・昭和と逐次整理されていくなかで、指揮官の企図や師団規模の部隊運用を優先させる思考が固定化されていきました。その背景には陸軍の世代交代や、国力の制約などの要因もあります。

また旧陸軍は元々対ソ戦重視で、大陸で戦うことを前提に戦力設計と整備を進めてきた経緯があります。後の戦場となる太平洋方面は海軍が担任するものと考えており、船舶輸送という点になかなか焦点が当たりにくかったこともあるでしょう」

輸送を軽視する風潮に危機感を覚えた田尻は、各方面に船舶輸送の重要性について広めようと奔走した。

自身を筆頭に、参謀本部の船舶班に籍を置く将校たちを積極的に陸大や工兵学校、商船学校に派遣し、上陸作戦と海洋輸送について講義をさせた。田尻が使った講義録『上陸作戦講義摘録五丁』では、アメリカ海軍と陸軍の協同についての最新論文を教本として使っており、上陸作戦の重要さを理論的に訴えている。この時期の田尻の肩書きは「参謀本部船舶班長　兼　陸軍大学校教官　兼　海軍大学校教官　兼　歩兵学校教官　兼　工兵学校教官　兼　高等商船学校教官」と多岐にわたる。

一連の取り組みは、海軍から「近時陸軍ハ陸軍自体トシテ相当真剣味ヲ以テ上陸作戦ニ対スル研究ヲ進メツツアリ」との評価も受けた（岩村研太郎『戦間期日本陸軍の上陸作戦研究―「渡海作戦」の追求―（増補版）』）。

この時期の田尻の八面六臂《はちめんろっぴ》の活躍は、上官に恵まれたことも大きかった。田尻が確立させた各種の施策は、運輸部ひいては陸軍全体の機構に影響を及ぼす改革であり、上層部の理解がなければ実現できないことばかりだ。

それまで運輸畑を歩んできた歴代の将官たちは、木原清中将（八期）、広瀬寿助中将（一一期）、三宅光治中将（一三期）、松田巻平少将（一五期）らで、いずれも非藩閥の出身で幼年学校は出ていない。彼らは田尻の才を認め、多くの機会を与え、船舶班のエースとして育てようとした。ことに長きにわたって田尻の直属の上官となる松田巻平に至っては田尻に絶対的な信頼を寄せ、彼の望むように自由に行動させ、必要とあらば予算を用意し、自らは裏方に回って支え続けた。両者の信頼関係の深さは田尻と市原のそれにも似ている。松田と田尻については後述する機会がある。

昭和五年三月、田尻は大佐に昇進。年末には、通算七年にわたる参謀本部での活躍への功労として、陸軍大臣よりヨーロッパ視察を命じられた。趣旨はご褒美の旅行に近いもので、田尻にとっては人生初の外遊でもあった。だが彼はここでも遊興の類はいっさいやらず「船舶の神」として一つの伝説を残した。

コロンボ、エジプト、スエズ、イタリアなど各地に寄港。翌昭和六年一月、フランス・パリに到着するや、田尻は第一次大戦のガリポリ上陸作戦に関わったハミルトン将軍とデルモット中佐に面会。作戦における反省点や今後の課題を詳しく引き出している。事情をよく理解する軍人どうし会話がはずみ、会見は予定の時間を大幅に超えて盛り上がった。

将軍たちとの会見の内容は、翌年に出版された『上陸作戦戦史類例集』（廣文館）に掲載された。これは日本国内に上陸作戦にかんする教本が一冊も存在しないことを気にかけていた田尻が、かねて研究してきた内容をまとめたものだ。

冒頭、田尻の上司である陸軍運輸部長・三宅光治中将の「序」が記されている。このような上陸作戦についてまとめた本は日本で初めてであること、田尻大佐が「繁劇ナル公務ノ余暇ヲ利用シ」まとめたものだと念を押し、運輸部に留まらず各界で広く読まれてほしいと紹介している。そして最後の第九章に一一ページにわたってパリでの二人の将軍たちとの弾むようなやりとりが一問一答形式で詳細に列記された。

そのずっしり重い実本が現在、私の手元にもある。陸軍史の研究家が「故人の本が机上にあると励みになるから」と寄贈して下さったものだ。

本書は三五六ページにわたって上陸作戦の要諦が詳細に解説され、一体どうやって入手したのかイギリスやオーストラリア、アメリカ軍の公刊戦史も多用されている。巻末には世界の上陸作戦の先例を二三枚の折り畳み地図に図解した資料が添付されており、当時集めうる全情報を網羅している。

出版から八十数年が経った現在においても『上陸作戦戦史類例集』は単なる古書ではなく、この時代の重要な基礎文献のひとつとして軍事史の研究者の間で活用されている。その筆致は昭和の軍人の著作物にみられがちな「精神論」をいっさい排除し、無駄な修飾語を避け、事実と分析をこれでもかと積み重ねている。「論」は時代の変遷《へんせん》とともに古びるが、「事実」は不動である。この一冊は科学的思考を好んだ田尻昌次の真骨頂といえるだろう。

田尻がヨーロッパから東京に戻ってきたのは、昭和六年六月一五日。そのわずか数日後、船舶関係者を驚かせる異例の人事が発令された。

参謀本部第三部トップの広瀬中将、第三部第八課長（船舶班）の松田少将、その下で指揮を執っていた船舶班長の田尻大佐の三人がそろって、広島の陸軍運輸部に転じた。つまり船舶輸送を掌握する首脳全員が一堂に宇品に集められたのである。

「何故このような重大な異動が行われたかは、当時、暗中模索の態だった。だが、九月中旬、柳条湖事件が勃発するに及んで事情が明らかとなった」

自叙伝にはそう書かれている。

これまで多くの研究を重ね、机上で論理を構築し、組織改革を実行してきた田尻は、いよいよ戦場で軍人としての才を試されることになる。

第四章　七了口《しちりょうこう》奇襲戦

出動命令

日本中の町が空襲で焼き払われ、原子爆弾で市民が虐殺され、アジア各地の密林には一〇〇万を超える日本兵の遺骨が取り残される。日本人だけで三一〇万人、アジア全体で数千万にのぼる甚大な犠牲を生んだ太平洋戦争。その悲惨な結末を考えるとき、歴史における帰還不能点はいつだったのかという重い問いがある。

日本の近現代史の年表に「ポイント・オブ・ノー・リターン」のピンを刺すとすれば、昭和六（一九三一）年九月一八日、その日を挙げる人は少なくない。

満州事変——。

大日本帝国の関東軍は、奉天（瀋陽）の南満州鉄道の線路を爆破、それを中国軍による破壊工作と決めつけ、「自衛」を口実に満州（中国東北部）への武力侵攻に踏み出した。明けて昭和七年一月、戦火は満州から上海へ飛び火し、後に「第一次上海事変」と呼ばれる戦闘が引き起こされる。

しかし上海の国民党一九路軍は戦闘経験が豊富な精鋭ぞろいで、意気揚々と乗り込んだ日本の海軍陸戦隊は次々に撃破されていく。辺境の地である満州と異なり、上海には列強各国の権益が集中していた。日本の軍事行動には国際的な批判が高まり、関東軍は速やかな戦闘終了を迫られた。

一月末、応援の陸軍部隊の派兵を求める軍の要望が閣議に提出される。時の犬養毅内閣は増派を渋るも、放っておけば現地軍は崩壊しかねない。進むも地獄、引くも地獄。激論の末「早期の戦闘終了」を条件に、増派は了承された。

関東軍の独断で始まった事変に、日本本土から陸軍本体の戦力を投入するということの歴史的な意義づけはさておき、現場におかれた軍人たちは戦闘に勝利するため死力を尽くさねばならない。

二月二日、増派の閣議決定とほぼ時を同じくして、広島宇品の陸軍運輸部に出動命令が下った。日露戦争以降、四半世紀ぶりのことである。

宇品はハチの巣をつついたような大騒ぎになった。宇品の任務は、上海へ派兵される北陸の第九師団（金沢）を宇品港から送り出し、上海での上陸を支援すること、そしてその補給である。

運輸部は戦時編制の「碇泊場司令部」を組織、参謀本部の指揮下に入った。現場の最高指揮官たる碇泊場司令官には、田尻昌次大佐が任命された。田尻にとって初めての実戦は、いきなり茨の道となる。

長く戦間期にあった広島の陸軍運輸部は、そもそも戦時の態勢になかった。今回の出動は「突発的」に起きた「事変」で、かつ陸軍主体でなく海軍の「応援」という位置づけで事前の準備命令すら下されていなかった。もともと陸軍運輸部という組織は自前の砲台ひとつ持たぬ巨大な「海運会社」だ。兵隊と軍需品を豊富に装備し、自己完結できる「師団」とはまったく異なる。

このとき運輸部の中枢には、運輸部長である中将、それを補佐する少将、大佐（田尻）など将校らをあわせて一三人、下士官一五人、事務などを扱う軍属が一二人、技手（船舶の技術者）が三人という体制である（松原茂生『明治初年以降の船舶関係主要職及びその上司の職員録並に官制』防衛研究所所蔵）。

なにより、軍需品を揚陸するための作業員が一人もいない。末端の手足のない組織で、一個師団の上陸を支援せねばならなくなった。

五年前、田尻が主導して「船舶工兵」を新設したとき、それを各師団の中に置くのではなく宇品に工兵部隊として独立編成させることを提唱したのは、まさに今回のような事態を恐れてのことだった。それがいきなり現実の壁として立ちふさがった。

第一次上海事変をめぐる運輸部の一連の動きについては、貴重な資料が残されている。田尻の下で現場を率いた村中四郎大尉（三一期・工兵）が碇泊場司令部の動静を逐一記録したもので、戦後、偕行社に寄贈された。これからの記述は特に断りのない場合をのぞき、田尻の自叙伝と村中資料に依る。

碇泊場部員の上海への出発は二月一〇日。それまでの約一週間に、できる限りの上陸準備を整えねばならない。田尻と村中は、上海での作業に必要な資材と人員を割り出した。まずは現場の労働力。この任務に最適なのは、これまで運輸部が第五師団（広島）に育成してきた船舶工兵だが、あまりに日程が迫っていて運輸部への派遣はなかなか決まらない。そこで従来の戦争と同様、宇品港周辺で働く民間の船員や沖仲仕を「派遣職工」として約一五〇人、集めることにした。

ところが、これを知った参謀本部の作戦課が激しく反対する。

反対の理由について記録は残されていないが、推測は容易だ。上陸作戦は秘密裏に行うことが鉄則で、「防諜」の観点から、民間人を広く集めることで情報が漏れることを懸念したのだろう。かといって参謀本部は、戦闘部隊でもない碇泊場司令部に必要な兵力を差し向けてくれるわけではなかった。

参謀本部と交渉を重ねた末、人数を絞ることでようやく許可が出た。田尻は地元の沖仲仕ら六五人を集め、情報の秘匿を固く申し付けた。頭から手ぬぐいを頬かむりした民間人の彼らが、上海での揚陸作業の主力部隊となる。

さらに船舶用の運搬器材や消耗品の見積もりも難渋した。当初、田尻が必要と算出した数量を具体的に列挙すると、丸太三〇〇〇本（飛行機を運搬するための梱包材、鉄条網用の杭として利用）、土嚢二〇〇〇俵（輸送船の船橋防護などに活用）、歩板（本船と桟橋の間をつなぐのに利用）、司令部設営に必要な有刺鉄線二トン、大釜二〇個、木炭、薪、現地連絡用の自動車などである。ウラジオストックでの輸送経験から、最低これらの資材が必要と見積もった。

ところが物品リストを参謀本部に提出すると、またも難色が示された。確かに現場の部隊は多めに資材を要求しがちだ。その要望を厳しく査定するのは参謀本部の仕事でもある。しかし、このときはいささか運輸部にとって環境が悪かった。

同じ二月、参謀本部の作戦課長に新たに就任したのは、小畑敏四郎大佐（一六期）。小畑には船舶輸送業務に関わった経験はまったくなく、戦場を下支えする碇泊場司令部のこまごまとした要望にまで理解が及ばなかった。

あわせて参謀本部第三部で船舶部門を主導した首脳全員がそろって宇品に転じていたことも、中央での海洋輸送への無理解に影響しただろう。そもそも四半世紀前の日露戦争の時代には「上陸作戦」という概念すらなく、すべてが初めてなのである。結局、田尻が窓口となって参謀本部との間で交渉が行われた結果、資材は希望の半分（全量二〇〇トン）だけ携行が認められた。

二月一〇日、田尻は村中ら約一〇人の部下を引き連れて、長崎港から定期船「上海丸」に乗って現地へ先乗りした。

田尻がこの海峡をわたるのは七年ぶりのことだ。前回は、参謀本部勤務の合間をぬって務めた、歩兵第二四連隊（福岡）での大隊長時代。張作霖の配下にあった奉天軍閥・郭松齢の反乱を制圧するため一〇〇〇人を率いて満州へわたったが、到着したとき事態はすでに収拾されていて一滴の血も流さずにすんだ。

田尻の自叙伝には、奉天の張作霖邸で撮影された集合写真が一枚、添付されていた。写真中央に収まる張作霖は満州族の服飾に胸を張り、静かな笑みをたたえている。まわりを囲む日本陸軍の軍人たちの中には田尻の姿もある。だが、その張作霖はすでに関東軍に爆殺され、彼が君臨した満州の地は今、日本軍の手に落ちようとしている。時代の潮流はあまりに早い。

田尻は上海に到着するや、休む間もなく海岸線を視察してまわった。そして現地の大連汽船（南満州鉄道の一〇〇％子会社）が使用していた埠頭を、碇泊場司令部の根拠地（上陸地点）に定めた。会社側と交渉し、埠頭の正面部分一〇〇メートルを使用することで承諾を得た。

そこからの作業は繁忙を極めた。具体的には、

一、宇品から運ばれてきた碇泊場司令部の資材を使用順に集積。
一、満潮でも干潮でも揚陸を可能とするための臨時の可動式桟橋を建造。
一、岸壁が船舶でいっぱいになった際に備えて、海上に船舶を固定するための係船浮標を設置。
一、日本から運んだ最新の上陸用舟艇を海に下ろしての試運転。
一、エンジンの付いていない舟艇への発動機の取り付け。
一、陸上からの攻撃に備えて舟艇に防護板を付設。

さらに本国から連れてきた派遣職工六五人の宿舎を建築し、そこに炊事場・入浴場・便所・照明などの設備を整備した。今後のさらなる増派も想定して、新たに到着するであろう師団の舟艇や糧秣を保管するための倉庫や基地を先回りして確保する作業にも着手した。

田尻の周到さは、徹底した連絡網の構築にも見てとれる。第九師団の上陸前から電信電話を敷設するための事前工事に着手。師団の上陸後、速やかに運輸部大連出張所に電話機二〇機を購入させ、碇泊場―海軍信号所―派遣職工宿舎の間に電話網を敷いて業務連絡を迅速化させた。海軍（第三艦隊）

の作戦室が置かれた旗艦「出雲」と碇泊場司令部とを繋ぐ電信網も構築した。出雲への直通線は、後の作戦遂行に多大な貢献をする。

これら膨大な作業から、碇泊場司令部の業務がいかに多岐にわたるかがわかるだろう。師団単位の兵力を上陸させ、即、戦闘に投入させるには、綿密な準備が不可欠である。これが敵前上陸になると上陸地点で事前の準備はできず、敵と戦闘しながら上陸作業を進めることになるが、その場合にも背後にはこれに相当する態勢を構えておかねばならない。

田尻なき後の太平洋戦争では、輸送や兵站を軽視する傾向がさらに強まり、地形もよくわからぬ孤島に一枚の地図も持たさず、軍需品も糧秣も不足のまま大量の兵隊を送り込む事態が頻発する。現地の部隊に作戦の遂行ばかりを強要し、幾百万もの兵士を戦死ではなく「餓死」させる惨事が常態化する。そんな近未来の現実には、本書の後半でふれねばならない。

上陸地点をめぐる迷走

増派の一番乗りとなった金沢の第九師団主力は二月九日、上海へ向けて宇品を出港している。この時の貴重な映像が石川県立歴史博物館に残されていた。

地元の新聞記者（故人）が従軍して撮影したフィルムだ。三〇年以上前に寄贈を受けて長く倉庫で保管していたものを、当時の学芸員本康宏史氏（現・金沢星稜大学教授）が発掘、フィルムをリマスターした。

広島駅に到着した第九師団が宇品へと向かう御幸《みゆき》通りの沿道には、老若男女、黒山の人だかりが途切れることなく連なり、日の丸の旗が空を覆っている。さらに到着した宇品港沖では目を疑うような光景が撮影されていた。

兵士たちが雁木から小舟に移乗し、輸送船へと乗り込むすぐそばを、市民を山と乗せた舟が何十隻も取り囲んでいる。波間にゆらゆら不安定に揺れながら、舟上で幾度も万歳を繰り返している。民間人の海上への立ち入りは規制されていなかったようだ。映像からは、四半世紀ぶりの軍隊の出動に国中が興奮している様子が熱をもって感じられた。残念ながら映像は宇品出港で終わっていて、上海の埠頭で師団の到着を待ち受ける田尻碇泊場司令官の姿は確認できなかった。

第九師団主力は五隻の輸送船に分乗し、二月一三日から一四日にかけて上海に到着している。心配された揚陸作業には思わぬ援軍を得られた。田尻が上海に発った後、運輸部長の松田巻平は参謀本部と粘り強く交渉を続け、第五師団の船舶工兵約一〇〇人を「臨時派遣工兵」として第九師団に追加派遣させ、碇泊場司令部の援護にあたらせた。揚陸作業は一六日までに順調に完了する。

上陸作戦こそ順調に進んだが、上海の戦況は一向に好転しなかった。好転どころか各地で敗退が相次ぎ、意気揚々と乗り込んだ第九師団は半数近くが戦死。戦場は混乱を極め、大隊長と少尉が敵軍の捕虜にされる事態まで発生。二人は帰国したのち自決を強いられた（これが後の戦陣訓「生キテ虜囚ノ辱シメヲ受ケズ、死シテ罪禍ノ汚名ヲ残スコトナカレ」の基となったとされる）。

敵陣地に爆弾を抱えて突撃した「爆弾三勇士」が報道で盛んに取り上げられ、銃後の戦意高揚がはかられたのもこの時だ。広島の地元紙の報道を見ると、呉海軍の「地雷火四勇士」というのも写真入りで掲載されていて、「陸軍の爆弾三勇士と並び称される殊勲」とある（『中国新聞』昭和七年四月一

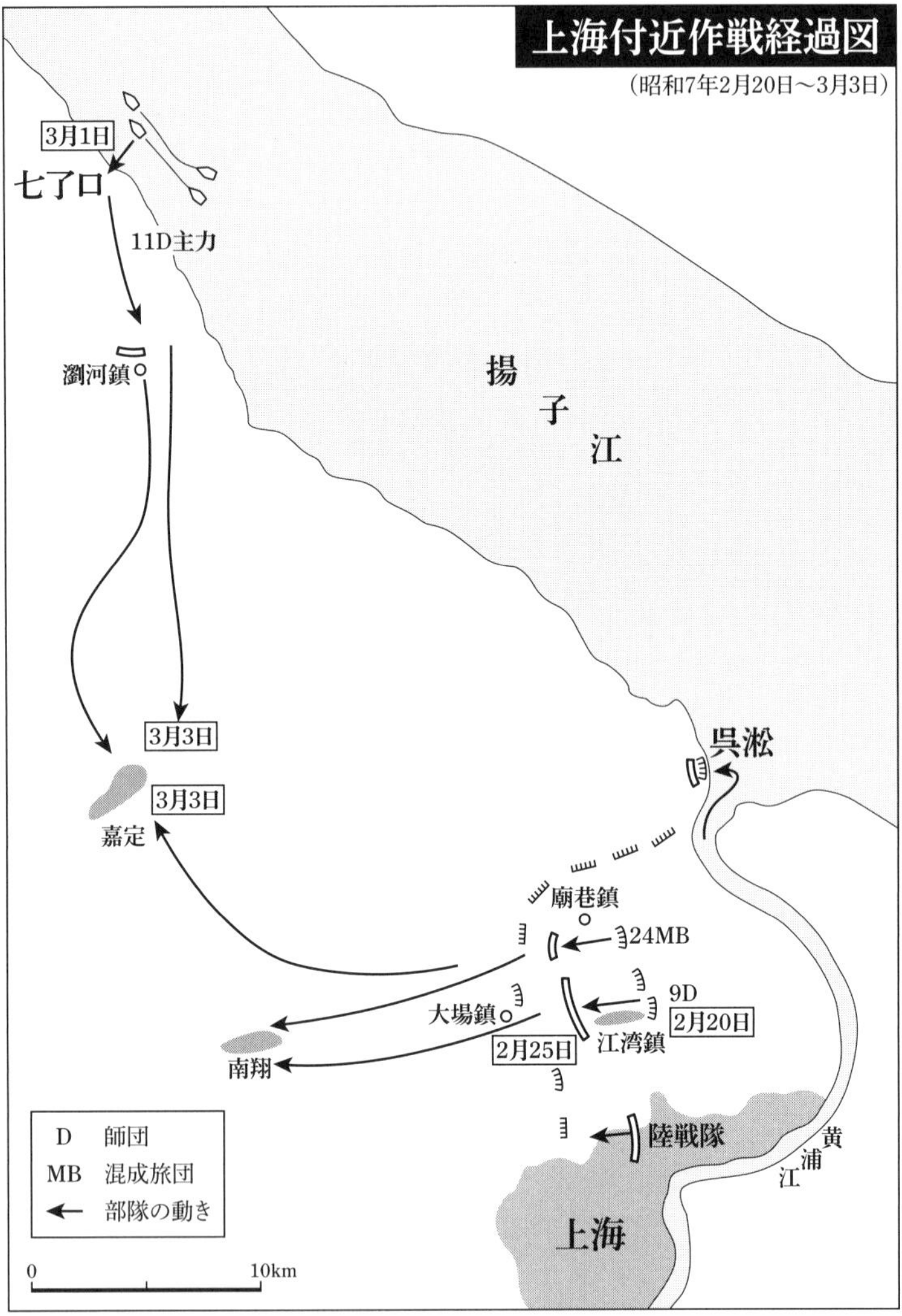

松原茂生『陸軍船舶戦争』より改変作成

日付)。

二月下旬、第九師団に続き、本国からさらなる追加の陸軍部隊が送られることになった。今度の主力は、船舶工兵を抱える第一一師団(善通寺)。陸軍はここでようやく本腰を入れた。

宇品港をはじめとする国内各地の港湾は、部隊の移動や軍需品の輸送で大わらわとなり、船舶輸送に精通する者の采配が不可欠となった。そこで運輸部員に加えて、これまで宇品の船舶練習部を卒業した八〇人の将校全員が師団を越えて集められ、各地に分散して揚陸作業にあたった。

劣勢の続く第一次上海事変は、ここからが山場だ。田尻大佐の物語もまた、これから始まるといっていい。

追加された第一一師団をどの方面から上陸させるのか。上陸地点の選定は、その後の作戦を左右する重大な決断である。ここで陸海軍の主張が真っ向から対立した。

陸軍参謀本部は、事変の四年前から現地の偵察を行ってきた。揚子江口から約三二キロ上流にある「七了口」から師団を上陸させ、敵軍を背後から挟み撃ちにし、膠着《こうちゃく》する市街戦を一気に打開する戦法を主張した。

いっぽうの海軍軍令部は、揚子江を遡上《そじょう》するのは危険極まりなく、敵の背後から回り込むような派手な上陸作戦は国際世論を刺激するとして、上海に近い「呉淞《ごしょう》」(揚子江口の右岸)から安全に上陸するよう主張。その海軍内部にも艦隊派と条約派の対立があり、議論は混迷していく。

東京では参謀本部と軍令部の間で何度も検討が重ねられたが、どうにも決着がつかない。そこで結論は現地協議に委ねられることになった。具体的には上海派遣軍司令部（陸軍）と第三艦隊（海軍）による話し合いだ。しかし現地でも同様に甲論《こうろん》乙駁《おつばく》し、なかなか結論が出ない。

そんな最中の二月二四日深夜、田尻大佐は村中大尉に極秘命令を下す。


本職儀明二十五日〇〇〇方面ノ偵察ヲ実施ス　村中大尉松本運輸工随行スヘシ　但服装ハ便服トス

まだ夜も明けきらぬ二五日未明、田尻は旧知の第三艦隊副官・水野海軍少佐から借りてきた帽子を被り、背広にオーバーをはおるという民間人の装いで、海軍の旗艦・出雲に姿を現した。その後ろにはやはり便服の村中大尉と、港湾の測量を専門とする運輸部の部員をひとり連れている。

まだ人気のない出雲に、もう一人、陸軍将校がやってきた。参謀本部から派遣された今村均大佐だ。今村もまた軍服を着替え、民間人を装っている。三年前、陸軍大臣の宇品特命検閲にともに随行した今村と田尻は、ここで再会した。

少し遅れて、第三艦隊参謀の羽仁海軍大佐ら海軍将校四人も姿を現した。陸海軍の大佐クラスが極秘に集まり、上陸地点の候補地・七了口の偵察を行おうというのである（前出の電報中の〇〇〇は七了口の伏せ字）。

出雲には、田尻が事前に敷いた碇泊場司令部とを繋ぐ電話があり、陸海軍の活発な協議の場となっていた。上陸地点を巡って上層部の対立が続く中、実際に七了口の様子を確認しなければ判断は下せないという田尻の提案に、皆が同意した。

午前八時半、一行は出雲で打ち合わせを済ませた後、密かに海軍の徴傭船「金陵丸」（一〇〇〇トン・日本郵船）へ移乗した。金陵丸はどこにでもあるような小蒸気船だ。ここで船長と船員を全員下船させ、運航指揮は出雲の航海長である海軍少佐があたり、操舵は水兵が担当することになった。小さな民間船にふさわしからぬ物々しさである。

天気は晴朗、風もない。遠くでは、この日から始まった江湾鎮攻撃の殷々《いんいん》たる砲声が響いている。小蒸気船がスルスルと水面を切って進む左岸には、中国軍が築いた要塞の一部が葦の葉の間に見え隠れする。右岸には、河面《かわも》に向かって砲門が等間隔に並べられ、その間を国民党軍の兵士たちが歩いているのが見える。

揚子江口の呉淞から先の上流は、まだ日本軍の力が及んでいない敵地だ。そこに軍艦ではなく防備の脆《もろ》い小さな民間船に、陸海軍の主力参謀が乗り合わせるという危険極まりない偵察。田尻は「岸から砲火を受ければ、われらの小艇は一瞬にして撃沈されただろう」と書いている。

かなり後のことになるが、田尻の長男昌克は父のこんなエピソードを綴っている。

昌克は昭和二〇年八月、父と中国・天津で敗戦を迎えた。生活物資を調達するため父と白河を遡航中、中国軍から船体がハチの巣になるほどの壮絶な一斉射撃を受けたことがある。目の前で船員が撃たれ、血飛沫《ちしぶき》をあげながら次々に倒れていく。昌克は動転して頭が空っぽになったが、ふと父を見ると、まったく取り乱すことなく目をつぶって悠然と煙草をくゆらせていた。昌克は、修羅場を幾度もくぐりぬけてきた軍人の姿を目の当たりにしたという。

金陵丸に話を戻す。正午過ぎ、一行は七了口と思われる地点に到着した。思われる、という不確かな表現は、場所の確定ができなかったからだ。周囲に何の目印もなく、岸にはどこも似たような原野が広がるばかり。揚子江口からの航行距離から「この辺りだろう」と推定したに過ぎない。田尻は周辺の情報を逐一、頭に叩き込んでいく。

吾々は七了口と覚しき地点に向かって徐々に陸岸に接近した。河の流速は概して二米半内外で、多少下流に向って流される恐れがある。水深は陸岸に接近するに従い減少するけれども、上陸用舟艇の進航には支障がない。（略）果して敵部隊が守備しているのか否か判断するに由がなかった。我らは陸岸三〇〇米まで接近した。水深はわずかに一米内外に過ぎないが、砂質は硬質のようである。舟艇の上陸には不安が残る。ただ難点は流水の流速と江岸の浅瀬だけだった。

しばらくして、村中大尉がアッと小さな声をあげた。沖に揺れる、小さな浮標を発見したのだ。「ドーブ・ブイ」と呼ばれる、海図上に七了口沖として標示してあるブイである。この発見で、陸岸に見える部落が七了口に相違ないことが確認できた。村中大尉と運輸部の工員は一帯を写真撮影するとともに、実景を素早く写実し、正確な写景図を作成した。

夕刻、一行は無事に偵察を終えて上海にもどった。田尻と今村は、紡績工場の中に設けられた今村の宿舎に直行し、大至急、報告書をまとめた。その結論を共同起草し、参謀総長宛に打電した。

結論として、七了口の地形などからも上陸作戦は充分、可能であること。そのために必要な上陸用の資材、人員を一層、充実すべきであることも書き添えた。この後半の数行が、田尻の軍人人生を一変させることについては後述せねばならない。

上陸まで二日と迫った時点においても、上陸地点を巡る陸海軍首脳の交渉は平行線だった。その間も田尻は七了口を上陸地点に定め、準備を着々と進めていく。

何度もふれてきたが、碇泊場司令部の装備は最低限のものしかない。資材も作業員もまったく足りない中で、上海での第九師団の上陸は、第五師団の船舶工兵たちの力も借りてなんとか乗り切れた。しかし今度はまったく揚陸施設のない、敵が待ち構える荒野に一個師団という大兵力を敵前上陸させなくてはならない。日本陸軍にとっては初めての経験である。上陸用舟艇は、市原技師が完成させたばかりの大発を各地からありったけ集め、宇品から追送させている。ところが、現地にはそれを操縦できる陸軍の兵隊が数名しかいない。荷役を行う沖仲士も、ひとりもいない。参謀本部から先の電報に対する返信もなく、碇泊場にさらなる援軍が得られる希望はほとんどなかった。万事休す――。

膨大な自叙伝の中で、愚痴めいた記述はほとんどしない田尻が、このときばかりは率直に嘆いている。

目覚しい碇泊場材料は何もなく、殊に軍需品を揚陸し、また揚陸陸上整備に任ずる沖（仲）仕は一人もいない。斯《か》くの如き貧弱な編成装備を以て、中央部の期待するが如く、何ら揚陸施設のない七了口に、一個師団に余る大兵力を完全に揚陸を成し得るだろうか。しかし一日も速かに第十一師団を敵の背後に上陸させ、戦況の打開、進展を図ることは刻下の急務だ。碇泊場を指揮した私の苦辛は筆舌に尽くせないものがあった。（略）ことに軍需品揚陸の機関を欠き、また基地守備部隊につき何らの指示を得られなかったことは遺憾の限りであった。

近代上陸作戦の嚆矢《こうし》

参謀本部の応援を得られぬまま、上陸決行日は間近に迫っていた。切羽詰まった田尻が駆け込んだ先は、上海に構える海軍の第三艦隊。参謀長の嶋田繁太郎少将（後の海軍大臣）にいきなり面会を願い出た。

嶋田少将とは、陸海軍合同の図上演習で何度も席をともにし議論をしてきた仲だ。嶋田は実務家として優れた軍人で、話の要諦を摑むのが早かった。田尻はそれにすがる思いで依頼した。

もし七了口への上陸が決定した暁には、機動艇の操縦に熟練した海軍水兵三〇〇人を陸軍に差遣し、田尻の指揮下に置いてほしいこと。そこには海軍の内火艇を多数、付属してほしいこと。かつ第三艦隊所属の軍艦を、上陸援護のために現地に差し向けてほしいことなどを一気に申し述べた。

嶋田少将は一言も口を挟まず、じっと耳を傾けていた。田尻が説明を終えると、「相わかった」と即断、自らの部隊を田尻に預けることを快諾した。これまでに築かれた田尻との信頼関係に加え、応援にきた陸軍に対する引け目もあっただろう。ともあれ嶋田の協力で、碇泊場司令部としては上陸作戦を支援する戦力にめどがついた。

上陸予定日の前日の二月二九日未明、上海派遣軍司令官と、本土からの第一一師団主力を乗せた第二艦隊の巡洋艦「妙高」が、揚子江上の泊地に到着する。田尻も、第三艦隊が差し向けてくれることになった陸戦隊と舟艇を現地へ誘導する手配を終えてから、急ぎ妙高に直行した。

妙高の士官室には、新たに上海派遣軍司令官に任命された白川義則大将、第一一師団長の厚東篤太郎中将らが待機していた。上陸地点を七了口にするのか、呉淞にするのか、この期に及んで議論は平行線のままだった。

意見を求められた田尻は、現地で作成したばかりの写景図を示し、碇泊場司令部の判断としては七了口への上陸は充分に可能であると主張した。しかし海軍幹部は、呉淞への上陸のほうが安全だと執拗に反論する。議論は嚙み合わず、いっそ上陸予定日を遅らせるかといった極論まで飛び出す始末である。

田尻に同行した部下たちが戦後、座談会『船舶兵物語』で語ったところによると、議論は白熱し、こんなやりとりまであったという。

「ここは、海軍はお譲り下さい！」

「碇泊場は下がっておれ！」

「こちらがやります！」

ここでいう「碇泊場」とは田尻大佐のことだろう。温厚な田尻が感情を表に出したことを伝える珍しい証言だ。

みなの意見が出揃った後、それまで黙っていた今村大佐が立ち上がり、口を開いた。田尻とともに起案した作戦を、海図や写景図を使いながら改めて諄々《じゅんじゅん》と説明し、参謀本部としても七了口への上陸に自信をもっていると伝えた。

ようやく第三艦隊長官の末次信正中将が決断する。

「この時点においても陸海軍の意見の一致をみざるは大いに遺憾なことだ。一一師団の上陸は焦眉の急に迫っている。作戦は陸軍自体の用兵に属するのであるから、海軍はこの際、百歩譲って陸軍の主張に同意し、全力を挙げて支援し、以て宸襟《しんきん》を安んじ奉るべきである」

上陸地点は七了口に決せられた。

同日午後、第一一師団主力は揚子江上で、第二艦隊の巡洋艦から第三艦隊の駆逐艦へと移乗を始めた。

夕刻になって全部隊の移乗が完了、第三艦隊が泊地を出発する。このとき、第二艦隊からは「陸軍、しっかり頼むぞ」と叫び声があがり、軍楽隊が激励の演奏で見送った。岸からは遠く離れており、敵軍に気づかれる恐れはない。陸海軍の兵士たちの交歓は暫《しばら》く止むことがなく、それまで陸軍の追加派兵を秘匿するために姿を隠していた厚東中将まで艦船上に姿を現し、第二艦隊に向かって長い敬礼をした。

現場の士気が高まる一方で、田尻は依然として焦燥していた。水面下で問題が起きていた。追加の上陸用舟艇、それも最新鋭の大発と師団の糧秣を満載して宇品を出たはずの大型輸送船二隻が、いまだ到着していなかった。上海に着いたとの情報は入っているのに、その後の連絡が途絶えている。作戦の最中に輸送船が行方不明になったのだ。

すでに調査のため村中大尉を差し向けてはいたが、田尻にとっては胃がキリキリ痛むような綱渡りが続いた。実は二隻の輸送船は上海を出る直前になって、第一一師団から山砲弾薬を追加搭載するよう頼まれて足止めを食らっていた。これを教訓に田尻は後に、輸送船の運航を厳格に規定する仕組みづくりに取り組むことになる。

三月一日未明、上陸部隊は夜陰に乗じていっせいに揚子江を遡上、事前偵察隊によるブイ発見が功を奏し、七了口の上陸地点を速やかに特定した。写景図を地図代わりに、上陸部隊の編成も無事に済んだ。合流が遅れていた宇品からの輸送船二隻も、すべりこむようにして現着。大発を続々と川面に下ろしていった。

午前五時五〇分、奇襲上陸の火ぶたが切られた。

兵隊を満載した大発が横隊に展開、全速で岸へ向かって前進を始める。甲高《かんだか》いエンジン音が静寂を破って川面に響きわたった。暁の眠りをつかれた水鳥たちが天高く飛び立つ。手漕ぎ舟ではなく、鉄製の自走舟艇群が爆音とともに一気に進撃する様は、その場にいる誰もが初めて目にする光景である。

予期せぬ日本軍の上陸に、川岸から一斉に激しい銃声が轟いた。猛烈な小銃、機関銃の嵐が、大発に向かって浴びせられる。岸に現れたのは南京軍官学校教導隊の一部で、蔣介石直系の精鋭部隊だ。上陸部隊もこれに応戦、装甲艇が射撃を開始し、激しい撃ち合いが始まった。同時に、別の小型舟艇が岸に沿うようなかたちで一面に煙幕（煙を立ち込めさせて上陸部隊の姿を隠す作業）を展開していく。

田尻が事前に心配したとおり、岸から一五メートル地点の遠浅で大発の船底が河床に接し、前進が困難になった。動きが止まれば射撃の格好の的となる。

「溺れると二度と浮き上がれない」

揚子江の激しい流れは、兵士たちにそう恐れられていた。船上で皆が震えて立ち往生したとき、上陸作戦専門の訓練を積んできた船舶工兵が先陣を切って飛び込んだ。すると残る歩兵もそれに続いた。

田尻が海軍から差し回してもらった陸戦隊は、陸軍の船舶工兵が率いる「水上作業隊」の一員となって大発の運航に従事した。艇長と通信士は陸軍船舶工兵の上等兵が、発動と操舵は海軍の下士官が、大発を岸に固定するための陸上からの綱引きは一一師団の船舶工兵が分担。海軍の下士官たちは、軍の階級でいえば自分たちがはるか上であるにもかかわらず、陸軍上等兵の指揮によく従った。

この光景を後方の旗艦から見ていた今村大佐は、いたく感動したらしい。

「各軍艦の司令塔上にあって、此の光景を眼にしておりました陸海軍関係将校は、一様に『平時の協同作戦の演習でも、これ程に順序よくやれた例を見なかった』と、申し合った程のことであります」

(「偕行社記事」昭和七年、以下同)。

また同じ旗艦にいた第一一師団参謀長・三宅俊雄大佐は、戦場では日の当たらぬ碇泊場司令部の尽力をこう称えた。

「師団今次の上陸成功は海軍の終始積極的にして真に間然する所なき熱誠籠る協力と揚陸作業機関即ち田尻大佐以下の運輸部派出所及之に属した工兵諸隊の決死的事前事後の奮闘とを忘れることは出来ない、此事柄は海陸連合作戦の好模範として永く戦史を飾ると思ふ」

この作戦での陸海軍による協同は、戦地で迅速な意思統一が実現した成功例として双方から評価された。そして太平洋戦争の終戦まで陸海軍共通の教範のひとつとなる「上陸作戦綱要」の内容にも反映された。

七了口上陸作戦は正午までに人員や補給品の揚陸を完了し、部隊は直ちに右翼隊と左翼隊に分かれて南進を始めた。日本軍の死者は二人に留まった。

ここからの動きは速い。第一一師団に背後から上陸され、挟み撃ちにされる格好となった国民党軍は三月三日、総退却を開始、共同租界の境界線二〇キロまで後退した。

白川軍司令官はこれを追うことなく、すみやかに停戦に入ることを決断する。白川は出征前の親補式で、昭和天皇から直に「事変を長引かせず、国際連盟総会の開かれる三月三日までに解決するよう」託されていた。このとき、田尻が陸海軍の主要な拠点に敷き巡らせていた電信網が現地軍の素早い停戦命令にひと役かった。

こうして第一次上海事変は事実上、収束した。

七了口上陸作戦は、陸軍運輸部にとって大きな転機となった。

第一次世界大戦のガリポリ上陸作戦の戦例に教訓を得て、一〇年の歳月をかけて進めてきた研究が初めて実戦に活かされた。鉄製の自走舟艇を主力に使っての師団規模の上陸作戦としては世界初の成功例となった。また第一次世界大戦の青島攻略では一個師団を上陸させるのに一週間がかりだったが、今回はほぼ一日で完遂した。

難産の末に生まれた大発が、実戦の用に適することが証明された。大発は陸軍の上陸作戦用の主力器材として陸軍省に正式に認められ、小規模な改良を加えながら大量生産が始まる。アメリカ軍も後に大発を参考にして、独自の上陸用舟艇の開発に着手するなど、七了口上陸作戦は「近代上陸作戦の嚆矢」として世界の軍事関係者の関心を集めた。

しかし現場を率いた田尻自身は、喜び半分だった。なぜなら陸軍運輸部の体制が、師団単位の上陸に挑むにあたっていかに貧弱であるかを痛感させられたからだ。

事実、表立って報告はされなかったが、七了口では大失態に繋がりかねない失敗もあった。苦労の末に七了口へ揚陸された軍需品や糧秣は、それを運ぶ人員がひとりもいなかった。これまで民間の沖仲仕が担ってきた業務だが、碇泊場司令部はその人員すら用意することができなかった。大量の物資は水際に堆積されたままとなり、いつ敵に略奪されてもおかしくない無防備な状態に置かれた。

これも結果として海軍陸戦隊の協力によって根拠地（保管場所）を確保し、前線に運搬することができた。しかし輸送業務に全責任を負う田尻にとっては、もし弾薬・糧秣が敵の手にわたって戦闘が長引いていれば、前線部隊の戦力を損なっていたかもしれないと背筋の凍る思いがした。また輸送船から川面に大発を下ろす作業も初めて経験する者ばかりで手間取り、上陸開始が予定時刻より三〇分も遅れてしまった。

今後は、大発の操縦や揚貨機類の運用に熟練する船舶工兵を大幅に増員せねばならぬことが明白になった。さらに陸軍の先遣隊を乗せて戦場に先乗りした海軍の駆逐艦は大発をほとんど搭載できず、早くは着いたものの身動きがとれず、結局、機動力を欠いた。上陸用舟艇を大量に搭載して速やかに現地に輸送し、迅速に海面に下ろすことのできる舟艇の運搬専門の特殊輸送船を早急に開発せねばならぬことも課題として浮かび上がった。

結果としての七了口上陸作戦成功は、現場の必死の努力、海軍との協同体制、そして何より敵軍の戦力が劣っていたためであったと田尻は回想する。危地の多くは田尻個人の機転によって辛うじて脱した。しかし個人のスタンドプレーがいかに優れていても、そこに再現性がないことは田尻自身が誰よりも痛感していただろう。

七了口上陸作戦が行われた、まさに三月一日。

満州では、上海事変のどさくさに紛れるようにして、関東軍が満州国の建国を世界に宣言。「五族協和」を掲げて、清朝の末裔《まつえい》・愛新覚羅溥儀《あいしんかくらふぎ》が国家元首である執政に就任した。

二ヵ月後の五月一五日、満州国の建国を頑として承認しなかった総理大臣犬養毅が軍のテロルに斃《たお》れ、政党が軍を統制する時代は終わりを迎えた。満州事変は、日本の近代史の流れを大きく変える出来事に違いなかった。

報われなかった戦果

四月、田尻昌次大佐は宇品の陸軍運輸部に凱旋する。

七了口での活躍は陸海軍関係者に広く伝わるところとなり、運輸部には各方面から賛辞が寄せられた。田尻はこの功績により功四級金鵄勲章と年金五〇〇円、旭日中綬章、従軍記章を授けられた。

そもそも田尻が参謀本部の船舶班長の任を解かれ、宇品の陸軍運輸部へ異動したのは、満州事変に対応するための緊急措置だった。この成功をもって再び参謀本部に戻り、船舶部隊を率いる要職に栄転するだろうと周囲の者たちは疑わなかった。

ところが、実際に起きたのは真逆のことだった。原因は、七了口上陸作戦の準備にあたって田尻が今村均とともに起草し、参謀本部に送った電報、上陸作戦を成功させるため人員と器材を充実させるよう重ねて訴えた、あの電報にあった。

田尻の自叙伝より。


この電報は参謀本部の七了口上陸可能を確認させるに充分役立ったが、その結論とするところは、若し上陸作戦に失敗することありとせば、その責任を参謀本部に転嫁するものだと、参謀主任の小畑（敏四郎）大佐が曲解して大に怒り、彼は陸軍省人事局長に田尻大佐は不都合だと申し入れた。これぞ私の一生を支配する深因をなした。それかあらぬか田尻は用兵の器とあらずと判断され、事後の半生を宇品の輸送機関に罐詰にされ、時いたるも連隊長、旅団長、師団長、軍司令官等の要職に就くことは出来なかった。


まさに田尻が現場で奔走していた第一次上海事変の最中、陸軍中枢では地殻変動が起きていた。「皇道派（政財界を排除し、天皇親政による国家改造を主張する陸軍の派閥）」と、それに対して軍内規律を保持しようとする派閥の抗争である。

前年一二月に政友会の犬養内閣が成立すると、陸軍は陸軍大臣のポストに若手将校に抑えが利く人物として皇道派の重鎮・荒木貞夫を送り込んだ。荒木は着任から間もない二月、国家改造運動の中心となっていた青年将校グループらを露骨に優遇する「皇道派人事」に着手する。

田尻からの電報に「大に怒」ったという小畑敏四郎は、荒木陸相の腹心だ。前陸軍大臣・南次郎に言わせれば、皇道派の布陣は「総指揮者ハ真崎（甚三郎）ナリ、小畑ハ参謀長格」で、小畑の影響力は絶大だった（『南次郎日記』昭和七年一〇月一三日）。その小畑が田尻のことを「用兵の器にあらず」と人事局長にねじ込んだのだとしたら、何の後ろ盾も持たぬ宇品の大佐など、ひとたまりもなかっただろう。

さらに田尻とともに電報を起案した今村均が、皇道派と対峙してきた存在だったことも無視できない。今村こそ上海事変の直前まで参謀本部作戦課長の任にあり、関東軍の独断による満州事変を厳しく批判。張学良との外交交渉を優先させるとともに、現地に自ら乗り込んで関東軍に対して統帥に従うよう談判していた人物だ。

その今村が作戦課長をわずか六ヵ月で更迭《こうてつ》され、作戦課長の席に出戻ったのが小畑だ。満州事変を成功させるための皇道派のシフトである。課長の座を追われた今村は、彼を守ろうとする上層部の計らいで海外勤務を内示されたが、今村は自らの手で事変を止めることを決意して「参謀本部付」の肩書きで現場に志願して乗り込んだという事情があった。

小畑からすれば、現場から要望ばかり突きつけてくる田尻も、皇道派の方針に否定的な前任者の今村の存在も、そろって気に入らない。

実際、今村が東京に凱旋した直後、小畑は参謀本部の会議で「現地の海軍をなかなか説得できなかった」と今村を難詰している。これには同席していた参謀総長の閑院宮《かんいんのみや》載仁《ことひと》親王が「七了口上陸がとくに立派に成功したことは結構だった。ご苦労、ご苦労」と場を濁したという。今村は、小畑ら皇道派が「関東軍を中央の統制下に把握しようと努めた諸官を、一人のこらず中央から出してしまった」と嘆いている（『今村均回顧録』）。今村もこの後は千葉の歩兵連隊に左遷され、軍政・軍令の中枢から遠ざけられた。

田尻の不運は重なる。田尻が宇品に凱旋した四月、作戦課長にあった小畑が少将となり、今度は宇品の上級組織たる参謀本部第三部長に就任した。これが決定打となった。

通常の陸軍人事では、将官に就いた後、少将クラスには旅団長、中将クラスには師団長や軍司令官等のポストを経験させて、将官として箔をつけさせる。田尻も、大佐クラスが任じられる大隊長（福岡歩兵第二四連隊）までは歴任した。

彼はこの後も少将、そして中将と昇進していく。しかし、軍籍は宇品の運輸部から一度も動くことなく、旅団長も師団長も軍司令官も務めることは叶わなかった。直属の上司である松田巻平運輸部長は、田尻に対する相応の部隊勤務を人事局に進言したが容れられることはなかった。

こうして田尻は、広島宇品の陸軍運輸部に「罐詰」にされた。参謀本部の敷居は二度と跨げなかった。国のために死力を尽くし、至らざる点は上層部にも率直に意見具申をする。そのことが必ずしも個人の栄達には繋がらないという官僚組織の不条理を身をもって知った。

このとき田尻は、かつて福知山の連隊で不条理な藩閥人事に直面したとき、自らに誓った言葉を思い出した。

——但馬無閥の私が軍に一生を托して将来を開拓するには、私個人の実力を養成し、個性を磨き、他に遜色なき人格を修養し、以て茨の道を切り拓き、堂々と勇往邁進するより他なき……。

軍人として恥ずべきことは何もない。すでに自分は船舶の世界で道を切り拓いてきた。その運用を一手に握る〝宇品の主〟になろうではないか。広島を「第二の故郷」とさだめ、かつて参謀本部の船舶班で辣腕をふるったように、今度は宇品の大改革に取り組む。それこそが船舶の道に生きる軍人の本懐であると考えた。

宇品の主として

ここから田尻が宇品で見せる猪突猛進は、逆境をバネに跳びはねるが如きである。彼がまず着手したのが、宇品港の再整備だ（宇品港の名称は昭和七年に広島港へと変更されたが、本書では宇品港と表記する）。

陸軍の輸送拠点でありながら、宇品港の構内設備は日露戦争以降ほとんど手が加えられておらず、老朽化が激しかった。埠頭のクレーンなど揚貨機類の整備も進んでおらず、岸壁は古木の雁木のまま。船に貨物を運ぶ時は木舟による沖荷役しかできない。田尻はまず、それらの改善に着手した。

さらに宇品港は軍港としての法的な整備が手つかずで、立ち入り規制がなかった。たとえば極秘の会議が開かれている陸軍運輸本部の建物のすぐそばでは、市民がのどかに釣り糸を垂れるという有様で、防諜にはほど遠い状態にあった。

昭和八年、運輸部の働きかけを受けて「宇品港域軍事取締法」が公布される。広島市、船越町、海田市町、矢野町、府中村、坂村の湾岸エリアで工事や漁労、撮影、船舶の航行を行う際には陸軍運輸部長の許可が必要となった。

また上海事変の後、呉の海軍鎮守府は全面的な軍艦の改装作業にとりかかり、広島近隣の造船所をすべて海軍専用として抱えこんでしまった。小舟の修理なら金輪島の舟艇工場で事足りるが、大型の輸送船を修理したり、中間検査を行ったりするのは造船所に頼まねばならず、運輸部はその発注すらできない事態に陥った。

上陸作戦は常に情報の秘匿が優先される。動員が発令されてから上陸するまでの期間はいきおい短くなる。大陸を巡る情勢は混沌としており、いつ「次」の指令が下るとも限らない。それに備えるには呉鎮守府のように、陸軍運輸部が自由に使える造船所や重工業の各種工場を近くに構えることが急務だと田尻は考えた。

ところが民間の大企業を誘致しようにも、宇品地区にはすでに数百棟以上の陸軍倉庫がひしめき合っている。そこで、周辺地区一帯のさらなる埋め立て工事に着手することを考えた。宇品開発の祖、千田貞暁以来となる大事業を実現するには国家規模の予算が必要となる。

田尻が目をつけたのは、明治三三年に設立された港湾調査会だ。調査会は国内の重要港湾として一四ヵ所を選出し、整備を進めていた。これまで指定を受けたのは横浜港、神戸港、大阪港、東京港、関門海峡、敦賀港、長崎港などで、宇品港は入っていない。宇品は陸軍が使用しているのであえて指定を避けた可能性があった。もし新たに重要港に指定されれば、相応の予算が獲得できる。

田尻は「数えきれないほどの論文」を書き、早急に指定を受けられるよう関係各所を訪ねては必要性を力説した。上海事変後の世情も手伝ったのだろう、翌昭和八年、宇品港はさっそく「第二種重要港湾」に格上げされた。

田尻は自ら県庁に足を運び、県知事とともに広大な埋め立て計画を練った。過去、広島には国に却下された上下水道の整備計画が、陸軍の後押しが加わったとたん一気に進んだといった数々の成功体験がある。県知事は中央直轄の陸軍運輸部の関与を好機ととらえ、関係機関に各種申請をすみやかに受理させるいっぽう、地元の漁業権の買収や海軍との調整などの作業に積極的にかかわった。

実際の工事着工は昭和一四年で、このときの計画をベースに現在に至るまでの広島市の埋め立て地域の概要が整う。今でも、旧陸軍運輸部の要望で工場が設立されたのと同じ場所に三菱重工が航空機の工場を構え、自動車メーカーのマツダが操業している。

同時に、広島湾の東側に隣接する海田市町（広島県安芸郡）でも、三〇万坪という広大な埋め立て工事に着手した。宇品に収容しきれなくなった陸軍の軍需品を集積し、荷役を行える設備を持つ第二の輸送基地として重点的に整備するためだ。ここも現在は自衛隊の海田市駐屯地として使われている。

さらに宇品の対岸にある金輪島や鯛尾地区（広島県安芸郡坂町）にも、舟艇を開発するための研究所や作業所が増設され、舟艇の燃料を大量に備蓄するための地下埋没式の貯油所も新築された。

こうして宇品港を起点にして大小発で自由に往来できる広島湾岸エリア一帯に必要機能が集積され、宇品は軍港としての機能を強化していった。

田尻の改革は、それだけに収まらなかった。広島には一万床を超える国内有数の陸軍病院があるが、軍人でなければ診てもらえない。しかし運輸部で働く人員のうち軍人はわずかで、多くは船員や技師といった軍属、文官、雇人である。彼らなしでは、船は一マイルたりとも動かせない。田尻は彼らが治療や療養を優先的に受けることのできる病院が宇品地区に必要と考え、陸軍共済組合から基金を拠出させて共済病院を設立した（現在の県立広島病院）。

さらに県知事を発起人として各所から寄付金を集め、陸軍運輸部のすぐ西隣に「凱旋館」を建設する事業にも着手する。凱旋館の目的は、宇品港から出征したり帰還してくる船員たちのための休養、宿泊、慰安施設とすることだった。船員が優先的に泊まることのできる三十数室の宿泊室や、一〇〇〇人以上を収容できる大ホールも計画された。この事業には宮内省をとおして昭和天皇から金一封五〇〇〇円が下賜されている。

この時期のさまざまな取り組みの中でも、舟艇母艦「神州丸」（八一六〇トン）の新造は運輸部にとって一大事業となった。第一次上海事変での失敗を教訓に、大発などの上陸用舟艇を大量に搭載、輸送できる最新の特殊船である。

田尻の命によって開発を主導したのは、市原健蔵技師だ。大発の開発成功で市原の名は中央にも知れ渡っていた。市原は金輪島から陸軍省本部に派遣され、開発の指揮をとった（現在も残る図面には市原の捺印が残されている）。

神州丸はニューヨークライナーと呼ばれる民間の高速大型貨物船をベースに設計され、現在でいう

舟艇母艦MT丸（神州丸）。船尾から特大発を下ろすことができた（「陸軍船舶関係写真集」より）

空母のような甲板を持つ独特なかたちとなった（艦載機が発着できるカタパルト二基を装備したが、試験後に撤去された）。大発二五隻、小発一九隻を一度に格納でき、船尾は扉状で開閉する。そこから重戦車を搭載した特大発をレールの上を走らせて、デリック（クレーン）を使わず海面に下ろすことができる。しかも従来の二気筒のエンジンにもう一基追加し、巨大船ながら速力は一九ノットを誇った。

陸軍省は、世界に先駆けたこの舟艇母艦の存在を必死に秘匿した。陸軍大臣の許可がなければ将校であっても乗船することができず、各史資料に記された神州丸の記述を見るとあらゆる偽名が使われていて、ちょっと混乱するほどだ。

宇品の運輸部では、荘厳な神州丸とい

う名前はほとんど使われていない。部員たちが好んで使った呼び名は「MT」または「MT丸」。Mは陸軍運輸部長の松田巻平中将、Tは田尻昌次少将、運輸部ツートップの頭文字である。

松田と田尻は、ともに上海事変を前に参謀本部の船舶班から宇品に異動してきたコンビだ。第一次上海事変後の小畑敏四郎の冷遇にもかかわらず、田尻が思う存分、宇品で活躍することができたのは、松田の庇護によるところが大きい。運輸部員たちは、自分たちは参謀本部の下請けではなく、この最新の舟艇母艦を宇品の力で開発したのだという誇りを「MT」の二文字に込めた。

この時期、田尻の配下にあった解良七郎《けらしちろう》（三七期）は、運輸部が主導してさまざまな開発が進むのを目の当たりにして、「宇品の運輸部はどこよりも先端を行っている」と誇らしく思ったと語っている（『船舶兵物語』）。

また太平洋戦争期に船舶参謀として働いた三岡健次郎（四六期）は戦後、歴史雑誌『歴史と人物』の特集で、陸軍のなかで運輸部の置かれた立場を「平時においては人事の面でも予算の面でも軽視され、戦時になると国運を左右するものとして重責を課せられた」と、その本質を端的に語りながら、この時期の運輸部の目覚ましい取り組みについて次のように書いている（「特集　参謀本部と太平洋戦争」）。

……九課・十課（参謀本部の船舶班）の労もさることながら、陸軍運輸部は更にそれを上回る先行施策を実行していたのである。よりひめ丸（起重機船）・MT船（舟艇運搬船）等の特種船は運輸部の自主的施策であり、また兵器でない海運資材の上陸用舟艇を、近代上陸作戦に間に合うように開発を始めたのは、支那事変、大東亜戦争の構想の片鱗だに示されなかった大正期後半のことであり、その完成は昭和初頭であったことは銘記されなければならない。即ち、民間能力の活用、兵器として予算のつかない海運資材整備の努力等、不断の努力が、辛うじて大戦争遂行を可能にしたのである。

そもそも参謀本部に構えてしかるべき「船舶の神」が宇品に陣取っている。これまで「参謀本部の出先機関」と揶揄《やゆ》されることもあった運輸部も、三岡が回想するとおり、田尻が率いたこの時期にはさまざまな施策に主導的に取り組み、文字通り黄金期を迎えた。皮肉なことに田尻に対する人事上の冷遇が、宇品の輸送体制の充実をもたらしたことになる。

当時、慶應大学の学生だった田尻の長男昌克は、父が単身で住まう南千田町の宿舎を訪れ、ひと夏を過ごしている。商船会社への就職を考えていた昌克は、金輪島の舟艇工場に工員見習いとして通った。ある朝、父と出勤したときの風景をこんな風に書いている。

軍属の運転手のついた車が、父を迎えに来るので、それに便乗した。車の前には黄色い将官を表す旗がついているので宇品の司令部に近づくと、出勤途次の軍人、軍属が父の車に、皆敬礼して直立不動の姿勢をとる様子を見て、親父も随分偉くなったもんだと肩身の広い思いをした。（略）

尚、父の将官旗をつけた車が通る時は一旦停止し衛兵が全員（十名くらい）前に出て整列しラッパを吹いて出迎えをする中、車は徐行しながら通り過ぎる。すると構内にいる軍人、軍属が全員、立ち止まり車に向かって敬礼する。司令部の入口玄関に到着する。副官が四、五名整列して敬礼して出迎えるのであった。

父は今や陸軍少将に昇進し、堂々たる「宇品の主」になっていた。

昌克は毎朝、運輸部構内の陸軍桟橋から、連絡船に乗って金輪島に通った。金輪島の研究所と工場は活気に満ち溢れていた。現場を取り仕切っていたのは、大発やMTの開発を成功させた市原健蔵。田尻を深く慕う市原はひと夏、手取り足取り昌克の面倒を見てくれたという。

上海事変以降、陸軍中枢では皇道派と、組織内の統制を重視する派閥の闘争が一段と激しくなり、その影響は地方組織にまで波及した。田尻は自叙伝に「私はこの間に在って何れの派にも巻き込まれることなく、中立を維持して、超然として一意軍務に精励した」と書きながらも、「この中立維持も、なかなか容易なことではなかった」「運輸部内でも下級の青年将校たちには皇道派が多く、ややもすれば部内の規律を乱さんとして私を悩ました」とこぼしている。

昭和一二年七月、歴史はさらに駒を進める。これまでくすぶり続けた日本と中国の全面戦争が幕を開けた。田尻昌次が陸軍を「罷免」されるまで、あと三年。太平洋戦争の開戦まで四年に迫っていた。

第五章　国家の命運

兵士三トン、馬九トン

昭和一二年という年は、国民にとって決して暗い年ではなかった。

相撲界では双葉山が三場所連続で全勝優勝を飾って横綱に昇進。プロ野球では巨人の沢村栄治が二度目のノーヒットノーランを成し遂げ喝采を浴びた。スクリーンではエノケンやロッパが笑いを振りまき、川端康成の小説『雪国』も人気を博した。街角には淡谷のり子の物憂げな「別れのブルース」が流れ、三年後には東京オリンピックの開催も決まっていた。

同年七月、大陸の彼方で幕を開けた中国との全面戦争は、後の歴史の年表には国家の一大事として特筆される出来事だ。しかし、それも当時は「事変」と呼ばれ、同時代に生きる多くの国民にとってはどこか他人事《ひとごと》のようでもあった。あまりに大きな国家レベルの危機というものは、警告の印をすぐには現わさない。市民には目の前の日常に恐怖が迫らぬ限り実感が湧かないのが常である。

そんな世情の中、国内にあって大陸の戦場並みに繁忙を極めていたのが宇品だ。

秋が深まるころ、上海南方六〇キロにある杭州湾から三・五個師団の大援軍を敵前上陸させることになった。これだけまとまった兵力を一地点に一度に上陸させる例は、後の太平洋戦争の期間をふくめて一度もない。使用される輸送船は一七七隻（約七〇万総トン）、日本の海運力の二割強にあたり、宇品はその対応に忙殺された。

運輸部の要たる田尻昌次少将は、すでに上海に設置された中支那碇泊場監部（中国各地の碇泊場司令部を束ねる現地の最高組織）に派遣されていて、宇品にはいない。残る部員たちは、田尻が運輸部企画課で完成させたマニュアルに従って膨大な船舶準備に狂騒することになった。それは文字通りの〝戦争〟だった。

船舶の準備は、その最終段階である「上陸日時」を厳守することが至上命令だ。その日から逆算して工程が組まれる。具体的な作業は、左記の八段階（Ｉの「予備日程」を除く）に分けられた（項目ＡとＢの「集合地」とは、戦闘が始まる直前に船舶が集まる洋上の地点のこと）。

Ａ＝集合地より上陸地点までの航海日数（五日）
Ｂ＝集合地での陸海軍協定、訓練に要する日数（三日）
Ｃ＝乗船地から集合地までの航海日数（二日）
Ｄ＝乗船地における軍隊の乗船日数（二日）
Ｅ＝海運地（宇品）から乗船地までの航海日数（八日）
Ｆ＝海運地（宇品）での艤装期間（八日）

G＝船舶徴傭地から海運地（宇品）への航海日数（一〜七日）
H＝陸軍省での船舶徴傭命令とその業務にかかる日数（一〜九日）
I＝予備日程（一日）

項目AからIまでの日数を足すと最大四五日、つまり一隻の船舶を戦場に送り出す準備は、少なくとも作戦の一ヵ月半前からかからねばならないことになる。予備日数はわずかに一日（項目I）、どこかの工程で遅延が出れば現地軍の戦闘開始日まで狂わせることになりかねず、宇品が負わされる責任は極めて重い。

この工程は後の太平洋戦争に至るまで、多少の修正を加えながら宇品を動かす指針となる。これを元に杭州湾上陸作戦の準備が完了するまでの運輸部の動きを追ってみる。

陸軍省の指示で各船会社から軍に徴傭される船舶が決まると、船ごとに徴傭契約が結ばれる（項目H）。そして空の輸送船がぞくぞくと宇品港へ集まってくる（項目G）。民間で貨物船や貨客船として使っていた船を、戦闘に適した仕様にするための「艤装」を行うためだ（項目F）。

宇品に着いた船は、まず入渠《にゅうきょ》（ドックに入れること）して船底に付着した牡蠣殻を丁寧に落とす。地味な作業だが、船底の整備を怠れば船本来の能力の半分の速度も出せなくなることがしばしばある。軍事輸送では性能の似た船を集めて船団を組むため、わずか一隻の遅れが全体に影響する。

作成日時は不明だが、運輸部が作成した「軍隊輸送船艤装配置要領」という資料がある。艤装項目には、兵隊の寝棚（三段式）、馬欄、食事分配所、仮将校室、酒保、臨時船員室、厠（トイレ）、無線電話室、冷蔵器、電気通風器、防雷具、大小発動艇の格納庫を設置するなど二四項目があげられている。

ただし、各商船会社が昭和に入ってから新造した大型船については、建造時にあらかじめ陸軍省の依頼を容れて、ある程度の軍事要求を充たすよう設計されている。そのため艤装の手間は最小限に抑えられた。この効率的な軍民両用設計図を立案して主導したのも、金輪島の市原健蔵である。

船内の艤装が終わると、今度は疫病対策のため船内をくまなく消毒し、最後に船の重量を計算してバラストの量を割り出す。軍隊輸送船は通常の貨物船に比べてかなり軽いのが特徴で、大量のバラストを船倉に設置せねばならない。宇品港のすぐ南にある似島（検疫所のある島）からは膨大なバラストが団平船に山盛りに積まれ、蟻の行列のようにひっきりなしに宇品港へと運ばれた。

さらに乗船する部隊の人数分と日数分の水、糧秣、被服なども、宇品地区周辺の陸軍倉庫から続々と運びこまれる。宇品での艤装にかかる日数は一隻につき平均八日（項目F）。今回の作戦ではそれが一七七隻にのぼり、常に数十隻の船舶を同時並行で艤装するという殺人的な慌ただしさとなった。

これら艤装に先行するかたちで、運輸部ではさらに船ごとの「乗船区分」も作成せねばならない。この作業が船舶運行の生命線となる。

乗船区分は船の運航日程はもちろんのこと、何をどんな順番でどこに積むかまでを定める、いわば船の行動計画表だ。七了口上陸作戦で宇品から追加派遣された輸送船二隻が、予定にない兵器の搭載を頼まれて一時、行方不明になったことを教訓に仕様の改良を重ねてきた。

乗船区分の作成には、極めて緻密な作業が必要となる。一隻の輸送船には、複数の部隊が乗り合わせる。部隊の乗船地は宇品港だけでなく門司、釜山《プサン》、塘沽《タンクー》など多岐にわたり、艤装を終えた輸送船が順番に拾ってゆく（項目EとD）。その乗船の順番を考えつつ、同時に下船の順序も考慮せねばならない。

下船後は即戦闘となることを想定し、戦闘の先陣を切る部隊を船内のどこに配置し、その装備はどこに置くか、重量物を抱える砲兵は何回目に揚陸するか。また右翼隊と左翼隊とが効率よく戦闘に入れる配置の工夫も必要で、複雑なパズルを組み合わせるような仕事だ。太平洋戦争の後、アメリカ軍関係者がこの乗船区分を見て、その緻密さに驚いたという話もある。

輸送計画の主務者となった上野滋大尉（三八期）は、これまで経験したことのない膨大な乗船区分の作成に面くらった。万が一、砲弾や自動車などの搭載を書き忘れて積み残しが出ると戦場は大変なことになる。とにかく間違いが起きぬよう、皆が一隻一隻の作業に集中せねばならなかった。上野は「船舶練習員時代に田尻教官から徹夜で学んだことを思い出し、無我夢中でやった」と書いている。

輸送船の艤装が完成するタイミングにあわせて、広島駅には全国から続々と乗船部隊が集まってくる。それぞれの部隊の輸送責任者が真っ先に行うのは、宇品の運輸部を訪ねて、前述の乗船区分を受け取ることだ。

そこには部隊が乗船する輸送船の名前、乗船の日時、乗船位置となる埠頭番号、船内での行動を指揮する「輸送指揮官」の名前などが記載されている。乗船区分は、目的地への上陸を終えるまで部隊の全行動を規定する。

輸送担当者は、輸送指揮官と連絡をとりあい、広島駅に仮止めしておいた部隊の軍需品を宇品線やトラックで宇品港へ運び、あらかじめ指定された埠頭の係留場に集積。順番がくれば、それを輸送船へと搭載する。通常の歩兵部隊であれば搭載作業はほぼ二時間、同時並行で兵隊も乗船させた。すべての作業を宇品で終えると、輸送船団はいよいよ集合地に向けて出発する（項目C）。

船内の定員を計算する際には「兵士三トン、馬九トン」という基準がある。しかし、船倉の兵室に備えられた蚕棚のようなベッドに全員が収まることはまれで、あぶれた者は交代で床に転がるしかなかった。しかも一般の兵士は上陸地点に到着するまでデッキに上がることが許されない。そのため船内では疫病の感染予防として、軍医が毎朝三時間かけて全員の健康状態を見回るほか、腸チブスとパラチブスの混合ワクチンを数回にわたって接種した。

また各部隊が上陸する際に必要となる大量の小型舟艇を準備するのも運輸部の仕事だ。杭州湾上陸作戦では大発八一隻、小発九四隻、特大発九隻、高速艇一四隻、大小艀一一三隻が各輸送船に格納されると同時に、初めて実戦に投入される舟艇母艦ＭＴにも満載された。

史上最大規模となった杭州湾上陸船団は、ひとつの船団が全長三〇キロメートル以上。先頭を走る艦から振り返れば、後方の船は遥か水平線の向こうにあって目視できないほどだったという。

宇品が船団を送り出したころ、碇泊場監部を率いる田尻昌次少将は上海を出て、洋上から杭州湾の事前偵察を行っていた。杭州湾は非常に遠浅のうえ、六～七ノットの強潮流だ。天候が最大の懸念である。田尻は中国軍のトーチカや高防堤、塹壕《ざんごう》の配置、鉄条網の範囲、砲門の数などを詳細に把握。防備はかなり堅固で、本格的な抵抗にあえば上陸はなかなか容易ではなさそうに思えた。

日本からの船団が予定どおり集合地に集まってくると、田尻は洋上で旗船に合流。事前偵察の内容を各部隊に伝え、上陸地点や進攻の方向についての再検討がなされた（項目B）。

一一月五日、上陸当日はほとんど無風で、まるで煙幕を張ったように濃霧が四面に立ち込めて上陸部隊の姿を隠すという「天祐」に恵まれた。中国軍は予期せぬ日本軍の上陸に散り散りになり、さしたる抵抗も受けず全部隊がほぼ一日で上陸を完遂した（項目A＝工程終了）。

田尻の自叙伝のなかで、この上陸作戦にかんする記述は一ページ足らずしかない。何十ページにもわたって綴られた七了口上陸作戦とは対照的だ。上陸させる師団の規模は何倍にもなったが、作戦がいかに順調に進んだかを示している。

日中戦争の間、日本軍は杭州湾上陸作戦をはじめ七回にわたる師団規模の上陸作戦をすべて成功させた。その都度、海洋に姿を現しては小型舟艇を次々に吐き出す舟艇母艦MTの存在も世界に暴露され、軍事関係者の注目を集めた。

アメリカの軍事史家アラン・ミレットは「一九三九年の時点で、日本のみが水陸両方作戦のためのドクトリン、戦術概念、作戦部隊を保持」していると分析（*Military Innovation in the Interwar Period*）。さらにアメリカ海軍情報部も、「日本は艦船から海岸の攻撃要領を完全に開発した最初の大国」と認めた（U. S. Navy. ONI225J "Japanese Landing Operations and Equipment"）。

長らく日本陸軍のアキレス腱であり続けた船舶輸送と、その線上にある上陸作戦が世界から高い評価を受けたことは、七了口上陸作戦を教訓にした種々の取り組みが実ったことを意味する。同時に、このときが頂点であった。現実には日本軍に比べて中国軍の力が劣っていて日本側に制海権と制空権があったこと、船舶の航行距離が日本から近かったという利点が大きく影響した。

上陸作戦における一定の達成について田尻は「吾人が何時かは此の日あるを期して、過去二十年来営々苦心して資材整備に部隊訓練に専念して来た効果が今目前に酬いられたのである」としながらも、「之を以て決して満足してはならない。科学の進歩は駸々乎として止む所を知らない。今日の精鋭は必ずしも明日の精鋭ではない」と自戒している（「支那事変に於ける船舶輸送と上陸作戦」『偕行社記事』七九〇号・昭和一五年七月）。

日本軍が杭州湾に奇襲上陸したことで背後を衝《つ》かれる形となった中国軍は一一月一一日、上海から総退却を始める。作戦は局地的に見れば成功だった。しかし日本軍の「殲滅《せんめつ》戦法」に対して、蔣介石の戦略はあらかじめ徹底した「防衛戦」にあった。

中国軍は上海をあっさり捨てて、首都を南京、漢口、そして重慶へと移して前線を下げながら持久戦に入る。これ以降、日本軍は大陸の奥地へ奥地へと潰走《かいそう》する中国軍をひたすらに追撃。各地の「戦闘」では敵を圧倒するのに、「戦争」はいつまでたっても終わらない、そんな泥沼にはまっていく。

一一月には日露戦争以来の大本営が設置された。戦線が広がるにつれて、田尻が構える中支那碇泊場監部の仕事も倍々のペースで膨らんでいく。田尻は常に兵站線に細心の注意を払い、「事前偵察」を重視した。戦線が移るや必ず現地に飛んで地形を丹念に調べ、時々に必要な船舶の装備や数、輸送ルートを先回りして検討し、現地部隊の海洋輸送や補給計画を練りあげた。

この時期、南京周辺に展開した歩兵第九旅団など各部隊の陣中日誌を見ると、田尻率いる中支那碇泊場監部が発した「中碇監作命」が添付されている。汽車の複雑なダイヤグラム（線図）のような船舶運行表が添えられ、各部隊はその指示に従って移動していることが分かる。

南京が陥落したのは一二月一三日。田尻は補給ルートの確認と現地補給部隊の視察のため、同月末から翌月にかけて同地を訪れている。しかし、そこで目にした風景については、自叙伝に一言もふれられていない。彼が南京の戦場をどう見たか、訊いてみたい気がする。

各戦線への補給作業と並行して、田尻は上海周辺の大がかりな港湾整備にも着手した。日本からの物資を最初に受け付ける輸送の窓口となった上海で、今後の必要業務を円滑にこなすには日量一万トンの揚搭載能力を有する軍用桟橋が必須と算出。そのために必要な長尺で太物の木材を急遽、アメリカから輸入し、上海在住の日本人技術者を総動員して工事にかかった。

上海埠頭には巨大な杭打機が何基も立ち並び、昼夜を問わず槌音が響いた。開戦から半年足らずで、上海と呉淞一帯に九ヵ所もの桟橋が整備された。田尻の自叙伝には、完成した桟橋を背に部員たち二〇人余りが田尻を囲んで笑っている集合写真がある。足元には大砲ひとつなく、使う必要のない銃を掲げる者もいない。工兵が多いせいもあって、陸軍部隊というよりもダム工事の建設部隊のような雰囲気だ。

上海周辺の埠頭整備が一段落した昭和一三年二月、田尻が日本を出発してから半年後の春、宇品から思わぬ連絡が入る。

――田尻昌次少将を陸軍中将に補する。

翌月までに上海での業務をすべて後任に引き継ぎ、宇品に帰還せよとの指令だった。この人事は、田尻が陸軍運輸部の部長、そして戦時編制の第一船舶輸送司令部を率いる司令官の座に就くことを意味していた。

田尻は軍人生活三四年にして、とうとう船舶輸送の頂点へと登りつめた。

膨張する船舶輸送司令部

三月二日正午、宇品港の正面に構える陸軍船舶輸送司令部の司令官室。この日まで司令官の任にあった松田巻平は二人の副官をそばに従え、上海から凱旋してきた田尻昌次を満面の笑みで出迎えた。

机の上には、同日の朝刊各紙が置かれている。どの新聞も一面は「陸軍定期大異動」の記事で占められ、中将に進級した二七人の名前が大きく掲載されていた。田尻昌次の名前とともに、彼と陸士同期の阿南惟幾や大島浩、ともに第一次上海事変を戦った今村均らの名前もある。

田尻の妻子の暮らす横浜では、翌三月三日に東京日日新聞が田尻の中将昇任をコラムで紹介した。「濱ッ子中将〝昌ちやん〟田尻将軍」との見出しで、本人の写真を掲載。「おれは軍人になるんだ、軍人といつたつてケチな軍人ぢやないんだゾ……と學友を煙に巻いた往年の神中生『昌ちやん』が到頭非常時を背負つて陸軍中将になつた」とある。また同日の読売新聞も田尻を「生ツ粋の濱つ子」、「中将は海上運輸の権威者として、陸軍にはなくてはならぬ人物である」と書き、家族の喜びの声を紹介している。

舟艇母艦・神州丸が宇品で「MT」と呼ばれたように、これまで宇品は松田（M）と田尻（T）が二人三脚で率いてきた。

ふたりは、同じ明治一六年生まれ。田尻が人生の遠回りをしたせいもあって、士官学校では松田が田尻より三期早く、陸大では四期先輩だ。

松田も、幼年学校出身ではなく静岡中学校から士官となった。日露戦争時に入学枠が拡大された田尻の期より、さらに狭き門をくぐった英才である。田尻が参謀本部から非情な仕打ちを受けた後も、松田が一貫して彼を現場で重用し続けたのは、藩閥エリートと一線を画し、船舶輸送という専門分野に軍人として生きる道を見出した二人の歩みとも無縁でなかっただろう。その田尻を無事に中将に昇任させ、船舶輸送の今後を委ねることが、松田の軍人としての最後の任務となった（松田は病を抱えており、この四年後に亡くなる）。

業務の引き継ぎがひととおり終わると、松田は田尻をともなって運輸部すぐ裏手にある照海神社へ向かった。海の神を祭った小さな祠があり、司令官は毎朝一番にここに参って戦場の軍人と船員の必勝を祈る。暫くの間、二人そろって神前で頭《こうべ》を垂れた。

帰路、随行していた副官が「ＭＴ」の写真撮影をうながした。自叙伝には鳥居の下で二人が並んで写る、ひときわ大きな写真が貼られている。右胸の勲章を外したシンプルな軍服で涼し気な表情を浮かべる松田の左隣に、童顔の田尻が肩をすぼめて遠慮がちに写っている。もっとも信頼する部下にすべてを引き継いで軍を去る安堵感と、これから重責を担う緊張感とが並んでいるようにも見える。付言すれば松田が軍を去るということは、組織の中で田尻を守ってきた防波堤が失われたと言えるかもしれなかった。

長い戦間期を経て、二度の事変を経験した宇品の風景はすっかり変わった。

七年前、田尻が参謀本部から宇品に戻ってきたころの陸軍運輸部は、管理職ばかり五〇人少々の「海運会社」にすぎなかった。本部前の港に浮かんでいる舟といえば、金輪島や似島とをつなぐ伝令船というのどかなものだった。

それが田尻が司令官に就任した昭和一三年、司令部の配下に徴傭された大型輸送船は約一〇〇〇隻（二六〇万総トン）、この他に海上トラック（一〇〇〇トン未満の小型貨物船）が一〇〇〇隻余、機帆船が一〇〇〇隻余、ヤンマー船（船外機付の木造舟艇）が一〇〇〇隻余、漁船は二五〇〇隻を算した。

それまで各々一二〇隻体制だった大小発動艇は一気に六〇〇隻体制となり、さらに追加を民間の造船所で急造させている。

隷《れい》下《か》の部隊は、主要なものだけでも以下のようになった。

船舶工兵隊（軍需品の揚搭を担当）
船舶通信隊（船舶間、船と基地間の海上通信を担当。この年の七月に新設）
陸上無線隊
暗号電報班
船舶衛生隊（病院船の軍医や赤十字の看護隊）
船舶工作隊（船舶の修理保全を担当）
船舶砲兵隊（輸送船の自衛隊。この年の七月に新設）

碇泊場司令部（塘沽、青島《チンタオ》、連雲、上海、南京、安慶、九江、漢口、汕頭《スワトウ》、香港、広東）
碇泊場監部（華北、華中、華南）
船舶輸送司令部支部（門司、神戸、大阪、東京、長崎、清津、羅津、大連、基隆《キールン》、高雄）

これに船舶の艤装・修繕に関わる諸工員、輸送船の船員、江田島の検疫所要員などすべて合わせると、配下の軍人軍属は約一〇万人、年間予算は二億円にのぼった。

所帯は大きくなれど、課される任務はそれを上回る速さで膨張していく。昭和一三年以降、日本軍の戦線は中国大陸の東へ西へ、さらに南に北へと、なし崩し的に広がりつつあった。戦線が広がれば、そのぶん兵站線も伸びる。

前年に南京を制圧された中国政府は、さらに揚子江の奥地にある漢口に仮政府を移した。六月、その漢口に向けて一〇個師団を動員しての大作戦が始まる。

北方からは北支那派遣軍が五個師団で漢口に向けて江北に攻め下る。南からは中支那派遣軍が四個師団で攻め上り、揚子江上は海軍と陸軍の混成部隊が遡上。さらに南のバイヤス湾に上陸して広東を攻略するという別作戦も同時進行で行われた。この大兵力を大陸へと運ぶのは言うまでもなくすべて船で、宇品は繁忙を極めた。

船舶輸送司令部の任務も、単なる輸送だけに収まらなくなった。漢口作戦では揚子江を遡上する師団に二つの碇泊場司令部を参加させ、かわるがわる上陸作戦を援護しながら前進した。この間、独立工兵隊（船舶工兵）六個中隊、大発一一〇隻、小発一八〇隻を送り込んだ。

敵地が鎮圧されると、今度は後続の船舶部隊が急ぎ前線への物資輸送を始める。中国には「南船北馬」という故事があるが、その言葉どおり大陸の中央を六三〇〇キロにわたって貫く揚子江（長江）が兵站線となり、無数に枝分かれする支流、運河、クリーク、湖沼を利用しての舟艇輸送が行われた。田尻は、宇品の司令部と各基地とを繋ぐ電信電話を大幅に増設したが、それでも設置が追いつかず、「毎日の輸送船の所在を明らかにする丈けでも非常な努力を要」する状態になった。

同じ陸軍であっても輸送部隊には護身用の拳銃ひとつ支給されず、完全な丸腰だ。制圧したはずの両岸からは頻繁に砲撃や迫撃砲によるゲリラ攻撃がある。海軍の軍艦の先導がつくときは砲撃を避けられたが、そうでなければ逃げまわることしかできない。敷設機雷や浮流機雷も行く手を阻む。船員たちは軍事訓練など受けておらず、戦闘経験もない。負傷者が相次ぎ、非武装の船舟の心細さは並大抵ではなかった。

宇品の司令部に伝わってくる輸送部隊の窮状は、田尻をひどく刺激した。彼はかねて参謀本部に対して、大型輸送船はもちろんのこと、小型舟艇にも敵からの攻撃を防御する装備を持たせることが急務だと訴えてきたからだ。

田尻はすでに昭和七年に著した『上陸作戦戦史類例集』の中で、近代の武器は航空機から艦船の開発に至るまで日進月歩で、とくに兵隊の輸送や軍需品の揚陸業務は今後、飛行機や魚雷による攻撃に晒されることになると予見し、それにふさわしい防御体制を整備することが必要だと説いている。

運輸部からの再三の要望を受け、参謀本部では輸送船上で火砲や爆雷などの操作にあたる「船舶砲兵」の新設は認めた。しかし、その船舶砲兵が乗務するのは上陸作戦に投入される輸送船のみで、後方で輸送任務に携わる船や小型舟艇の武装についてはいっさい予算をつけなかった。

この時期に運輸部の軍属として宇品で事務を担当していた男性は、次のように記述している（藤沢国輔『陸軍運輸部から』）。


これから敵の航空機や潜水艦による被害が増大するに違いない。（船舶輸送）司令部では教務課から大村大佐を参謀本部に派遣して、輸送船の対空火器の増強を要請させた。参謀本部では第三部がその主管である。大村大佐は出張したかと思うと、そそくさと帰ってきた。

「いやァ、話にも何にもならんよ。誰もとりあってくれない。参謀本部はノモンハン対策でひっくり返る騒ぎだ。当分駄目だな」

輸送船には相変わらずの手動の高射砲が船舶砲兵の手で操作され、これが船舶被害の増大をもたらした。


舟艇の武装はいずれ避けられなくなると考えた田尻は、予算措置がなくともすぐ手に入る旧式の陸上部隊用の武器をかき集めて船に乗せ、密かに演習を行った。陸戦用の野砲を木のやぐらの上に乗せて水上射撃の訓練をしたり、砲車から外した砲身砲架を船尾に取り付けて仕様の改良を重ねたり、潜水艦との砲戦訓練も行うなど、さまざまな実験を重ねた。

船舶練習部出身の参謀・三吉義隆（三八期）は、このころの参謀本部と田尻との関係について、言葉を濁しながらこう述べている（『船舶兵物語』）。

「（運輸部は輸送だけやっていればいいという参謀本部の方針に）田尻さんは内心不満がありまして、上陸作戦準備をやっておかなければいかんというわけで、こっそり研究しておられましたけれども、それは中央の好まざるところでありまして」

後に太平洋戦争に突入して輸送船の被害が急拡大すると、参謀本部は慌てて船舶の武装を始める。しかしその時すでに資材は尽き、木で作った偽の高射砲を搭載するようなことまで行われた。前出の三吉は「金も準備もなかったのです。あのとき（田尻が進言した日中戦争の初期に）やっておけば、楽だったでしょう」と振り返っている。

問題は舟艇の武装だけではなかった。田尻は戦地にいたとき、輸送船の煙突から出る「煙」が、敵航空機に位置を突き止められる標的となっていることが気になった。遠からず航空戦の時代がくる。田尻は金輪島の市原に命じて、船舶の発煙に改良を加えるための研究を大急ぎで進めさせた。

船内で焚く石炭の完全燃焼を促し、煙突から出る煙の濃度を薄め、遠距離からの発見を防ぐ。研究の結果、無煙炭と有煙炭をある比率で混合することが有効との結論を得た。田尻はこれを実用化させようと混炭設備をもつ工場の建設を陸軍省に具申したが、これも予算を得ることは叶わなかった。後の太平洋戦争ではこの煤煙によって多くの輸送船がアメリカ軍に発見され、撃沈される。

船舶部門の特性について、前出の三岡健次郎は「船舶においては、作戦構想を示されて、それに応ずる船舶作戦の準備をしたのでは、全く時期に間に合わないので、独自の先見性によって、先行的に」（『歴史と人物』）諸施策を進めねばならないと指摘しているが、船舶輸送の近代化はこのころから足踏みが続く。

大正末期から絶えず船舶輸送体制の改善に努めてきた田尻にとって、研究開発の「中だるみ」は痛恨事であった。戦後、彼は次のように回顧している（『船舶輸送業務回想録』）。

当時支那の海空軍の勢力は何ら論ずるに足らず、多くの顧慮を要しなかったから若干の部隊が新設されたのみで、畢竟《ひっきょう》従来の機構を補正し拡充されたに止まり、根本理念においては大なる飛躍も転換もなかったと見るのが至当である。（略）（戦線拡大による業務に忙殺されて）自然研究も中だるみとなり、現状の域を多く出ない中に太平洋戦争に突入したことは返す返すも残念な事であった。

軍事力の発展の速度について、「戦時の一年は、戦術・兵器ともに平時の五倍から一〇倍の進歩がある」という説がある。日中戦争でも陸海軍の予算獲得競争は激化し、軍事費は膨らみ続けた。そのうち実際の戦闘に使われたのは四〇％に過ぎず、残りの六〇％は軍需の整備、機械化、近代戦化の充実のために使用されたという（美濃部洋次『戦時中の経済問題』）。しかしその予算は、船舶輸送の近代化にはほとんどまったく回されなかった。

逼迫する中国戦線

開戦当初、田尻が上海の碇泊場監部で指揮をしていたときは、まずまず順調に思えた中国戦線だった。しかし、宇品の司令官に就任して全体を俯瞰《ふかん》する立場になると様子が変わってきた。

田尻が宇品に戻って半年後の九月、中国各地の碇泊場司令部から似たような窮状を訴える報告が届くようになる。

「揚子江上で使用している小型の雑船が航行不能になり、任務が進められない」

揚子江にはすでに五〇〇〇隻もの漁船や機帆船が徴傭されていた。兵站線が奥地へと伸びるにつれ、大型船より小型船の需要が膨らんだからだ。

揚子江は干満の差が激しい。雨季と乾季でも大きく水位が変わり、浅瀬が出現すれば大型の輸送船は航行できなくなる。さらに支流やクリークは吃水の浅い小舟でなければならない。大発や小発を持つ独立工兵連隊は上陸作戦にとられてしまい、輸送作戦にまで手がまわらない。そこで民間の漁船が、河川の輸送や両岸を繋ぐ渡し船の役割を負う「局地輸送」の活動を命じられるようになった。

当時、国内には各地の漁協をまとめる管理組織がなく、陸軍から各漁協に対して直に命令が下された。記録に残るところでは、昭和一二年一〇月に静岡県内の漁協に第一次徴傭の割り当てが発せられ、一二トン前後の鯖釣船三〇隻を徴傭。翌年四月には兵庫県の漁協に第二次徴傭が行われ、底引き網漁船一一〇隻が徴傭されている。これらの漁船はMTに搭載されて続々と大陸へと運ばれた。

それら雑船が航行不能というのは、人間の毛細血管が詰まるのに似て緊急事態である。田尻がもっとも信頼を置く金輪島の市原技師を中心とした対策班をつくり、現地の碇泊場司令部に急派したことからも、事態の深刻さがわかる。

市原からはすぐに二つの問題を指摘する報告があった。ひとつは、丸腰で戦闘地域を航行させられる漁船の乗組員たちが危険な任務に嫌気を起こし、軍規に服させることが難しくなっていること。もうひとつは、実際に漁船の大半に何らかの故障が起きていることだという。

よく調べれば、各漁協は軍の徴傭に対して新しい船を出し渋り、整備の悪い古船を「やっかい払い」するかたちで応じていた。田尻の記録には、出港前から「全体の二割に何らかの問題が起きていた」とある。漁船に限らず、日本の輸送船には海外から輸入した古船が多いのが特徴で、船の大小を問わず故障が頻発した。それを現地で修理できる設備がなく、いちいち宇品に回航して入渠せねばならないことが問題として浮かび上がった。

田尻はすぐに漁船徴傭のシステムを改めた。漁船を徴傭する際には、あらかじめ全船を宇品に集めて所定の検査を行い、必要な整備を行ったうえで「合格船」のみを徴傭する。

同時に、漢陽の河岸にあった巨大な製鉄所跡地に、急いで船舶整備工場を建設するよう市原に指令を出した（ここは明治時代に日本が八幡製鉄所を建造するとき、日本人技師を技術習得のために派遣した場所である）。新工場建設のため、田尻は西日本各地から作業員二五〇人を募集し、あわせて宇品が抱える専門の船大工と、民間の造船工場からも応援を募って市原の下に送り込んだ。しかし、潤沢な予算はない。建築に必要な木材も、英米との関係が悪化するなかで田尻が上海で行ったようにアメリカから大量輸入することはもはや叶わない。

そこで市原は製鉄所の跡地を掘り起こし、中国側が土中に隠していた工作機八〇台を整備して使えるようにした。また日本軍の航行を妨害するため揚子江の上流から次々に流されてくる丸太を毎日、部員総出で拾い集めては建築資材に充てた。苦難のすえ修理工場は数ヵ月で完成し、漢陽は常時二〇〇隻以上の船を修理できる一大基地となった。

さらに田尻は船員対策として、彼らの「身分保障」にも取り組んだ。民間の船員は軍人でも軍属でもなく、ただの雇人扱いである。戦死しても何の補償もない。戦闘訓練も受けぬまま丸腰で危険な戦地に放り込まれ、朝から晩まで命がけで働かされて士気が上がるはずもなかった。「海上労働の特殊性」について田尻は次のように書いている。

船員は運命を船とともにし、労働は昼夜を問わず連続的、天候など不測の労働が多く、労働力の補充は困難で、常に過重労働を強いられ、家族とも別れ、食糧・疾病・療養問題は遥かに根本的である。

このような悪条件下に加えて、戦時には船員不足、賃金の低下などで悪条件は倍加するばかりか予測のできない危険に身を晒している。特に陸海軍徴傭船で第一線にある者は一層の危険が大。それは戦闘する戦士以上のものであるとさえ思われる。（略）危険に身を晒し兵員以上の重労働にもかかわらず、その身分を保障する国家的処遇に欠けていることは不合理極まる状態だ。

海軍では、商船学校の生徒に入学時から海軍籍を与え、卒業とともに予備士官とする制度がある。船員の身分保障を行うと同時に、高等教育を受けた海事の専門家を確保する仕組みだ。建軍以来、民間徴傭でまかなってきた陸軍はずっとその方面の対応を怠ってきた。

アジア歴史資料センターが公開しているデータベースで、田尻昌次司令官名で発せられた電報を調べると、船員の身分保障に関して陸軍大臣・板垣征四郎に要望するものが複数ある。たとえば危険地域における船員の給料の増給、船員への糧秣の官給、死亡した場合の埋葬料の支給、さらには戦地での疾病に対する保険の適用など、さまざまな船員支援策の充実を再三にわたり促している。

昭和一三年暮れ、陸軍省は運輸部の要望に応じて輸送船の船員を「軍属」とすることを初めて決定した。ただしすべての船員を対象とするのではなく、「船会社からの申告」というかたちをとった。そのため対象者は大手船会社の高級船員（船長、機関士、航海士ら有資格者、大半は商船学校卒業者）に限られた。この限定的なやり方は商船学校出身者を予備士官とする海軍の例に倣ったようにも思われる。この新制度によって三万六〇〇〇人が軍属として認められた（『船舶に関する重大事項の回想乃至観察』）。しかし圧倒的に数の多い一般船員や漁船員、雑船の乗組員、港湾労働者らの軍属化は見送られた。

単なる「事変」扱いだった日中戦争はいっこうに終わりが見えず、宇品は次々に勃発する諸問題にもぐら叩きのように対応する日々に明け暮れた。

「船が足りない！」

田尻が司令官になって一年ほどが経ったころ、陸軍運輸部には近海の輸送業務に携わる海運業者や地元の県知事から悲鳴に近い嘆願が連日のように寄せられていた。

「御用船をはやく解傭（軍の徴傭を解除して所有者に船を戻すこと）して、国内の輸送業務に使わせてほしい」

石炭、鉄鋼、砂糖に塩、肥料、綿花、米や大豆などを運ぶ国内輸送には、主に一〇〇トンクラスの小型船が使われる。もともと国内にはこの規模の小型船が少なく、常に需要ぎりぎりの一五〇万総トンの船腹量でやりくりをしてきた。そこに揚子江を兵站線とする軍の輸送業務で、小型船が死活的に必要となる事態が発生した。

田尻によると陸軍が揚子江遡上作戦に徴傭した小型船は、海上トラック一〇〇〇隻、機帆船一〇〇〇隻、ヤンマー船一〇〇〇隻、漁船三〇〇〇隻で、総計七五万総トンに達していた。さらに海軍でも掃海に使うための吃水の浅い小型船が不足し、和歌山県南部の山奥深く、瀞峡《どろきょう》の遊覧観光に使われていた古いプロペラ船まで引っ張ってくるという窮乏ぶりだった（中村隆一郎『常民の戦争と海』）。

昭和一三年一一月時点で、陸海軍の徴傭船舶の半数は小型船が占める状態となり、民間輸送（民需）を急激に圧迫、船舶不足で国内物流が停滞し始めた。

真っ先に影響を被ったのが、国内輸送の約半分を占める石炭の輸送だ。炭鉱から産出した石炭を国内各地に届けるための船が足りず、港に山積みとなった滞荷は常時三万から四万トンに上るようになった。

石炭は、あらゆる産業の動力となる重要資源だ。その不足はさまざまな生産能力に直結する。たとえば山口県営発電所では石炭不足によってフル稼働を行うことができなくなった。すると電力不足によって、今度は長府の神戸製鋼アルミ工場が生産を止めなくてはならなくなった。こうして石炭不足から非鉄金属の生産にまで影響が出始めた。

この時期から太平洋戦争が敗戦に終わるまで一貫して国家レベルの深刻な問題として浮上するのが、限られた船舶をどのような割合で「軍需」と「民需」に割り振るかということだ。

そもそも日本国内には、どれだけの船舶があるのか。この大前提から考えねばならない。これから使用する数値は断わりのない場合を除いて田尻の手記に依る。既出の出版物と異なるものもあるが、船舶輸送司令官が把握していた数値を優先したい。

まず昭和一四年時点の各国の船腹量（一隻一〇〇〇トンクラス以上）について。

イギリス	二〇〇〇万総トン
アメリカ	一二〇〇万総トン
日　本	五〇〇万総トン
ドイツ	四〇〇万総トン
フランス	三〇〇万総トン
イタリア	三〇〇万総トン

日本は堂々たる世界三位である。しかし田尻の分析は悲観的だ。

表向きには世界有数の海運国になったように見える日本だが、イギリスやアメリカとは桁がひとつ違う。田尻は「英米に比すれば及ばざること遠く（略）その保有量は日本の国力に照応するほど十分ではない」とし、その根拠として「対外貿易で輸出において三割強、輸入においては四割弱を外国船に依存していた」と分析する。つまり「事変当初に於いて既に日本の海上輸送力は未だ自給の域に遠かったのである。斯かる状態で日支事変に突入した」というのだ。

ところが、頼みの外国船に問題が起きた。昭和一四年にヨーロッパで第二次世界大戦が勃発すると、極東水域で営業していた外国船は次々に本国へ引き揚げ、中立国の船舶までもその影響を被った。世界船舶の八割から九割が自由を失い、日本は一番に影響を受けた。まず輸出入が滞り、物資不足が引き起こされ、「自国船不足の欠陥がマザマザと現れてきた」。

民間の船舶が恒常的に不足する中に始まった日中戦争で、陸海軍が徴傭する船舶は増大の一途を辿る。杭州湾上陸作戦が行われた昭和一二年一一月の時点で、陸軍に徴傭された船舶（一〇〇〇トン以上）は約一二〇万総トン、船員の数は一万九〇〇〇人に及んだ。内訳は次の通り。

軍隊輸送船　　一六六隻（八一万総トン）兵隊の輸送
軍需品輸送船　八九隻（二八万総トン）武器や糧秣の輸送
特殊船　　二一隻（一〇万総トン）病院船や各種工作船

翌年一一月に、戦場は南京から漢口など大陸の奥深くへ拡がり、陸軍の御用船は過去最高の一五〇万総トンに達した。海軍が徴傭していた三〇万総トンをあわせると、軍用船の合計は一八〇万総トン。日本船舶保有量の約三七％を占めた。

田尻はこの三七％という数字について、「四割弱と数字的に眺めると尚更に多くの余裕があるようだけれども、実際はわが国海運界は之が為、非常な打撃を受け（略）国民にとって必需物資の輸送もままならず、解傭の要望が止まない状態になった」と書いている。

作戦に必要な船腹量を決定するのは、主に参謀本部だ。船会社に対して徴傭の手続きを行うのは陸軍省である。しかし、各業界から「解傭の要望」を受けるのは、実際に船舶を運用する宇品の運輸部、その部長たる田尻自身であった。

軍需優先による船舶不足のしわ寄せは、確実に民需を細らせていた。田尻は苦肉の策で、大手船会社のベテラン幹部一二人を常時、軍属として宇品の運輸部内に配属した。彼らの要望を吸い上げて輸送の優先順位をとり決め、船舶の配給を適正化する方策を練るためである。

また戦地で作戦待ちをしている船のうち、陸軍省の許可が得られたものを一時的に解傭して国内に戻したり、軍需品を運ぶのに民間会社の賃金契約輸送を可能とする新制度を作って軍用船の便を減らしてみたり、復路で空荷になった軍用船に民間の荷を積んで実質稼働率を上げたり、可能なものは輸送方法を海運から鉄道に切り替えた。あの手この手で次善策を繰り出しながら、「昭和一三年は何とか切り抜けた」。

大陸での戦力集中がピークを越えた昭和一四年二月になると、陸軍は解傭をすすめ常時八〇万総トンまで徴傭を抑えた。しかし田尻によると、この八〇万総トンという数字は公称に過ぎず、実際はもっと大きかった。解傭された船舶も修理や整備のため長期の入渠が必要で、また新たな作戦が始まるとすぐ追加徴傭されたりして、国内の船舶不足を解決するには至らなかった。

船が足りなければ、新造せねばならない。日本政府は次々と法律を制定し、船会社に造船資金の利子補給をしたり、一定の基準を満たす「優秀船」の建造に多額の補助金を出したりして新造船の建造を促した。

また造船を許可制にし、軍用船として使える船を優先的に建造させた。「平時標準船」制度をつくり、材料や工程を指定して生産の効率化と迅速化を進めた。背に腹は代えられず、それまで厳しく禁じていた「変態輸入船」（外国から中国人名義で船を買い入れ、日本人が外国傭船のかたちで運行する脱法船）を堂々と許可して国内で大量に稼働させたりもした。

それでも船舶の数が十分に増えなかったのは、新造船の建造ペースが想定されたとおりに上がらなかったことが大きい。背景のひとつには、昭和一一年末から世界的に鋼材が値上がりし、造船業に十分まわされなくなったという事情がある。

日中戦争が始まって以降、あらゆる産業における物資不足は火急の問題となっていく。造船に直結する鋼材の問題に入る前に、まず物流の全体像を眺めておきたい。

もともと日本は「持たざる国」だ。満州への侵攻も、それを解決する名目で行われた。しかし満州事変から八年がたった昭和一四年時点においても、日本の輸入額は「満支円ブロック」（日本・満州・中国の自給圏）で二三％に過ぎず、残る七七％は第三国が占めた。そのうち八一％はアメリカとイギリスだ（昭和一五年「貿易額ヨリ見タル我国ノ対外依存状況」）。主要取引先であるアメリカや周辺諸国との関係が悪化しているのだから、その影響は甚大にならざるをえない。

入る量が減るならば、使い方を規制することになる。同時に軍事費の支出が急増して財政が膨張し、物価を抑制するための規制が急務となった。日本政府は「臨時資金調整法」「輸出入品等臨時措置法」などを次々に発動。軍需産業に対して優先的に資金を投入し、それ以外の民間産業には資金流入を制限、生産から消費までの全工程を一元的に国家の管理下に置く体制を敷いた。

さらに昭和一三年には「国家総動員法」を制定、産業や国民生活を完全に国家の統制下に置く。この年から年度ごとの「物資動員計画（物動計画）」が策定され、鉄鋼や銅、アルミニウム、ゴムなどの特定重要資源から機械、食糧に至るまで用途別・産業別の割り当てが定められるようになった。鉄鋼や銅の不足を補うために、寺の梵鐘《ぼんしょう》や各地の銅像、門扉、家庭のやかんや鉄瓶、鍋、子どものおもちゃまで軍需用に集団回収するようになるのもこの時期からだ。

この物動計画にしたがい、たとえば民需向けの鉄は前年比三六％減、土木建築用の鉄鋼材は五四％減と大幅に削減され、銅に至っては、民需用はほぼゼロになった。この影響で水道管が慢性的に不足し、各地の工場建設が遅滞。商業施設や各種学校では新築や改築工事がすべて中断された。さらに同年九月から石炭配給統制規則が制定され、石炭燃料の厳格な統制も始まる（『現代史資料43　国家総動員1　経済』）。

さて、問題の鉄鋼である。特定重要資源に指定された鉄鋼も産業別に配分されたが、この過程で造船部門への配当が渋られる事態が起きた。昭和一三年における普通鉄鋼材の消費量をみると、造船三五万トンに対して土木建築が六一万トン、機械製鉄では一二六万トンにのぼっている（荒川憲一「戦時下の造船業」）。

この背景には、鉄鋼の配給を統制する商工省鉄鋼統制協議会で商工省と企画院（内閣直属の物動担当、前身は内閣調査局）が大きな影響力を持ち、配下の産業を優遇したことがあった。かたや造船を担当する逓信省の発言権は小さく、十分な配給を得ることができなかった。言い換えれば、船舶不足が国家の命運を左右する問題として認識されていなかったということである。

さらに日中戦争の間、海軍が艦艇の改装や強化に乗り出し、商船の建造が後回しにされた。海軍の新造艦艇の五九％が民間の造船所で建造され、商船の建造にしわ寄せがいくという事情も重なった（ジェローム・コーヘン『戦時戦後の日本経済』上巻）。

日本の造船界は、その主体が民間であったがゆえに圧倒的に戦時体制に出遅れた。すでに見てきたように陸軍は小型舟艇の開発やその運行体制、輸送船の艤装・運航方法、輸送の指揮命令系統については独自の体制を確立させ、世界に先駆けて近代化を果たした。しかし大型輸送船の新造については建軍以来、民間頼みという構造は変わらなかった。

新しい船の建造が恒常的に遅滞するという致命的な問題は抜本的に見直されることなく、後の太平洋戦争において国難を招く根源となる。

不足したのは鉄鋼だけではない。中国戦線に送り出される輸送船が艤装のために常時一〇〇隻近く停泊するようになった宇品港では、塗料や木材といった物資不足の影響が日に日に深刻になった。

田尻の手記には、このころの運輸部の状況が細かに記されている。運輸部が常時、保管していた軍隊輸送のための艤装用材料は約三〇万トン分、一日の艤装量は約四万トンだ。そのうち宇品における艤装能力は一日三万トンで、残りは大阪と神戸で三〇％、門司で一〇％、基隆で三％、広東で二％を担当し、必要資材も同様の割合で各地に分置された。

ところが日中戦争が泥沼化するにつれ「保管材料は瞬く間に使い果され」、各地の備蓄に底が見えてきた。軍用船は兵隊の輸送のみならず病院船、給炭船、検疫船に工作船と、用途に応じた多様な艤装が必要で、特に消費量の多いのが木材だ。運輸部ではそれまで広島県北部山系だけで事足りた木材を、石川県、徳島県、和歌山県、島根県、九州にまで部員を派遣して必死に買い集めた。同様の事情は海軍も抱えていて、国内では軍需資材の争奪戦が日常となった。

　こうした中で、歴史を大きく動かすひとつの潮流が勢いを増してくる。

　恒常的な物資不足を打開するための「南進論」である。日本の国策は従来、朝鮮半島、満州、中国そしてソ連といった「北進」に主眼が置かれてきた。それが第一次世界大戦によってドイツ領ミクロネシアを植民地としたのをきっかけに、東南アジアへ視線が向き始めた。すでに昭和一一年には廣田内閣の帝国国防方針で「東亜大陸における帝国の地歩を確保すると共に南方海洋に進出発展する」と、南方進出の可能性が重要国策として決定されてもいた。

　重要資源を東南アジアに得ることに活路を求めようとする南進論は、特に海軍において活発になった。これに日中戦争の泥沼化で苦境に立たされていた陸軍参謀本部の一部勢力が加勢。海軍中枢に人脈を持つ田尻の耳にも、南進を実現させようとする様々な情報が頻繁に届くようになった。

　昭和一四年になると、大陸の事情はさらに悪化する。なし崩し的な戦線拡大のみならず、陸軍は前年七月に満州とソ連の国境付近で起きた張鼓峰《ちょうこほう》事件でソ連軍に敗退したのに続き、遥かノモンハンでもソ連軍を相手に大規模な戦闘を引き起こし、船舶輸送に一層の負担をかけた。

　とうとう夏期の国内輸送の繁忙期に入る直前、陸軍運輸部で「船腹の手当て未済」と称せられた国内物資は三〇〇万総トンを超えた。各業界より寄せられた要望から田尻が算出すると、その手当のために最低限必要な船腹量は四六万総トンに上った。

この四六万総トンという数字が意味するところは極めて深刻だ。陸軍が中国で常時使っている徴傭船は公称八〇万総トン。その六割を解傭して民間輸送に充てなければ国力は保てない、それほど事態は危機的だということだ。しかし、軍が作戦に使うことのできる船舶が現状の四割に低下すれば戦争を続行することはとてもできない。

田尻の頭の中では、大陸各地で苦戦を打開するために要求される船腹量と、国内輸送の置かれた厳しい現実とがせめぎ合っていた。現在の危機的状況が続けば、戦争を継続させることも、国民生活を維持することも早晩おぼつかなくなる。

島国から軍隊を運ぶのは船しかない。軍隊が外征すれば、そこへ軍需品や糧秣を届けるのも船。もし資源を入手するために南方に進出すれば、そこに兵を送るのも、資源を運んでくるのもまた船である。一にも二にも、船が必要だ。その船が圧倒的に不足する日本にとって、勇猛な南進論も、遠くに聞こえ始めた対米英開戦論も、田尻には夢物語のように響いたことだろう。

田尻昌次は三五年の軍人人生をかけて、ある決意を固める。

第六章　不審火

捨て身の意見具申

田尻昌次中将が陸軍を「罷免」された理由はなんだったのか。防衛研究所に田尻が書き残したさまざまな報告書の類を探るうち、ある文書に行き当たった。

それは、田尻が戦後、防衛庁陸上幕僚監部の依頼を受けて著した『船舶輸送作戦原則の過去と現在』付録第二巻の中に綴じられていた。報告書は厚さ一〇センチを超える膨大なもので、日清戦争以降の日本の船舶輸送の歩みを調べあげている。その中に、黄ばんだ油紙の「原本」が数枚、添付されていた。これが原本と確認できたのは、用紙の左下部の印字が「14．7」つまり昭和一四（一九三九）年七月を指していたからである。

タイトルは「民間ノ船腹不足緩和ニ関スル意見具申」。

昭和一四年七月、宇品の第一船舶輸送司令部から参謀本部と陸軍省に宛てられたものだ。提出者は第一船舶輸送司令官つまり田尻自身である。

その内容を一読したとき、私は思わず息をのんだ。「意見具申」の相手は陸軍中枢にのみ留まらず、厚生省、大蔵省、逓信省、鉄道省、商工省と、船舶輸送に関係するすべての省に及ぶ。それぞれに対して船腹不足を緩和するための膨大な業務改善を求めている。軍令の頂点に君臨する参謀本部から各省に発せられた命令ならともかく、宇品の船舶輸送司令官の発信とはとても思えない。これは陸軍中枢に宛てた建白書ではないか。

田尻は決して軽率な男ではない。激情に流されて我を失う人間でもない。むしろ、その逆だろう。彼は数字による分析を尊び、緻密な計画をたて、それを着実に実行することを得意とした。第一次上海事変では参謀本部に宛てたわずか数行の電報で逆恨みされ、宇品に「罐詰」にされる苦い経験もした。軍人としての処し方は骨の髄まで沁みていたはずだ。

日中戦争の泥沼化による船舶不足、それに圧迫される民間輸送、いよいよ現実味を帯びてきた南進論。歴史の潮流が激しさをいや増すこの時期に、関係各省に対して号令をかけるがごとき意見具申は、もはや捨て身の覚悟で書かれたものといっても過言ではない。

田尻昌次の「意見具申」その全文を以下、分量の過多を厭わず掲載する。（原文ママ）

○民間ノ船腹不足緩和ニ関スル意見具申

夏期ニ於ケル季節的荷動キノ盛ナルト共ニ支那ニ於ケル各種建設ノ爲自ラ物資ノ輸出入ヲ盛ナラシメ殊ニ陸海軍ノ船舶徴傭ハ直接的ニ民間ノ船腹不足ニ影響ヲ與ヘアルコトハ絮説ヲ要セサルトコロニシテ之カ直接打解策タル新造船ノ建造ハ焦眉ノ急ニ卽應シ難ク又外國船ノ購入及傭船ハ爲替對策

ニ影響アリテ種々制限ヲ受ケ實現ニ相當困難ナルモノアリト思考セラル依ツテ陸軍トシテハ之カ對策トシテ使用船腹ノ間斷ナキ活用ヲ圖リ極力之ヲ節減シ解傭ニ努メ加フルニ軍需ノ民間移行復航船腹利用組合制度及一時返船制度等各種ノ手段ヲ講シ之カ指導援助ヲ與ヘラレツヽアルモ陸軍以外ノ各省ニ於テモ積極的ニ協力援助セハ民間ノ船腹不足緩和ニ貢獻スル所大ナルモノアルヲ痛感ス。別紙ハ陸軍以外ノ各省ニ於テ船舶不足緩和ノ爲採リ得ヘキ方策ト思考スルニ付關係各省ニ對シ指導方配慮相煩度意見具申ス

海運界船舶不足緩和ノ爲採ルヘキ方策

第一　厚生省關係

勞働時間制限ニ關スル法令中當分ノ間船舶修理ヲ行フ造船所又ハ船渠會社ニ對シテハ特例ヲ設ケ夜間作業ヲ許可スルヲ要ス、卽チ其ノ理由トスルトコロ左記ノ如シ

一、近年船腹ノ增加著シキニ拘ラス船渠ノ增設之ニ伴ハスシテ船舶入渠難ノ傾向アル際ニ方リ定時間外ノ勞役ヲ禁止シタル今囘ノ法令ハ各船ノ入渠期間ヲ一層延長セシメ從ツテ益〻船腹不足ヲ招來シツヽアル現況ナリ

卽チ當部輸送船ノ修理狀況ヲ概觀スルニ從來ハ中間檢査ニ平均十日乃至十四日、定期檢査ニ十四日乃至十八日ヲ要シ作戰繁忙ノ時期ニ於テハ中間檢査ヲ一週間、定期檢査工事ヲ以テ完了セシメタルコトアリシモ唯今ニ於テハ中間檢査ニ二週間乃至三週間定期檢査ニアリテハ三週間乃至四週間ヲ要スル狀況ナリ、卽チ夜業禁止ノ結果平均一隻ニ就キ約一週間ノ日次ヲ

増加スルヲ要スルコトヽナリ、之ヲ本年一月末我國船舶總屯數百屯以上ノモノ五三八万屯ニ對シ檢討スレハ一年間ヲ通シテ總屯數十万三千屯（重量屯ニテ約十六万屯）ノ船舶ヲ無爲ニ待命セシムル結果トナリ、一屯當リノ傭船料七圓（重量屯四千五百屯級トシテ）トセハ年壹千三百四十四万圓ノ空費ヲナスコトヽナル勿論勞働者ノ体位向上可ナリト雖モ長期作戰遂行ニ國ヲ擧ケテ邁進シツヽアルノ時、斯クノ如キ國家的損失ヲ放任スルハ不可ナリ、且又本件ノミノ處理ニヨリ船腹十六万屯ヲ緩和シ得ルナリ

二、勞働時間ハ從業員ノ交代制度ニ依リ連續シテ晝夜ノ區別ナク就業セシメ得ルトスルモ現在各造船所ハ甚シク勞働力不足シアリテ到底交代制度實施ノ餘裕ナク勞働時間ノ短縮ハ工場能率ヲ低下シアリ

三、船舶ノ修理ハ大部分ノ工事ハ比較的短日時ニ終了スルモ特種職工ヲ要スル特種ノ部分ニ於ケル小工事（此ノ微細ナル工事ハ船舶運用上重要ニシテ入渠時以外實施不可能ノモノ多シ）ニ於テ遲延スルヲ常トシ且之カ進捗ヲ計ラサレハ全工事ノ着手又ハ完了ニ支障ヲ來ス如キ場合多シ卽チ一部職工ノ時間外作業ヲ必要トスル理由ヲ列擧セハ左ノ如シ

1．船渠ハ多ク滿潮時ヲ利用シテ出入渠スルヲ通常トス
從ツテ午後三時頃以後ノ滿潮ニシテ定時間內ニ出入渠作業ヲ完了シ得サル見込ノモノハ翌朝ノ潮時ヲ待ツノ外ナク船渠及船舶ノ利用ニ於テ十二時間ノ損失トナル

2．修理船ノ殘工事僅ニ一、二時間ニシテ出帆シ得ル場合ニ於テモ翌朝ノ作業開始時迄半日間ノ停船ヲ來ス

3. 出帆時ノ試運轉ニ當リ機關故障又ハ再調製ヲ要スル如キ事故發生ノ場合數十分又ハ一、二時間ニテ完了スル如キ場合ニ於テモ終業時間間際ノ場合ハ出帆ヲ翌日トナスニ到ル

4. 工場内諸機械ノ故障修理又ハ作業上必要ナル準備等翌日ノ能率增進上前日中ニ完備シ置クヲ要スル場合ニ於テモ殘業ヲ許サレサルタメ修理中ノ全船舶ニ影響ヲ與ヘ延滞ヲ生スルコトアリ

5. 船渠不足ノ昨今工事進捗ノタメ岸壁繫留又ハ錨泊ノマヽ水面附近ノ外板其ノ他浸水ノ虞アル個所ハ天候急變ヲ考慮シ殘業ヲ以テ卽日完了ヲ計リタルモ新法令ハ斯クノ如キ工事ハ困難ナラシム

第二　大藏省關係

官廳手續ヲ簡易化シ船舶運航能率ノ增進ヲ計ルヲ要ス。今其具体的處理事項中主要ナルモノヲ列擧セハ概ネ左記ノ如シ

一、　不開港入港特許手續ノ簡便化

不開港入港ノタメニハ開港場ニ入港ノ上手續ヲナシ更ニ目的港ニ廻航シツヽアルモ我カ國船舶ニ限リ稅關吏ヲ現地ニ派遣シ之ヲ監視セシムルコトニヨリ目的港以外ノ開港場入港ノ手數ヲ省略セシムルヲ要ス

二、　檢疫ニ關スル件

外國ヨリ歸還シタル船舶ハ最初ノ到着港ニ於テ檢疫ヲ無事終了セル場合ニ於テモ爾後内

地寄港ノ各港ニ於テ入港ノ都度検疫ヲ實施シツヽアリ依ツテ第二回目以後ノ寄港ハ船長ヨリ無線電信ニヨリ乘組員異狀ノ有無ヲ申告セシメ臨檢ヲ省略セシムルカ又ハ入港後念ノ爲臨檢ヲ行フ程度トナサシムルヲ可トス

而シテ虛僞ノ申告ニ對シテハ嚴重ナル處罰ニ依リ取締ルモノト思考ス

三、　船舶消毒施行ヲ日曜日祭日ニテモ實施スルヲ要ス

四、　船舶焚料油ノ封印ニ關スル件

船舶焚料油ハ船舶ノ資格ヲ外航ヨリ內航ニ變更ノ際所有スル量ノ中約一週間分ヲ許可ノ上殘餘ハ封印シ次回內航ヨリ外航ニ變更ノ際開封ヲ行フ開港場ヲ指定セラレアルモ不定期船ノ場合爾後ノ運航ニ制肘ヲ受クルヲ以テ任意ノ港トスルヲ可トス

五、　臨時開廳及時間外仕役ニ關スル手續簡易化ノ件

臨時開廳及時間外仕役ノ出願ハ目下ハ午前九時ヨリ午後四時迄ナルモ日沒時迄受付ルコトヽシ短時間ノ仕役追願ハ乘船稅關官吏ニ於テ受理シ得ルコト、改正スルヲ要ス之レ揚貨機等ノ突發的故障ノタメ荷役ノ遲延ヲ來シ手續ノ遲ルヽ場合アレハナリ尚不開港入港特許、資格變更夜間出港免狀下附等ノ事務モ日曜日、祭日等ニ於テモ取扱フコトヽシ執務時間外ト雖日沒迄ハ事務ヲ取扱フヲ要ス

六、　官廳關係荷役時間延長ニ關スル件

鹽、砂糖、煙草等專賣局、稅務署關係ノ揚搭ニ當リテハ關係官廳ノ執務時間卽チ午前八時ヨリ午後五時以外ハ許可セラレス而モ該官吏カ臨船シテ眞ニ揚搭ヲ行フハ大約午前九時

ヨリ午後四時迄ヲ普通トス

監督官吏ニ時間外執務ヲ行ハシメ揚搭時間ノ延長ヲ必要トス爲シ得レハ稅關ノ時間外仕役ト同様トナスノ要アリ

七、　夜間入港ノ制限緩和ニ關スル件

港務部所在ノ港灣ニ於テハ原則トシテ日沒後ノ入港ハ許可セラレス

而シテ定期郵便旅客船又ハ命令航路船等特殊ノモノニ限リ豫メ願出ツル時ハ特許セラル、コトアルモ貨物船ニ對シテモ各港ノ狀況ニ應シ危險防止ノ手段ヲ講セシメテ許可スルヲ要ス

第三　遞信省關係

遞信省關係ニ於ケル具体的處理事項中主要ナルモノ概ネ左記ノ如シ

一、　船舶檢査ニ關スル件

海事官ノ船舶臨時檢査、臨時旅客定員檢査等ハ土曜日ハ半休、日曜日、祭日ハ全休ノタメ空シク滯船スルコトアルヲ以テ豫メ申請ニヨリ平日ノ如ク執務シ平日ノ執務時間モ申請ニヨリ延長スルヲ要ス

二、　艀業組合ノ改善

各港ハ近時荷動キノ旺盛トナルニ従ヒ艀ノ不足ヲ來シツヽアリ、殊ニ東京、横濱ニ於テ甚シキカ如シ

然ルニ艀業組合ハ不況時ノ遺物タル鑑札制度ノ下ニ減損ノ代船以外ニ殆ト新造ヲ認メサル實狀ニ在リ。右制度ヲ改善シ艀舟ノ新造ヲ促進シ以テ各港荷役力ノ増强ヲ計ルヲ要ス

三、　船舶航行期間ニ關スル件

入渠難緩和ノタメ新造船ニ對シテハ航行期間ヲ延長（一年半程度トス）シ又一般船舶ニ對シテモ船渠ノ狀況ニヨリテハ航行期間ノ延長ニ關シ取扱ヒ緩和方考慮ヲ要ス

四、　事故防止施設ノ强化ニ關スル件

船腹不足ノ際、沈沒、衝突、坐礁等ノ事故ヲ起スハ大イニ警戒ヲ要スル所ニシテ事故防止ニ關スル船員ノ注意ヲ喚起スルト共ニ航路標識（特ニ無線羅針局、標識局ノ増設夜間港灣入出港、諸施設ノ完備）ノ増强ヲ急速ニ實現スルヲ要ス

第四　鐵道省關係

鐵道省關係ニ於ケル具体的處理事項中主要ナルモノ概ネ左記ノ如シ

一、　揚貨機ノ終夜運轉ニ關スル件

鐵道省直營ノ石炭積込機及大阪櫻島ノ揚貨機ハ殆ト終夜就業スルニモ拘ハラス川崎ノ揚貨機ハ午前八時ヨリ午后五時迄ナリ川崎ニ於テモ前者同樣終夜就業ニ改ムルヲ要ス

二、　省炭ノ積付ニ關スル件

鐵道省炭ノ運送ハ各艙別ニ積込ミヲ行ヒ搭載終了後封印ヲ行ヒ揚荷開始前ニ開封セラル、モ封印ノタメニ時間ヲ空費スルコト多キノミナラス他ノ荷主トノ積合セ不能ノタメ揚

搭時間ニ不均衡ヲ生シ碇泊ヲ遅延セシムルヲ以テ境界莚等ヲ充分使用セシメ且船長ヲ信頼シ封印並艙別積付制度ノ撤廢ニ關シ考慮ヲ要ス

第五　商工省關係

商工省關係ニ於ケル具体的處理事項中主要ナルモノ概ネ左記ノ如シ

一、　船舶燃料炭ノ優先配給ニ關スル件

最近石炭ノ需要逼迫ノタメ各港ニ於ケル船舶燃料炭ノ供給圓滑ヲ缺キ之カ爲左ノ如キ運航上不利ヲ起スヲ以テ重油ノ如ク優先配給ヲ要ス

イ、寄港地ノ増加（九州ニテ所要量ヲ得ラレサルトキ基隆寄港給炭スルカ如シ）

ロ、航路ノ迂回（門司若松等ニテ所要量ヲ購入シ得サルトキ三池ニ入港スルカ如シ）

ハ、積込時間ノ遅延（所要量ヲ一社ヨリ購入シ得サル爲數社ヨリ購入スル事アリ）

二、　優良炭ノ配給ニ關スル件

運航能率増進ノタメニハ良質焚燃炭ノ配給ヲ許シ「スピードアップ」セシムルヲ要ス

結　言

之ヲ要スルニ現時民間船腹不足ヲ緩和スル爲各省トシテハ結局左記諸件ノ促進實現ヲ緊要トス

一、　法令、規則等ノ適用ヲ緩和シ且各省官吏ノ海運界ニ對スル理解ニヨリ形式ニトラハ

ル、コトナク大局ニ着眼シテ船舶ノ滞船、沖待等ヲ皆無ナラシメ且無益ナル碇泊ヲナサシメサル如ク積極的ニ協力スルヲ要ス

二、船舶航海中ハ經濟速力以上ニ速力ヲ増加スルモ燃料ノ消費ヲ甚シク大ナラシムルノミニシテ其ノ効果ハ大ナラス従ツテ各港ノ揚搭能力ヲ極度ニ發揮シ碇泊日數ヲ少カラシムルヲ要ス

之カ爲ニハ繋船岸壁ノ増設、繋船浮標ノ増設等港灣施設改善ノ必要ナルハ勿論ナルモ應急ノ要求ニ合セサルヲ以テ兎モ角モ關係各省ノ協力ニヨリ人夫不足ニ依ル荷役ノ停滞、艀舟不足ニヨル揚搭能率ノ低下等ニ對シ極力便宜ヲ與ヘ以テ現下ノ我國船腹不足ノ緩和ヲ計ルヲ要ス

三、海運ニ關係スルモノハスヘテ時局ノ重大性ト船腹ノ不足カ如何ニ此ノ重大ナル時局ニ影響スルヤヲ認識シ徒ニ規則ノ末節ニ拘泥シ又ハ自己ノ保安、休養等ニ執着スルコトナク官民一致シテ滅私奉公ノ實ヲ擧クルト共ニ殊ニ官界ニ於テハ船腹ノ經濟的使用ニ關スル指導方針ヲ確立シ着々其實績ヲ發揚セラレンコトヲ望ム

この長大な意見具申について、幾つかの点に注目したい。

まず具申の中心事項が、軍事徴傭が増大するにつれ民間船腹が圧迫を受け、国内の物資の流動がひどく妨げられていることへの懸念を前面に掲げている点だ。

時おりしも国家総動員法や物資動員計画などが相次いで実施され、国民生活を犠牲にしてでも軍需

を最優先する政策が国を挙げて行われている最中である。民間の疲弊《ひへい》を軍の側から問題として取り上げるのは、真逆の対応である。

ここで改めて、田尻昌次司令官の指揮権の及ぶ範囲に注目したい。彼は戦場への軍隊輸送と兵站を担当する第一船舶輸送司令官であると同時に、国内と植民地の平時輸送を担当する陸軍運輸部長の職を兼任した。戦場の船舶運用と、民間輸送の現状、その両方を同時に俯瞰できる立場にあった。

船腹不足から引き起こされる物資不足によって、運輸部の艤装材料が枯渇しつつあることは前章で書いた。加えて眼下の宇品地区でも数百棟の軍需工場が煙を吐いて稼働し、あらゆる軍需品の生産が続いている。優先的に資材が配分されているはずの陸軍配下の工場であっても原料不足の影響は否めず、稼働率は徐々に低下していた。これらの現象が、やがて戦場の輸送や補給にまで影響を及ぼしかねないことは肌身で感じられただろう。

さらに意見具申に記載された各省への要望は、これでもかというほど多岐にわたる。このすべてを田尻が本当に実現できると思ったか、言い換えれば、ここまで広汎に詳細に書き連ねなくてはならなかったかという疑問が湧く。

文中には「船腹不足」という言葉が念を押すかのようにちりばめられている。あえて各種要望を目いっぱい列記することで、日本の船舶輸送が置かれた危機的な現状を陸軍首脳に訴えること、そして船腹不足の解決に国家的な対応が必要であると訴えることが真の目的だったのではないか。同時にそれが「南進論」への牽制であったと想像することは、それほど乱暴ではないだろう。

防衛研究所をはじめ関係機関に保存された陸軍省、参謀本部、関係各省のさまざまな文書をさぐってみたが、この意見具申についてふれた資料を発見することは叶わなかった。おそらく関係者に届けられることなく葬られたか、やり過ごされたのではないか。そのことを察したかどうかは定かでないが、田尻は個人的に原本を手元に残しておいた。そのため敗戦直後に焼却されずに残った。田尻はそれを戦後、防衛研究所の記録の中に完全なかたちで綴じた。

建軍以来、日本陸軍のアキレス腱であり続けた船舶の深刻な問題を白日の下に晒し、関係者に警鐘を鳴らそうとしたこの意見具申は、いわば爆弾だった。

ここからの流れは速い。

昭和一四年九月、ドイツがポーランドに侵攻、ヨーロッパを舞台に第二次世界大戦の火ぶたが切られる。日本ではドイツ軍の勢いに乗じた「好機南方武力行使」論が一気に現実味を帯びていく。田尻の身辺では不穏な動きが始まる。

故郷・但馬への「凱旋」

意見具申から四ヵ月後の一一月一一日。山々のすそ野がほんのり色づき始めるころ、田尻昌次は阪神地区の造船所を視察した帰路、故郷の但馬へ向かっていた。陸大を出てから長い無沙汰を重ねていた田尻家先祖の墓参りをするためだ。

京都駅を出発した山陰本線は、彼の原隊が置かれた福知山を経て円山川《まるやまがわ》に合流すると、その雄大な流れに導かれるように朝来《あさご》、養父《やぶ》の村々を眺めながら但馬中央山脈の懐深くへと分け入っていく。どれだけの時を経ても、車窓に映る飾り気のない山里の風景は変わることがない。田尻の胸には万感の思いが去来した。

傾きかけた田尻家を再興するため、見も知らぬ横浜の地へと旅立った幼い日。京都三高への進学をあきらめて但馬へひきあげる車中「この山を乗り越えるのだ」と誓った日。そして長い原隊生活を経て、陸大をめざして故郷を後にした決意のとき。人生の折々の節目に、彼の身はいつもこの線路の上にあった。軍人としては決して恵まれた環境ではなかった。ただ家族を養わねばという一心で歩んできた。

自叙伝にはこの日、江原駅（兵庫・豊岡）で撮影された一枚の写真が添付されている。ホームは黒山の人だかりだ。懐かしい友人知人のみならず村長まで歓迎に駆けつけ、陸軍中将の襟章を付けた堂々たる軍服姿の田尻が列車から下りるや「バンザイ」の声が響きわたった。

歓迎の人波にもまれるようにして、駅から田尻家の菩提寺・蓮生寺へ歩いて向かった。懐かしい寺は、昔のままの佇まいで迎えてくれた。若い住職の野太い読経《どきょう》の声に頭を垂れ、先祖代々の篤い加護に感謝した。

一族の復興を一身に托されながら、但馬の本家を復興させることはとうとう叶わなかった。かつて隆盛を誇った田尻家の屋敷跡は、今や鉄道が縦貫している。広い庭の上空を覆うように茂っていた樹齢数百年の大松は、その面影すら残さない。

江戸から明治へと時代が移ろう中で、恵まれた生活から一転、苦労のしどおしとなった祖父母や父。心労で早世した母と姉、病に倒れた兄、そして若くして逝ってしまった妹。愛する家族が遠くへ旅立った今になって、田尻はようやく「閣下」と呼ばれる陸軍中将として位人臣を極めた。

「これらの人々が今生きていたらどんなに喜んでくれただろうかと思い、心ひそかに切なるものがあった」

彼はそう綴っている。

墓参りを終えて、村の鎮守様である兵主《ひょうず》神社にも参詣した。兵主神社は、田尻の産土《うぶすな》の神だ。神社の前には、担任の先生に引率された宿南《しゅくなみ》尋常小学校（現在の養父市立宿南小学校）の児童たちが校旗を先頭に掲げて行儀よく整列していた。低学年の幼い児童が、興味津々でクリクリとした目を田尻に向けている。

校長が歓迎の辞を述べ、児童代表の挨拶がなされ、一同で校歌を斉唱してくれた。子どもたちの清らかな声は鎮守の森へとこだましていく。かつて学校教育の現場にやり甲斐を感じ、遠足で幼子をおぶって歩き、オルガンを必死に練習し、教師を一生の仕事に定めようと考えたときもあった。人間の人生とはままならぬものである。

田尻は、陸軍中将として自身に残された時間がそう長くないことを予感していた。陸軍省と参謀本部に宛てて「意見具申」を提出してから二ヵ月後の九月、宇品の運輸部に陸軍省人事局から遣わされた官吏が密かにやってきた。人払いをした司令官室で、唐突ともいえる打診がなされた。

――閣下におかれましては、設立されたばかりの「東亜海運株式会社」から、ぜひ顧問に就任してほしいとの要望が届いております。国策を担う新会社は、優秀な指導者を必要としております。閣下の船舶界における豊富な経験をぜひ活かして頂きたい。給与など待遇面は配慮いたします。

東亜海運株式会社はこの年の夏、政府をはじめ日本郵船、川崎汽船、三井物産、日清汽船など各社が出資して新設された、資本金一億円の大会社である。

軍事徴傭船の負担を減らすために、東亜海運に日本と中国とをつなぐ航路やアジア地域の輸送を肩代わりさせようというもので、航路は北支（華北）、中支（華中）、南支（華南）、揚子江を中心に東南アジア、フィリピンなど広域にわたる。会社設立の黒幕は、陸軍省兵備課。その強い意向が働いて筋書きの描かれた国策会社であった。

このとき、田尻は数えで五七歳。陸軍中将の停限年齢は六二歳である。実際、阿南惟幾や山下奉文ら同期の中将たちは第一線で軍務についている。田尻自身も長年、船舶輸送の世界を先陣切って率いてきた自負がある。国内の全船舶を掌握する司令官を、一民間会社の顧問に据えようという人事は、いかに待遇が良かろうとも事実上の厄介払いに違いなかった。

当然、田尻は「回答を保留した」。それでも近い将来、自らの身の上に起こり得る事態は、うすうすと察せられた。陸軍中将の地位にある間に故郷に錦を飾りたいという切なる思いが彼の心のうちに湧いたとしても不思議はない。

昭和一四年が暮れ、明けて一五年になっても、田尻は船舶輸送司令官としての任務をひと時たりとも止めようとしなかった。

正月早々、福岡から軍用機で広東へ飛んだ。拡大する中国戦線では、船舶輸送に日々さまざまな問題が生じている。司令官に就任して以降、宇品での膨大な業務に忙殺され、しばらく戦場から遠ざかっていた。二年ぶりに改めて現地を隅々まで視察して回り、必要な業務改善をはかるのが目的である。

兵站の主要拠点のひとつとなった広東は、今や碇泊場監部と碇泊場司令部が構える一大輸送基地となっている。田尻は周辺の港湾や司令部、監部を見て回り、輸送効率を上げるための改善点をつぶさに指示した。さらに碇泊場司令部のある海南島を経て、広西省・南寧地区に飛んだ。ある人物に会うためでもあった。

前年末から始まった「南寧作戦」は、欧米ソから中国への補給線となっていた「援蔣ルート」を断ち切るために始まったもので、一進一退の激戦が繰り広げられていた。一時、日本軍の補給線が中国軍によって遮断され、戦闘部隊が孤立する危機にも見舞われた。田尻は中国軍により破壊された道路や橋梁の位置を上空から確認してゆき、今後の輸送ルートを再構築した。

このとき、第五師団長として部隊を率いていたのが、八年前に七了口でともに戦った今村均中将である。田尻は今村の司令部に足を運び、連日の敢闘をねぎらうとともに兵站線を必ず充実させることを約束した。さらに碇泊場司令部のある香港、汕頭、高雄へも向かい、徹底的に現場の改善を促した。その行動はまるで、やり残したことがなきよう目を光らせるがごとくであった。

すべての視察を終えて帰国したのが一月下旬。

二月に入ると、再び陸軍省からの遣いが来広し、重ねて東亜海運株式会社の顧問就任の話が持ち掛けられた。ただし今回はなぜか「現職に留まりたいなら、それでもよし」との一言が添えられた。田尻は「いよいよか」「もはや軍職に先は見えている」と思ったと書いている。それでも「そんな思いは胸に秘めておいた」。またも回答を保留したのである。

戦線は刻一刻と動き、船舶の現場はぎりぎりの綱渡りが続いている。軍人として、まだやるべきことがある。船舶輸送司令官として、そう簡単には引けぬプライドがあった。

そうして翌三月、「事件」は起きる。

忘れがたき金輪島山

昭和一五年三月四日、午前二時五五分。夜もすっかり深まった宇品地区に消防の鐘がけたたましく鳴り響いた。

紅蓮の炎が暗闇を焦がすように、天空へ向かってうねりをあげる。熱風にあおられた火の粉が生き物のように舞い狂い、遠くに連なる陸軍倉庫の三角屋根を赤々と浮かび上がらせた。一帯には鼻を刺すような焦げ臭いにおいが充満し、木材がバチバチと激しく燃え上がる音に、ボンッボンッ、と小さな爆発音が混じる。そのたびに周辺建物のガラス戸がビリビリ震えた。

「閣下、運輸部の倉庫から出火しました！」

田尻は、南千田町の官舎で一報の電話を受けた。

慌てて飛び起きたが、車がない。運転手は眠っているのか連絡がつかない。宇品まで走るしかないと玄関先に飛び出したところに、騒動を聞きつけた贔屓《ひいき》の料亭・羽田別荘の女将が車を自ら運転して駆けつけてきてくれた。思わぬ救いの手に田尻は「この時ほど人の情けを心に深く感じたことはなかった」と書いている。それに飛び乗って運輸部方面へと急いだ。

宇品港に到着すると、運輸部の東側の倉庫数棟に火がまわっているのが見えた。もはや手のほどこしようがない。間もなく相川勝六県知事も現場に飛んできた。知事とは宇品周辺の整備事業をともに手掛けてきた仲である。

「田尻司令官、近隣市町村からも消防車を動員していますので、どうかご心配なく。新聞にも決して大袈裟なことは書かせませんので」

相川知事はそう言って田尻を気遣った。

田尻はまんじりともせず車の中に留まり、祈るようにして消火を待った。各地区から集められた消防が必死の作業を続け、ようやく鎮火したのは一時間後の午前三時五〇分。この火事で倉庫四棟が全焼、三棟が半焼した。

焼失した多くは雑貨類だった。しかし一棟には輸送船兵装用の火砲と機関銃が保管されており、その一部を焼失してしまった。看過できぬ失態である。

翌朝から消防と警察、運輸部が総出で火元の調査を行った。もともと火気厳禁の倉庫で、管理は徹底してきた。この年の正月から新たに消防警備員を大幅に増員し、消防具も完備し、深夜のパトロールも始めたばかりだった。出火した日は夜間作業の予定はなく、人の出入りはなかったはず。それなのに一体なぜ――。

火災から三日後の三月七日午前、田尻の下に陸軍省から一通の命令書が届く。

――陸軍中将田尻昌次を諭旨免職とす。

諭旨免職、つまり、本人納得のうえで退職を申し出よとの処分。この短い辞令を手にした瞬間、田尻の軍人人生は断たれた。それは、本当にあっけない幕引きだった。

同日午後、運輸部員全員が本部前の広場に集められた。似島や金輪島からも噂を聞きつけた技師や工員たちが続々と船でわたってきて、埠頭は数千人の関係者で埋め尽くされた。艀を上りきれない者たちは小舟の上から壇上の司令官を見守った。

田尻は全員を前に深く一礼すると、努めて冷静に告別の挨拶をした。

「本官は、本日限りで辞職することになった。ここ宇品の地で、歴史あるわが陸軍運輸部があらゆる組織から抜きんでて飛躍的な発展を遂げることができたのは、ここにいる部員ひとりひとりの努力の賜物《たまもの》である。これからの業務は一層、厳しいものになるであろうが、これからも変わらず全力を尽くしてほしい」

宇品への思いは、語り尽くすに尽くせぬほど深い。宇品は田尻の軍人人生そのものである。だが、あまりに急な出来事に、それを伝える言葉が浮かばない。湿っぽくならぬよう、こみ上げてくるものを抑えながら、別れの挨拶はあえて短く切りあげるしかなかった。

部員たちに見送られながら、田尻は九年間、わが家のように過ごした陸軍運輸部の門を出た。朝いちばんにこの門をくぐり、先頭に立って火災原因の究明にあたっていた司令官が、夕方にはそこから永遠に追われてしまう。組織は非情だ。

田尻の車を見送る者たちの中に、作業着姿の市原健蔵技師の姿もあった。

大正一四年から一五年にわたり、田尻の下で軍務に心血を注いできた。予備役の文官に過ぎなかった市原が、大発やMTなど陸軍のあらゆる舟艇開発を率いる立場にたてたのは田尻の庇護あってこそだった。

三ヵ月後、市原もまた自ら陸軍運輸部を後にする。それが「三ヵ月後」だったのには理由があった。市原は田尻司令官からの極秘の指令を受けて、ある舟艇の開発にかかっており、最初の試作艇の部内発表が二ヵ月後の五月に予定されていたからだ。

田尻は対米英戦が始まれば、大型の輸送船は航空機に狙い撃ちされ、早晩、機能しなくなるだろうと考えた（実際にそうなった）。それに代わる先遣船として、より小型の五〇〇トンクラスの民間船を改造して船首を観音開きとし、小舟に移乗することなく歩兵と戦車を直に上陸させる方式を検討した。この新型船は後に「SS艇」（S＝戦車の頭文字）と呼ばれる機動艇だ。田尻は、ほんの数日前にも金輪島にやってきて開発が順調に進んでいることを喜んでいた。

ともあれ市原は五月、試作艇のお披露目を見届けてから依願退職する。司令官の罷免によって、宇品の開発現場の至宝もまた失われたのである。

市原が金輪島の開発研究所を去るにあたり、残した歌がある。

——石をもて　追はるるごとく　去りたれど　忘れがたきは　金輪島山

自ら身を引いた市原は、「石をもて」追われたのではない。それどころか彼は周辺から何度も慰留され、退職後も再三、復職を懇願《こんがん》されている。この歌は自らのことのように置き換えるかたちで、田尻司令官の無念を詠んだものではないか。

忘れがたき金輪島山は、田尻と市原があらゆる開発に命がけで挑んだ日々を、そしてその最後の日を静かに見つめていた。

火事の翌日、地元の中国新聞には宇品の火事について小さな二段組の記事が掲載された（昭和一五年三月五日付）。

見出しは「火薬に引火し四名死傷の惨」。火事は元宇品の民間会社の鉄工所で起き、建物を全半焼した、二階で作業をしていた女性が逃げ遅れて死亡、三名が火傷を負ったとある。県知事の指しがねか、○○部隊（運輸部）については火元ではなく「消火を手伝った」としかふれられていない。さらに火事の原因については、逃げ遅れた女性が誤ってマッチの火を火薬に引火させたとしていて、語る口を持たぬ死者に責任を負わせたようだ。しかし田尻が書くとおり、実際は消防、警察、運輸部がどれだけ調べても原因はわからなかった。奇しくも陸軍の定期人事異動の時期にあわせるかのように起きた三月の不審火だった。

皮肉なことに同じ紙面には、田尻が建築の計画を率いてきた「宇品凱旋館」が近く完成する見込みであるとの記事が並んでいる。現存する記録では、凱旋館は昭和一四年完成とされているが、実際は資材不足から昭和一五年後半にずれこんだ。

すでに書いたが、現在も残る凱旋館の建設を記念する小さな石碑には「昭和一五年二月一一日」の日付と「田尻昌次」の名前が刻まれている。通常なら記念碑とは落成した年月を刻むものだろう。勘ぐれば田尻を慕う部下たちがその名を宇品に残そうと、司令官が罷免される原因とされた不審火の前月の日付にして石碑をつくったのかもしれない。皇紀二六〇〇年の紀元節という節目にすれば名目もたっただろう。

三月一四日、田尻が長年暮らした南千田町で身支度を終えて、広島を去る日がきた。広島駅のプラットホームは見送りの者たちで埋め尽くされた。自叙伝にはマイクに向かって立つ田尻の写真が貼られており、その横には長男の昌克、そして後ろには元副官らしき軍人が寂し気に頭を垂れている。

駅長は、田尻が乗り込む車輛の入り口にマイクスタンドを設置し、別れの挨拶を行ってほしいと促した。マイクは日本放送協会が特別に用意したもので、音声はそのまま広島市内の全家庭に流されるという。

あまりの大仰な光景に田尻は度肝を抜かれたが、罷免から数日がたつうちに落ち着きを取り戻していた。先の宇品での挨拶は短く切り上げてしまったが、今度こそ第二の故郷広島に心をこめて別れの辞を述べねばと背を伸ばしてマイクに向かった。

「私が初めて広島の地に足を踏み入れたのが、大正八年であります。さらに昭和七年以降は居宅を千田町に構え、以来約一〇年もの長きにわたり、広島県下の方々には一方ならぬお世話とご庇護を与かり、誠に御礼の言葉もありません。

加うるに先日の運輸部構内の火事に際しては、一方ならぬご援助とご激励を与えて下さり、本当に感謝に堪えません。広島はわが第二の故郷であり……」

ここから先の挨拶は「感極まって、声涙ともに下るの思いがあった」と田尻はしたためている。午後一時二二分、田尻を乗せた列車は広島駅を発った。七本の豊かな水の流れに育まれた水の都、広島。彼はその美しい風景をしかと目に焼き付けた。

軍務を解かれ、もはや先の予定は白紙である。東京への帰路、在職中に世話になった船会社の関係者を訪ね、ゆっくりと労《ねぎら》ってまわった。東京駅に着いたのは広島を出てから六日後の三月二〇日。ひとり静かに自宅へ向かうつもりが、駅頭にはまたも大勢の者たちが彼を待ち受けていた。

東京駅プラットホームには参謀本部、陸軍省、軍令部、海軍省、其の他の官庁、民間会社などから夥《おびただ》しい辱知《じょくち》の方々が出迎えて下さった。広島の火災の不始末が胸につかえていて何とも面映《おもはゆ》い思いだったが、これぞ私の三十数年にわたる長い官職奉仕の最後を飾る一コマであった。

そこから反転して直に横浜鶴見の自宅に帰りついた。自宅の門をくぐるとき何とも名状し難い一抹の淋しさが身内を走るのを覚えた。人は一生涯に一度はこのような淋しさを味わわねばならぬ宿命を背負っているのだろうか。それでも玄関に入ったとき、大ズンドに八ツ手の枝が一杯に生けてあったのをみて、妻の心やりを暖かく感じ、心もやわらぐのであった。

長男の昌克は後年、道半ばで退かざるを得なかった父の無念を思いやりながらも、こんな風に書いている。

「この年に退役になり当初は些《いささ》か不満もあったかと思うが、日本が大戦に突入し敗北し、陸軍は壊滅し多くの軍人が戦犯になった事を思うと、大変に運が良かったと言える」

人生の幸不幸は、簡単には計れない。船舶輸送に携わる者たちがこれから辿る悲劇と破綻の道のりを考えれば、昌克の指摘はあながち的外れではなかったかもしれない。

田尻司令官去りし後、陸軍運輸部そして第一船舶輸送司令部のトップに転任してきたのは、上月良《こうづきよし》夫《お》中将（二一期）だ。

上月は陸軍省整備局の動員課や統制課長などを歴任し、この直前には陸軍運輸部を配下におさめる陸軍省整備局長という大役に就いていた。

整備局は、船舶はじめ石油や石炭、電力などあらゆる国内資源の状況を把握する大元締めだ。軍需品の調達から整備まで一手に所管し、極秘に「南進」を想定しての物的国力検討にも着手していた。昭和一四年度の帝国議会や政府連絡会議の議事録に「上月局長」の発言が頻繁に登場することからも、その職責の重さがうかがえる。

陸軍省の整備局長という大物を宇品の司令官に着任させるという異例の人事は、運輸部そして第一船舶輸送司令部の存在が今後の国家運営にいかに重要であるかを示すとともに、宇品を完全に国策のなかに置くのだという陸軍中枢の強い意向が働いたと見ることができるだろう。

上月は典型的なエリート軍人で、資源の限界や制約を国策に反映させるというよりも、国策に追随するかたちで政策を進めることに重きを置く「軍部経済官僚」（岡崎哲二「戦時計画経済と価格統制」

『戦時経済　年報・近代日本研究9』所収）である。

その歩みを駆け足で眺めると、短い運輸部勤務の後は敗戦直前まで陸軍中将として中国や朝鮮の戦線を指揮しているが、南方には一度も出ていない。戦後は一転、厚生省復員局長として戦後処理に活躍している。優秀な官僚だったのだろう、主を変えてもなお国策の中枢を器用に生きる姿がうかがえる。

もし順当な人事が行われていれば、田尻の後任には桜井省三少将（二三期）が昇格するのが自然であった。桜井は陸大（三一期）を優等で卒業し、運輸部随一の切れ者との呼び名が高く、司令官に昇任した田尻の後を継いで、大役の中支那碇泊場監を務める次世代のエースだった。しかし田尻とともに長く船舶畑で活躍し、内部事情に精通する桜井もまた、この後は一度も宇品に戻されることはなかった（桜井はインパール撤退後のシッタン作戦で、自軍の全滅を防いだ名将として名を残す）。桜井をはじめベテラン幹部は次々に異動。田尻前司令官の流れを継ぐものは一掃されていった。

田尻の辞任から三ヵ月後、第一船舶輸送司令部は廃止され、新たに「船舶輸送司令部」に生まれ変わる。名称上は「第一」の二文字が取れたに過ぎない。しかし、この組織編制が意味するところは、これまで輸送と兵站を主任務としてきた後方組織を、今後は上陸作戦を中心とした「戦闘序列（具体的な軍事作戦を目的とした臨時編制）」に加えるということである。つまり組織の格上げであると同時に、内実は「南進」のための布石であった。そのための準備は、参謀本部の中枢で着々と進みつつあった。

――船が足りない。

「船舶の神」が去った後の宇品には、そんな声をあげることのできる空気は微塵もなくなった。

*

二〇二〇年夏、午前中から気温は三五度近くまで上がり、うんざりするような猛暑が町に居座っていた。私は再び東京・市ヶ谷の防衛研究所へ向かって歩いていた。

毎度大汗をかかされる、このダラダラ坂の先に、かつて田尻昌次が学んだ陸軍士官学校があり、そして二度と敷居を跨げなかった参謀本部が置かれたのだと思えば、同じ風景もどこか違ってみえる。

夏には収束するといわれていた新型コロナウイルスもいまだ感染が拡大していて、会議室はクーラーをかけたまま窓を大きく開け広げていた。そこで軍事史研究家の原剛さんと戦史研究センター史料室所員の齋藤達志さんの二人と久しぶりに向き合った。

——田尻さんは上と衝突して、辞めさせられたような気がする。

原さんがそうつぶやいてから一年余が過ぎていた。

この間の取材で、多くの事実が明らかになった。田尻昌次が膨大な自叙伝を残していたこと、困窮の中から軍人になったという歩み、「船舶の神」として君臨した日々、宇品に留め置かれた思わぬ人事、そして自らの進退をかけて船舶不足を訴えた「意見具申」の存在。私は取材の成果を二人に説明し、専門家としての意見をあおいだ。

原さんは開口一番、

「そりゃ、すごいなあ」

と感嘆するような声をあげた。意見具申のことである。

「陸軍という組織は、軍事力をもっているから特別な組織のように見られるけれど、本質的には他の省と同じ官僚の世界だ。官僚の世界というのは序列なんだ。上層部の意向に逆らうようなことは決して許されない。宇品の司令官が全省に対して意見具申をするなんてことは、言ってみれば越権というかね、罷免覚悟じゃないとできることじゃないよ」

原さんと向き合って座る齋藤さんが無言で頷いた。齋藤さんもこれまでの研究で田尻の文献には多くふれてきたという。

「田尻さんは在職中から膨大な報告書をお書きになっているでしょう。当時、あれだけの外国の資料をどうやって集められたのか感嘆するほどです。それに個人名で上陸作戦の本まで出されている。言いにくいことですが、書くという行為は、まあ、組織の中では決してプラスだけではないですから」

もうひとつ、田尻中将について発見があった。私はこの間、防衛研究所に保管されている膨大な関連資料を読み込むうち、田尻が書いた、あるメモを見つけた。それは、田尻が退官した後に入れ替わるようにして船舶参謀になった軍人がまとめた太平洋戦争の手記の中に無造作に挟みこまれていた。

戦後、防衛庁は船舶関連の史料の信用性をはかるため、田尻に寄贈史料の査読を依頼した。その手記が寄贈されたのは、昭和三九年。田尻は記述内容に間違いがないかを確認しながら、気が付いた箇所にコメントを書いた更紙《ざらがみ》を挟んだ。それが田尻の直筆であるとわかったのは、一枚目のメモに「原稿読後の総合所見（田尻昌次）」と書かれていたからだ。

参謀の手記は、敵航空機からの激しい攻撃が予想されるマレー上陸作戦において、海上トラック（海トラ）と呼ばれる小型船を使って輸送船よりも前に先遣隊を分散上陸させる必要性についてふれていた。しかし事前の演習が失敗し、作戦をあきらめたとあった。そのページに挟まれた短冊のような更紙には、鉛筆でこう書かれていた（傍点筆者）。

私が現役の頃に考えていた海トラ作戦は、船首開閉式、突出し軽桟橋、浅吃水、強バリキ、擱座《かくざ》（船体を浜に乗り上げさせること）上陸用として、これに適した船を新造し、先頭隊を上陸させることであったが、研究中、私は罷免された。

メモにあるように、田尻は進退をかけて船舶不足を訴えながらも、南洋海域を想定した新たな海上機動策「海トラ作戦」を検討していた。これは彼が罷免される直前まで市原に命じて開発させていた、後のＳＳ艇のことだと思われる。しかし、市原の退職後、ＳＳ艇は開発が遅滞し、そのデビューは太平洋戦争も終盤に近づく昭和一八年後半にずれこんでしまい、大きな戦力にはならなかった。

人一倍、研究熱心な田尻のことだ。たとえ南進には反対であっても、いざ開戦準備命令が下されれば、彼は軍人として最善を尽くしたことだろう。しかしその直前で、田尻はやはり「罷免された」のだ。

軍人の世界にはびこる暴力を嫌い、数字に表れる合理性を貴んだ田尻が、国家を滅亡に追いやりかねない非合理的な動きに突きつけた乾坤一擲《けんこんいってき》。それによって彼は軍を追われた。しかし時代の潮流にも曇らされぬ目で書かれた、あの長大な意見具申を長い歴史の文脈に置いて眺めてみれば、「船舶の神」にふさわしい決着のつけ方であったようにも思えてくる。

何かを考えるように腕組みで天井をあおいでいた原さんが、ふと言った。

「僕はね、もし田尻さんが陸軍幼年学校の出身だったら、こんな意見具申のような行動は絶対にとらなかったと思う」

その言葉の意味が、次の説明を聞かずとも理解できる気がした。

「幼いころから純粋な軍人教育だけを徹底的にほどこされて軍人になった者と、人間として世間で色んな苦労をして、それから軍人という職業に就いた者とではね、やっぱり違うよ。誰だって、ものを見る目だとか、何かを判断するときには、小さいころからの経験が影響するものでしょう。陸軍という組織のためにどう最善を尽くすのかという考え方において、両者は土台から異なる。田尻さんとか今村均さんのような人は、言ってみれば軍人としての巾が広い。だけど、それが官僚組織の中で生きていくのに良いことかどうかは別問題だ」

田尻昌次という、一人の軍人人生の終わり方は、官僚組織としての昭和陸軍を象徴しているのか。

陸軍史を生涯のテーマとしてきた原さんが、ひとつ溜め息をついた後、こう付け加えた。

「少し大きな話になるけどね、僕は、やはり日露戦争の影響が大きかったと思う。日露は『勝った』のではなく『負けなかった』戦《いくさ》なんだ。それを大勝利とぶちあげて、酔ってしまって、あらゆる判断が狂っていった。兵站を軽視するのも、小さな島国が資源不足で補いきれない部分を精神論で埋めていこうとする姿勢も、あのころから酷くなるだろう。実力を顧みず、思い上がってしまったんだ。

それを正直に指摘しようとする者は組織からどんどん排除されていく。開戦に反対して首を切られたのは、なにも田尻さんだけじゃない。まあ、こういう話は決して昔話じゃないけどね」

原さんが繋いだ最後の言葉は、どこか重い余韻を含んでいた。

田尻昌次中将が罷免されてから一年半後、四方を海に囲まれた「持たざる国」は、船舶不足という致命的な欠陥を抱えたまま、広い海洋を戦場とする世界大戦へと突入していく。

第七章　「ナントカナル」の戦争計画

対米開戦準備

昭和一五（一九四〇）年八月下旬、宇品の陸軍運輸部。

この春に転任してきた上月良夫の司令官室から、小脇に書類を抱えた参謀が短い打ち合わせを終えて出てきた。参謀本部第三部、船舶参謀の篠原優（三九期・工兵）。昨夜、東京から宇品に着いたばかりである。

司令官室を背に、瀬戸内海をのぞむ明るい廊下に立った篠原は、覚悟を決めるように深呼吸をした。その勢いで、同じ二階にある参謀長室へ向かった。

宇品の参謀長は、渡辺信吉大佐（二九期）。ちょうど嬉野通軌（四三期）から中国戦線における徴傭船の状況について説明を受けているところだった。

「失礼します」

ドアの向こうにのぞいた若い参謀の顔に、渡辺参謀長は怪訝《けげん》な表情を浮かべた。

「篠原参謀じゃないか、これはどうした？」

篠原優といえば工兵出身ながら陸大出の秀才で、最近は参謀本部の中枢で活躍している新顔の船舶参謀だ。しかし、わざわざ参謀本部から出向いてくるというのに、事前の連絡は入っていなかった。報告を中断させられたかたちになった嬉野は初めて見る参謀の顔を不思議そうに見つめている。

「実は、急なお願いごとがありまして」

篠原はそばにいる嬉野のことを気にかけることなく、参謀長の前に二、三歩ほど進み出た。短い敬礼から直るや、切り出した。

「このたび参謀本部から運輸部に対して、新たな海運資材の調査と整備を急ぎお願いしなければならなくなりました」

参謀長は、キッと篠原を睨《にら》んだ。それでなくても宇品は中国戦線に向けての膨大な輸送業務に忙殺されている。これ以上なんだと言いたげな表情だ。

「なんだってまた」

突き放すように言う参謀長に、篠原は用意してきた言葉を口にした。

「実は、アメリカと戦をすることになりました」

参謀長の顔が一気に上気した。

「なにをバカなことを！」

もともと大声で知られる参謀長が顔を真っ赤にして、建物の外にまで響くような声を発した。同席した嬉野は戦後になっても、このときの「参謀長のすごい剣幕」は忘れられないと語っている。

参謀長は椅子を蹴って立ち上がると、一回りも年下の篠原に真っ向から詰め寄った。

「そんなこと、できるもんか！　君だって知っているだろう」

嬉野は自分がこのまま部屋にいていいものか、迷ったまま動けなくなった。参謀長は矢のように言葉を発する。

「いま、支那がどうなっているか、知らんとは言わせんぞ。どこも切迫しながらやっているんだ。それを今度はアメリカだと？　資材を調達するだけで、われわれがどれだけ苦労しているか」

小柄な体を硬直させた篠原は、参謀長の勢いに怯《ひる》むことなく直立している。

「貴様、本気でそれを言っておるのか！」

篠原は黙ったまま、しかし視線はそらさない。

「どうなんだ！」

頑なに口をつぐむその様子に、参謀長はなにかを覚ったようだった。再び椅子に腰を下ろして腕組みをした。それから、篠原のほうを見ぬまま低い声で切り出した。

「それは、本当に決まったのか……」

「はい、決まりました」

参謀長はしばらく何か考えるように空を見つめた後、

「決まったことなら、しょうがない」

吐き出すように言って、今度は嬉野のほうに視線をやった。

「すぐに全員を集めろ。みなで話を聞こうじゃないか」

この日のことを、嬉野は戦後、『船舶兵物語』に詳細に語っている。参謀長には、言いたいことが山のようにあったはずだ。しかし、それがもはや決定事項だと聞くや一転、参謀全員を集めて今後の対応に全力をあげた。その姿に嬉野は「参謀勤務の鉄則」を見る思いがしたというが、もとより運輸部が参謀本部に逆える術《すべ》などない。

宇品に初めて「アメリカとの戦」について極秘の準備命令が下されたのは、肌を刺すような真夏の日差しが瀬戸内海にふりそそぐ盆明けの正午。田尻昌次司令官がこの地を去ってから、わずか五ヵ月後のことだった。

船舶参謀、篠原優（当時三三歳）。彼は、まさに田尻昌次のつくりあげた新制度の中から生まれた「船舶兵」の申し子のような軍人だ。

「船舶輸送業務に服する船舶将校は宇品において育てられ、宇品において成長し、宇品において勤務するのがしきたりである」

自ら誇らしげに書くとおり、篠原は宇品で船舶工兵として訓練を受け、船舶参謀として太平洋戦争の船舶輸送作戦を立案し、そして昭和二〇年八月六日を広島で迎える。彼の歩みを辿れば、田尻司令官が罷免された後の輸送基地・宇品の動向、言い換えれば破竹の快進撃と国家滅亡の道程が明瞭に浮かび上がってくる。

これから記す篠原の足跡については、彼が一〇年がかりで完成させた『暁部隊始末記』全三巻による。この記録の中に、田尻の「罷免メモ」が挟まれていたことも付け加えておく。

篠原優の出身は、広島・竹原。記録には「士族」とある。大正九年二月二四日の官報によると、広島ではなく大阪陸軍地方幼年学校に合格しており、名簿記載順位が先頭にあることから入学時の成績は一番だったようだ。彼は歩兵ではなく工兵となった。昭和五年に陸軍砲工学校の普通科、そして成績上位三分の一の優秀者がすすむ高等科で高等技術を修得、工兵将校としての一歩を踏み出した。

篠原の原隊は、広島・白島の第五師団工兵第五連隊。ちょうど彼が砲工学校から帰隊する前に、同連隊に初めて船舶工兵の部隊が設けられた。

翌昭和六年、篠原は白島から目と鼻の先の宇品で、田尻の設立した運輸部練習部に派遣された。半年間、甲種練習員（三期生）として、将来の船舶将校としての教育を受けた。練習船宇品丸で台湾まで実地航海を経験したり、宮崎・土々呂海岸の研究部で大発や小発を操縦したりして上陸作戦の訓練も積んだ。彼が、市原技師が大発を完成させる瞬間を目撃したことはすでに紹介した。

戦間期に軍人として育った篠原が、初めて実地の任務に就いたのは、中尉に任官した昭和七年二月の第一次上海事変。このとき、全国に散らばる船舶練習部の卒業生が国内の港湾業務に駆り出された。第五師団にいた篠原も四国の高松港に動員され、七了口へ追加派兵される第一一師団の軍需品の揚搭作業にかかり、続いて派遣された大阪港でも第一四師団の輸送支援にあたった。まさに大佐時代の田尻昌次が七了口上陸作戦で奔走している最中のことで、両者の歳は親子ほど離れている。

その後、篠原は陸大を経て昭和一三年、日中戦争の後方支援をする基隆（台湾北部）の碇泊場司令部に配属された。

ところがわずか一年もたたぬうち、突然、参謀本部第三部の船舶参謀として白羽の矢がたった。田尻司令官が退職し、その配下にあったベテラン船舶参謀がいっせいに異動させられた前後のことだ。

新入り参謀の篠原は、戦場での経験もまったくないままに、いきなり船舶輸送の心臓部に送り込まれた。本人も思いもしなかった大抜擢である。篠原は「これからは自分が船舶班を動かしていくのだ」と武者震いするような気持ちになった。

マレー進攻への道

――アメリカとの戦をすることになりました。

篠原優が、宇品でそう宣言する二ヵ月前。陸軍では今後の方針をめぐって議論が百出していた。蔣介石が逃げ込んだ「重慶攻略」か、ソ連を相手とする「北進」か、対米英戦を睨んで資源を確保する「南進」か、それとも「現状維持」か。

参謀本部の中枢は海軍の一部勢力と気脈を通じ、「南進」をめぐる動きを活発化させていた。陸軍きってのエリートが集まる作戦課で初めて「南方作戦」が具体的な課題として取り上げられたのは、昭和一五年六月。そのとき作成された「今後における戦争指導並作戦指導」の起案者は荒尾興功《あらおおきかつ》中佐（三五期優等・開戦後に船舶課長）だが、実際に案文を練ったのは瀬島龍三《せじまりゅうぞう》大尉（四四期次席）である。

翌七月、作戦課は参謀十数人を四個班にわけてマレー半島、フィリピン、香港、蘭印へと送り込み現地を偵察させている。『戦史叢書　大本営陸軍部　大東亜戦争開戦経緯〈1〉』には、フィリピン班のみ外務省のクリエール（伝書使）としての派遣で、他の三ヵ所は「軍人としての身分を明らかにしての旅行であ」ったと記されているが、事実はかなり違うようだ。

篠原は船舶班を代表して作戦課の応援に加わり、マレー半島に派遣されることになった。同行したのは作戦課参謀の谷川一男中佐（三三期）。ふたりとも伸ばしかけた髪に白い背広を着て、「にわか仕立ての商社員」に扮して民間機で羽田空港を出発したと彼の手記にはある。

ふたりは台北を経てハノイに立ち寄り、西原機関（北部進駐前に日本側が送り込んだ特務機関）で現地の情報を得た後、バンコクを経てシンガポールへ入った。

篠原の任務は、今後想定されるマレー上陸作戦の上陸予定地点をまわり、海岸の地形や波頭の様子を実地踏襲することにあった。シンガポール総領事館に用意させた自動車で、五二〇キロにわたって沿岸部を視察してまわった。

偵察の重要地点のひとつは、国境を越えたタイ側にあるシンゴラ。後に山下奉文中将率いる第二五軍主力が上陸する地点である。篠原は車を下りて、砂浜をのんびり散歩する風を装いながら歩いた。そして足下の砂を一握りすくい、ハンカチにそっと包んでポケットに収めた。

――漁民の話では、年末以降、二メートル以上の巻波が押し寄せるらしい。そうするとシンゴラは一二月上旬が上陸のリミットになるだろう。波が引いた後に残る砂は粒子が極めて細かい。それが引いていく汐に潤わされると驚くほど硬くなる。大発は突っ込めないが、火砲や戦車を揚陸させる足場には悪くない。

続いてシンゴラから南下し、メルシンの偵察に向かった。メルシンの海岸はシンガポールまでわずか一五〇キロ足らずで、距離だけで判断するなら上陸地点として最適な場所だ。ゆえに現地ではイギリス軍とインド軍の警戒が厳しくなっている。彼らに怪しまれぬよう、車の助手席には、やはり総領事館が手配してくれたマレー語に堪能《たんのう》な「恋人役」の二〇代の日本人女性を乗せて走った。

案の定、海岸近くの森の中にイギリス軍のキャンプがあるらしかった。監視兵らしき銃を担いだ兵隊が交代で海岸を見回っている。恋人役の女性と近くのレストランに入って談笑しながら、兵隊がいなくなるのを待った。

上空の飛行機から観察したメルシンの海は、かなりの遠浅に見えた。今も、岸から二〇〇メートルほど離れた沖合に地元民たちの小舟が何艘か浮かんでいる。これでは輸送船から上陸地点までの距離はかなり遠くならざるを得ない。どこまで舟艇が入りこめるか、水深をどうしても知りたい。

兵隊がいなくなったのを見計らい、レストランを出て浜辺に向かった。またも砂を採取してポケットに収めると、ふたりで海に向かって無邪気に石の投げ合いっこをしてみた。他愛ない石投げを装いながら、篠原は「丸橋忠弥《まるばしちゅうや》が江戸城の濠の深さを石投げで計った故智にならって、心ひそかに水深を測定した」が、現実は濠でなく海である。石を投げるくらいではどうにも水深は特定できない。

「篠原さん、船を借りて海に出てみましょうよ。きっと気持ちがいいわよ」

苦悶の表情を浮かべる篠原に、女性が機転をきかせて提案してくれた。

篠原は二種類の長さのオールと竹竿を持って小舟に乗り込んだ。深めの場所は長いオールで、浅瀬は短い竹竿をさして水深の変位を確かめていった。恋人どうしの戯《たわむ》れには思えぬほどの速さで海岸沿いを汗だくになって漕いでまわった。

余談になるが、篠原の恋人役を演じた日本人女性は、日露戦争で撃沈された輸送船「常陸丸」の兵隊が漂流したすえにシンガポールに辿り着き、現地で生ませた子だった。彼女はこの後も日本軍の諜報活動に協力したが、日本軍が上陸する直前にイギリス軍に拘束され、インドに身柄を送られたまま行方不明になったという。激しい時代の波間に人知れず消えていった人生は砂の粒ほどある。

篠原が帰国したのは八月九日。それから約一週間後の八月一五日、参謀本部作戦課に各地から戻った偵察組が集まった。やはり台湾の偵察から帰国した瀬島龍三が新たに「南方総合作戦計画」を起案、それに基づいて討議にかかった。

南方総合計画は、冒頭に「蘭印の占領」を明記、「対米戦争」となった場合の想定が記されている。マレー、フィリピン、グアムを攻略する際の兵力区分も検討されていて、内容は戦争指導そのものだ。これをもとに翌日、海軍の水交社に場を移して陸海軍作戦課の合同検討会が行われた（『戦史叢書　大本営陸軍部〈2〉』）。

会議の席上、篠原はマレー各地の海岸で採取した砂を提出し、上陸予定地点の報告を行った。篠原は、あれよあれよという間に船舶班を代表する立場になっていた。この会議の数日後、彼は宇品の運輸部へ派遣され、皆に開戦準備に入るよう促すのである。宇品に衝撃を与えた「アメリカと戦をすることになりました」との断定的な発言は、一連の参謀本部内の動きを反映したものだった。

それから四ヵ月後の一二月、すでに篠原による内示に従って開戦準備のための事前調査を進めていた宇品の運輸部に、正式な「運輸通信長官指示」が下される。運輸部は翌昭和一六年春までに、次の六点を実行するよう求められた。

一、現在中国で徴傭している九〇万トンの船舶に加えて、一四五万トンを徴傭するための調査を行え。
二、一四五万トン用の艤装材料を準備せよ。
三、兵装の準備として高射砲を二隻に一門準備せよ。その他、高射機関砲、磁気機雷、防雷具を準備せよ。
四、舟艇を準備せよ（大発六〇〇、小発六〇〇、特大発六〇等）。
五、燃料と水の準備、その補給体制を確立せよ。
六、該当水域の海図、水路誌を収集せよ。

ここで注目されるのは、項目（五）だ。兵装や艤装など船舶まわりの準備は、中国戦線に向けて行っている作業の延長線上にある。しかし（五）で求められた「補給体制」とは、マレー半島へと至る各地に船舶用の給炭所や給水所などの設備を新たに整えることで、本格的な戦争準備にほかならない。これを実行するため東南アジア各地に新たに碇泊場司令部を設置し、人員を配置し、インフラの整備に総力を挙げてかかることになった。

ことに給水の問題は難渋した。船に必要な水は、乗船者の飲み水だけではない。日本の船舶の大半は旧式のタービンやレシプロエンジンだ。これは蒸気によるピストン運動や回転運動を動力とするエンジンで、大量の水が必要となる。水が不足すれば船自体が止まってしまう。

しかしマレー半島に至るまで、給水が必要となる地点すべてに給水拠点を設けることは予算上とても不可能だ。そこで運輸部は六〇〇〇トンクラスの輸送船の一部を「給水船」に改装する作業に着手。船内に複数の壁を設け、船倉をセメントで塗り固めて防水し、五〇〇〇トンの水を搭載できるようにした。これを船団に同行させて給水を行うという苦肉の策だ。

他にも問題は噴出した。輸送船に設置すべきデリックが資材不足で入手できず重火器の搭載ができない船が出たり、二隻に一隻の割合で積むよう下命された高射砲に至っては運輸部が要望しても資材をなかなか回してもらえなかった。

ともあれ一年先に発せられることになる正式な太平洋戦争の開戦命令を前に、宇品の戦は始まったのである。


田尻昌次中将が罷免された後、半年間だけ船舶輸送司令官を務めた上月良夫中将は、すべてが緒に就いたのを見届けるようにして一〇月、宇品を去った。

後任にやってきたのが、佐伯文郎《さえきぶんろう》中将（二三期）だ。

佐伯は宮城・仙台出身で、やはり士族の出である。仙台幼年学校、中央幼年学校、士官学校、陸大というエリートコースを順当に進み、陸大卒業後すぐに参謀本部に配属されていることから将来を嘱望されていたことがうかがえる。

参謀本部では鉄道や船舶など交通部門を担当、田尻とも参謀本部第三部での勤務が二年ほど重なっている。昭和二年からは一年半、運輸部の大連出張所長を務め、平時の大陸輸送業務を経験。満州事変では南満州鉄道に嘱託将校として派遣されており、軍需輸送にも携わった。船も鉄道も広く運用経験のある交通畑のエキスパートで、日中戦争では歩兵第一〇四旅団（広州）の旅団長として弾の下もくぐっている。

先の運輸通信長官指示が発令される直前、言い換えれば宇品が戦争準備に本格的に動き出す直前、輸送業務に精通する実務家が据えられたとみていいだろう。

その佐伯は、温厚な人柄で知られたようだ。仙台幼年学校から陸大までずっと佐伯の同期で六三年にわたって親交を重ねたという鈴木敏行（元少将）は、佐伯について同期生会誌に次のように書いている（松下芳男編『山紫に水清き　仙台陸軍幼年学校史』）。

佐伯文郎船舶輸送司令官
（防衛研究所所蔵）

君の略歴を見ると、陸軍の出世街道を驀進した俊敏奇略縦横の秀才のように想像されるかも知れないが、全く反対で、東北人特有の誠実、勤勉、努力の士であり、情誼に富む温厚柔順の善良なる紳士であった。（略）終始一貫、骨身を惜まず人のために尽くした人柄は、蓋《けだ》し彼の天性である。

後に船舶輸送司令部の部下たちから「昭和の乃木さん」と慕われたという事実からも、鷹揚《おうよう》とした人物像が浮かび上がる。写真に見る佐伯は物静かな表情に髭は伸ばさず丸眼鏡をかけ、どこか落ち着いた雰囲気をまとっている。

佐伯が宇品に着任したとき、すでにゴーサインは出されていた。司令官の任務は、今後の船舶輸送を巡るあらゆる運用を遅滞なく進めること。求められるのは大本営の指示を忠実に「履行」することであった。その任務は決して容易なものではなかった。佐伯自身、まさか自らの名によって宇品から送り出した数十万もの軍人軍属を水漬《みづ》く屍《かばね》とすることになろうとは予想だにしなかっただろう。

「軍需」と「民需」

国内全体の船舶は、その使用目的によって三種類に分類される。「陸軍」と「海軍」、そして「民需」である。さらに大別すれば「軍需」と「民需」となる。

かつて田尻昌次が深刻な問題として提起をしたのは、陸海軍の徴傭量が急増し、国内輸送（民需）が逼迫したことだ。これは国民生活の安定を求めたかのような印象を与えがちだが、それだけではない。陸海軍の船舶は「作戦」に使われ、民需の船舶は「資源」を運ぶ。資源がなくては、戦闘に必要な兵器を増産できない。そういう意味で民需は日本の物的国力（戦争を遂行するための体力）を計るバロメーターとなる。民需が不足すると国力が細り、国力が細れば軍備（戦力）も細り、長期戦になるほど陸海軍の作戦に死活的な影響を及ぼす。結論として「軍需」と「民需」のバランスが問題であり、民需が不足するなら国民が我慢すればよい、という単純な話ではないことをまず知っておく必要がある。

　そもそも日中戦争の前から日本国内の船腹量が圧倒的に不足していたことはすでに書いた。その事実は決して特別な秘密ではなく、軍中枢はもちろんのこと政府内部でも認識されていた。では、戦争指導部は一体どのような判断で、さらに大量の船舶を必要とする太平洋戦争へと踏み出したのか。

　太平洋戦争へと至る開戦の経緯についてはすでに万巻の歴史書や研究があり、軍事・政治・経済・思想など各分野でさまざまな分析が為されている。

　本書では、開戦の主要な動機となる「物動」、そのなかでも「船舶」に的を絞り、軍部と企画院の資料に現れる船腹量の推移を眺めてみた。その変遷には、開戦に至る議論と意思決定のあり様が如実に浮かんでくる。

　まず昭和一五年六月、参謀本部の戦争指導部は対米英戦を想定して、アメリカ・イギリスからの輸入がすべて途絶した場合、日本の国力がどう推移するかの研究を陸軍省戦備課に要望した。戦備課はこの作業を企画院に依頼。企画院は秘密裏に二月をかけて翌昭和一六年度の「応急物資動員計画」を策定した。

　作業にあたった企画院の田中申一によると、「結果は予想以上の国力の貧弱さをあらわしていた。基礎《ママ》物資の大部分の供給力は現状の五十％まで切り下げられ、物資によっては軍需すら相当の削減をうける破目となる。一般民需の如きは十％以下に落ち込んだものがざらにある。というのが実情であった」という(『戦史叢書　大本営陸軍部　大東亜戦争開戦経緯〈1〉』)。

あまりに悲観的な結果に各所に衝撃が広がった。戦備課長の岡田菊三郎大佐によれば「この研究は関係方面に刺激を与えたらしく、特に吉田海相は海軍側がこの研究作業に協力することを厳禁した」と語っている。また報告を受けた第二次近衛内閣では、二度にわたり「特別輸入」に踏み切った。買える間になるべく多くの物資を買いだめしておこうというもので、研究の結果がいかに衝撃的だったかがわかる。

では「南進」の動きが止まるか、と言えばそうではない。平時で二年、戦時で一年半と言われる石油の備蓄が尽きる前にことを構えるべきだとの声があがり、結論が悲観的になればなるほど、それを解決するための「南進」が叫ばれるという循環が始まる。

陸軍部の動きを見てみると、昭和一五年中に正式な記録として現れる船腹の検討値は、先の瀬島龍三が起案した八月の南方総合作戦計画だけだ。船腹量については左記の見積もりを出している。

総保有トン数　約五三〇万総トン(うち四〇万が入渠)
陸軍徴傭　約三〇〇万総トン(うち遠洋二三〇万、近海七〇万)
海軍徴傭　約一三〇万総トン
民　需　約　六〇万総トン

注目されるのは、民需「約六〇万総トン」という数字だ。民需を司る企画院は、経済をまわすために最低限必要な船腹量を三〇〇万総トンと算出していて、これが当時の定説となっている。その五分の一に過ぎない六〇万総トンという数値は「国力の培養をほとんど無視するにひとしいもの」（『戦史叢書　大本営陸軍部　大東亜戦争開戦経緯〈1〉』）といえる。

この船腹量は単純に陸海軍の要望を合算し、全体保有量から差し引いたもので、精査して導いたものではないだろう。瀬島自身も戦後、南方総合作戦計画はあくまで今後の構想を練るための叩き台で、議論もフリートーキングの域を出なかったと防衛研究所の聴き取りに答えている。そうだとしても計画に記された民需の異様ともいえる低い数値は、昭和一五年夏当時の陸軍の南進論者たちの、船舶に対する認識不足を如実に示している。

個人の記録では、一一月に参謀本部第一部長（作戦部長）に着任した田中新一少将（二五期）による『田中新一中将業務日誌』がある。強硬な開戦派として知られる田中は着任早々、さっそく船舶の問題について書いている。

日記には、陸軍徴傭の見込みはふれられていないが、海軍徴傭については二三五万トンとの記載がある。べらぼうに大きな数字だから、これもあくまで要求分ということだろう。問題の民需については「円ブロック（日満支の自給圏）内の所要数量は二二〇万トン、したがって民需一七〇万トンについては再検討を要する」と記されている。

この二二〇万トンという数字は、前年度の物動計画から輸送に必要な船舶を計算して割り出されたもので、他の資料にも同様の数値が使われている。現状、すでに企画院が求める最低ライン三〇〇万総トンから三割近く割り込んでいることがわかる。

いっぽう「民需一七〇万トン」という数字は初出だ。これは参謀本部内で内々に検討されていた値である可能性が高い。田中はさすがにこの数値では開戦に向けて関係機関の合意が得られないと考えたか、再検討が必要だと書いている。

また参謀本部の戦争指導班による『機密戦争日誌』には、一一月から一二月にかけて次のような記述が連続して記載されている（太字筆者）。

一一月二一日　南方戦争ニ伴フ**船舶需要**ヲ研究ス

一二月　二日　有末大佐ヨリ次長ニ対シ「対南方戦争ニ伴フ帝国**船舶運用**ニ関スル研究」ヲ報告ス

一二月　三日　南方問題ニ伴フ**船舶ノ運用**ニ関シ総長ニ報告ス

内容の詳細は不明だが、年末にかけて参謀本部では非公式なかたちで船舶問題が「総長マター」として取り上げられていたとみて間違いない。

この時期に現れる各種統計から検討してみると、参謀本部は南方作戦に必要な師団を一一個と見積もっており、実際にそうなった。ひとつの師団を運ぶには通常一五万〜二〇万総トンの船腹が必要になる。単純に一一倍すると、必要船腹量は最大で二二〇万総トン。海軍の要望分二三五万総トンを合算すれば、軍需だけで四五五万総トンにのぼる。

この時点の日本の全保有量から入渠中を除いた実働船腹は四九〇万総トン、そこから軍需を差し引くと、残る民需はわずか三五万総トン。正気の沙汰とは言えない数字になる。このことから日本の船腹量の実力でもって軍部が希望する規模の戦闘をそのまま行うことは明らかに不可能であることがわかる。

さらに重大な問題がある。実際に戦闘が始まれば、輸送船は必ず敵軍からの攻撃を受ける。中には沈没する船も出るだろう。しかし太平洋戦争開戦まで一年と迫った昭和一五年時点で、損害船舶について議論した形跡は一度も現われない。

「将帥第一の任務は、与えられたる兵力によって達成し得る限界を明らかにすること」というクラウゼヴィッツの言を引くまでもなく、本来、作戦の規模は国力に沿って検討されなくてはならない。しかし太平洋戦争の場合は、まず作戦ありきで検討が進められていく。そこで苦しい現状を克服するための様々な「補正数値」が出てこざるをえなくなる。

昭和一六年に入ったとたん、船腹を巡る議論が公の場に急浮上する。

軍部がいくども重ねた議論の中で、初めて本格的な検討がなされたのが三月。陸軍省整備課による物的国力判断だ。これは陸軍部のみならず、海軍の意見も聴取したうえで作成された（『戦史叢書　大本営陸軍部　大東亜戦争開戦経緯〈3〉』）。

結論から言えば、「帝国の物的国力は対米英長期戦の遂行に対し不安あるを免れない」。その重大な要因に船舶問題があり、船腹量の減少によって「特に石炭搬出を減少せしめて全産業の萎靡《いび》を来し、又軽工業資源の窮迫は国内問題の煩累を増加すと認められる」。「船腹問題に関しては作戦と経済との調和に深甚なる考慮を必要とする」と率直に指摘している。

開戦に踏み切る場合、陸海軍の徴傭船腹は合計二五〇万総トン以内に限定せざるをえないとし、これでは不自由だろうから開戦から半年間のみ一〇〇万総トンの増加を認めるとしている。それでも常時二五〇万総トンの徴傭を続けるならば、鉄鋼石、木材、雑貨類、米や工業塩も前年比で大きく減少し「基本原料難極めて深刻」「物資需給は逼迫」するうえ、セメントや鋼材不足もあいまって建設を控制《こうせい》すると警鐘を鳴らしている。国力は年々低下し、じり貧になるということだ。

さらにこの報告で注目されるのは、日本軍が南進した場合の「損害船舶」の見通しを初めて掲載したことである。

第一年　八〇万トン
第二年　六〇万トン
第三年　七〇万トン

この喪失見込みは海軍から提供されたものだという。損害を補うのが新造船ということになるが、それを年六〇万トンと見積もっている。逓信省の報告によると昭和一六年度の新造船の実績は二四万トンだが、目いっぱい下駄を履かせた六〇万トンで計算しても、「新造量を増しても、物資需給は逼迫から免かれ得ない」とし、報告は全体として南方への武力行使について否定的な見解をとった。

これに対する反発を恐れたのか、岡田戦備課長は関係各所に結果を報告する際、「国策の決定は全般の情勢に基づいてなされるべきものであり物資の面のみから直ちに結論は求められない」とお茶を濁すような前置きをしている。科学的なデータが必ずしも政策の判断を拘束するものではないというのである。

それでもこの後、『機密戦争日誌』の三月二二日の欄には「南方武力行使ハ目下ノ所欧洲情勢ノ如何ニカカハラス行ハサルヲ可トス。（略）南方武力行使ナド思ヒモヨラスト云フヘシ、支那事変処理ニ邁進スヘシ」とあり、研究結果は南進論に対して抑制的な動きを認めたといえる。

ところが、夏を前に事態は一変していく。

一夜漬けの辻褄あわせ

六月、独ソ戦が勃発すると、様々なパワーバランスが崩れ始める。

日本は関係の悪化するアメリカ・イギリス・ソ連からの輸入を、順次ドイツとイタリアに切り替えていて、輸送を西シベリア鉄道に頼っていた。それが独ソ戦によって遮断されてしまう。代替輸送は、ドイツの船を使ってアフリカの喜望峰を迂回するという長大で危険な航路を選択するしかなく、それでなくても低い輸送効率は著しく落ち込んだ（田尻昌次『船舶に関する重大事項の回想乃至観察』）。これにより、苦心を重ねて組み上げてきた物動計画の前提が吹き飛んでしまった。

七月、日本軍による南部仏印進駐。

長い文脈でとらえれば、満州事変が歴史の帰還不能点ではないかと前に書いた。短いスパンで見れば、南部仏印進駐こそ日本にとって破滅への引き金であった。アメリカが日本の資産凍結そして屑鉄・石油の輸出禁止措置に踏み切ったからだ。予想を超えたアメリカの反発の大きさに、陸海軍中枢は激しく動揺。前年には日独伊三国同盟が結ばれており、日米間の対立は一気に深まった。

ここからの船舶をめぐる議論は、オセロ盤上の石を一気にひっくり返していくような作業になる。開戦を可能にさせるための〝辻褄あわせ〟がひたすら行われるのである。最初は遠慮がちに、最後はあからさまに——。

八月六日、アメリカが発表した石油禁輸措置を受け、陸軍省整備局はこの年に入って三度目の物的国力判断を作成した。北進、南進、重慶攻略、現状維持の四つの選択肢ごとに検討を加えたもので、冒頭に「重要物資の供給力を左右するものは所詮船舶である」として、いきなり目下の厳しい船舶事情を提示している（『戦史叢書　大本営陸軍部　大東亜戦争開戦経緯〈4〉』）。


昨年並ノ総動員ヲ確保スルタメニハ、民需用船腹三〇〇万総屯ヲ必要トスル。現在ハ二二〇万総屯シカ充当サレテヰナイ。コレカ永続スレハ国ノ生産力ハ落チル。年間ノ船腹増加ハ新造四五万総屯テアル。


前年一一月の時点で民需を一七〇万総トンと低く見積もろうとしていたとみられる陸軍も、企画院が主張する三〇〇万総トンの確保が必要との前提にたった。

そのうえで「南進」する場合の徴傭船腹を陸軍一五〇万、海軍二〇〇万、損害船舶を第一年度に五〇万、第二年度に七〇万総トンと設定した。損害の数量は、なぜか三月の報告（それぞれ八〇万、六〇万総トン）から減じている。この計算では民需は一三〇万総トンしか確保できず、報告も「斯クテハ国民カ生キテ行ケヌ」とする。

しかし開戦六ヵ月後に戦況が落ち着き、解傭によって浮いた船舶を民需に戻してゆくと、一年後には民需を二〇〇万総トン程度まで回復させることができるとする。それは現状（二二〇万総トン）より悪化することを意味するが、報告は、陸海軍あわせての徴傭を三〇〇万総トンに抑えることができれば「コレナラナントカナル」とし、「対英米戦ハ大持久戦テアリ。船舶ノ保持カ絶対必要テアル」と改めて船舶の重要性に念を押している。

ここで五ヵ月前の三月の報告を思い出してほしい。陸海軍の徴傭については二五〇万総トンに限定せざるをえないとし、それでも国力は低下するとあった。しかし今回、陸海軍の徴傭は前回より五〇万トン増えて三〇〇万総トンに膨んでいる。冒頭に自ら提示した民需三〇〇万総トンの前提すら守られないのに、「ナントカナル」というのは、何度読み返しても文脈が摑めない。一時的に苦しいときはあるが、皆で頑張って作戦を成功させれば「ナントカナル」ということか。

一連の分析に携わった陸軍省戦備課の田辺俊雄少佐（四〇期・砲兵）の貴重な証言がある。一九九二年、NHKが大型企画『ドキュメント太平洋戦争』（プロデューサーは現在ノンフィクション作家として活躍する中田整一氏で、私の夫もディレクターとして参加した）が取材したものだ。それを書籍化した『ドキュメント太平洋戦争』第一巻で、田辺氏（取材当時八六歳）は当時をこう振り返っている。

「あの当時の会議の空気はみんな強気でしてね。ここで弱音を吐いたら首になる、第一線に飛ばされてしまうという空気でした。『やっちゃえ、やっちゃえ』というような空気が満ち満ちているわけですから、弱音を吐くわけにはいかないんですよ。みんな無理だと内心では思いながらも、表面的には強気の姿勢を見せていましたね。私も同じですよ」

前年の春には国内の全船舶を掌握する船舶輸送司令官が、船舶不足を訴えて罷免されているのだ。田尻のように「クビになる」ならまだしも、若い参謀たちが「第一線に飛ばされてしま」えば命の保証はない。

夏以降、船舶に関する見込みの数値は猫の目のように変わってゆく。たとえば八月二三日、陸軍が独自に行った南方兵棋演習で、前出の田中作戦部長による『田中新一中将業務日誌』は「船の損害」について次のように記している。

第一年　八〇万トン（造船五〇万トン）
第二年　六〇万トン（造船六〇万トン）
第三年　七〇万トン（造船七〇万トン）

上段の船舶の損耗《そんもう》見込みは三月に使われた数値のままだが、問題はカッコ内の造船能力だ。いきなり右肩上がりの数値が登場する。造船の原材料となる鉄鋼の輸入が著しく減少し、国内労働力も不足する中にあって、何の資料を引用したかは不明だ。この「増産」のおかげで『田中日誌』の紙の上では、損耗と新造船がトントンになるという楽観的な予想ができあがっている。つい二週間前の陸軍省の物動判断では「年間ノ船腹増加ハ新造四五万総屯テアル」とされたことも想起しておきたい。

南方作戦に伴う船腹検討図表

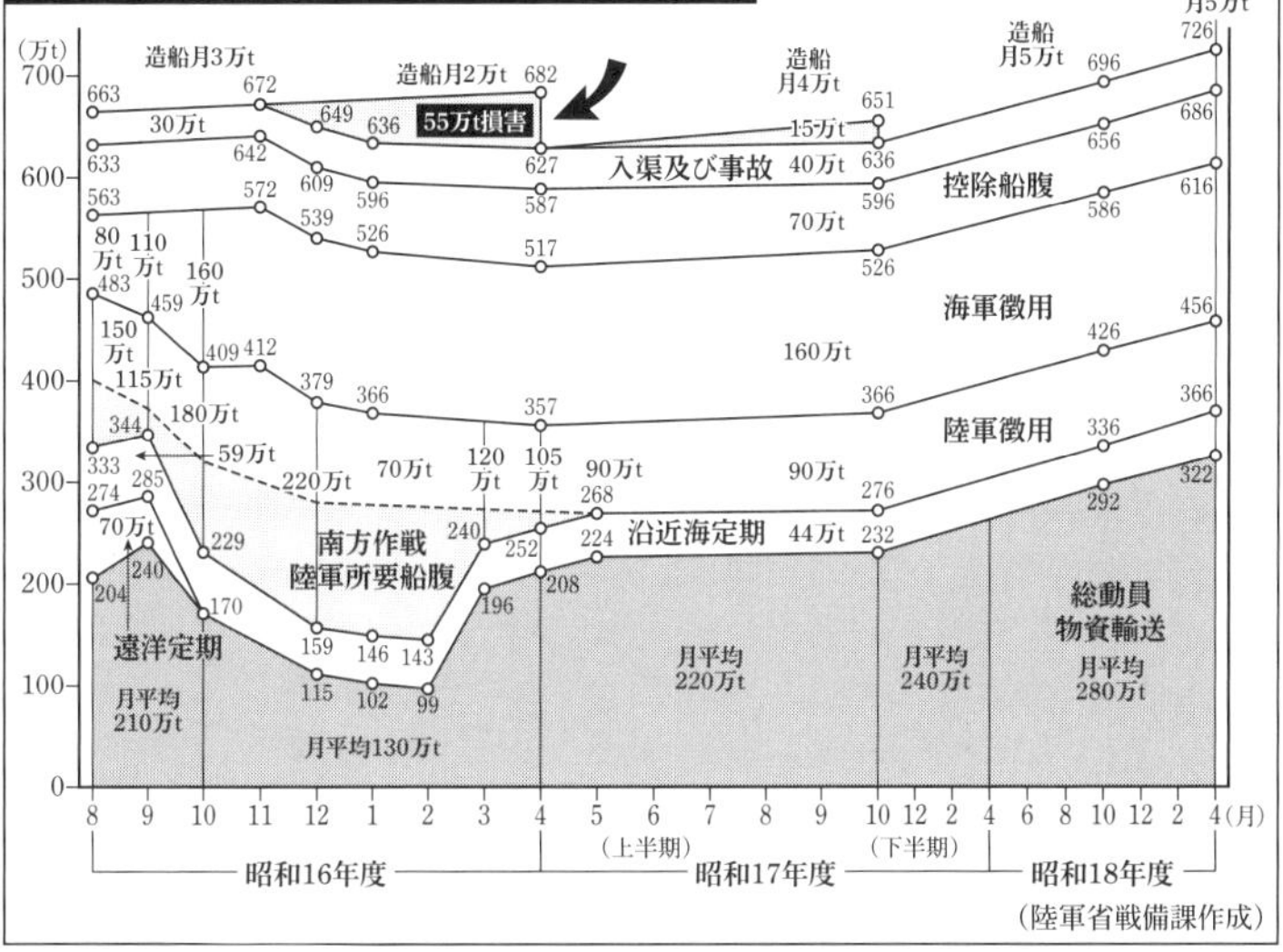

さらに三週間後の九月一八日、いよいよ「南方作戦準備命令」が発令されると、それに伴う船舶の見込みにはあからさまな細工が行われる。

参謀本部船舶課と陸軍省軍事課、戦備課は協同して検討を行い、「南方作戦ニ伴フ船腹検討図表」というグラフを作成した（上図表参照）。これは開戦から約三年間の国内船腹の推移を示したものだ。

民需の船腹（総動員物資輸送）は開戦から数ヵ月は月平均一三〇万トンと厳しい状態が続くも、その後ゆるやかに回復、昭和一七年度には二二〇万、二四〇万トンと増加し、昭和一八年四月以降は二八〇万トンに達する。

この上昇カーブが同じような傾斜で上がってゆけば、グラフ外の昭和一九年度には優に三〇〇万トンを超えると錯覚させるような形状になっている。

しかし図表に矢印で示した部分に注目したい。損害船腹の推移を表す折れ線だ。ここだけ奇妙な九〇度の直線を描いて下降している。開戦当初は、差し引き五五万トンと見積もられた損害が、なぜか昭和一七年四月には急にガクンとゼロに落ち込んでいる。『戦史叢書　大本営陸軍部〈2〉』には次のように説明されている（傍点筆者）。

「第二年以後は不明であるという海軍側との折衝の結果により、一応損耗のない場合の一例を図示した」

すでに紹介したように、海軍は開戦三年目までの具体的な損害見込み（八〇万、六〇万、七〇万トン）を出している。しかし、その数値を使えば民需が回復基調を辿っていく右上がりのカーブは作成できない。そこでこのグラフを作成する際には「海軍が数値を出さない」との理由で損害をゼロにしたということのようだ。

素人目にも明らかな細工を、当時、政府関係者はどのように受け止めたのだろうか。開戦時の大蔵大臣で戦費の調達を担い、船腹量を巡る検討が行われた大本営の連絡会議にも出席した賀屋興宣《かやおきのり》の遺稿がある。開戦に否定的だった賀屋は当時を振り返り、〝統帥権の独立〟のため作戦についていっさいふれることができず、最高指導会議の役割を果たせなかったと自省したうえで以下のように続ける（『渦の中　賀屋興宣遺稿抄』、傍点筆者）。

冷静に議論をしようとしてもすでに意図が定まっていて議論はあとから理屈をつけるということが多い。たとえば、最も重要な海上輸送力の計算をするのに、新造船による増加と損傷船の修理能力を一方に計算し、一方に戦争による減耗を考える場合、減耗率を少しずつ少なくみて、増強力を少しずつ多くみれば結論のカーブは非常に違ったものになる。そこを人為的にやればなんとか、、、、やれる、、という数字になるのである。冷静な研究のようで、それはたいへんな誤算をはらむ状況である。

賀屋の指摘が前出のグラフを指すものかどうかはわからない。似たような細工がほどこされた検討は他にも存在しただろう。確かなことは、明らかにおかしいとわかっていながら、誰もそれを指摘しなかったということだ。

一〇月二五日、陸海軍の連絡会議でようやく新造船の能力が正式な議題として取り上げられた（以下『戦史叢書　大本営陸軍部　大東亜戦争開戦経緯〈5〉』より要約）。

説明に立った海軍の艦政本部総務部長・細谷信三郎少将は今後の造船量について、左記のような強気の見通しを示した。

第一年　四〇万トン
第二年　六〇万トン
第三年　八〇万トン

しかしこれを実現するためには条件があるとして、補足の説明が延々と続いた。まず資材を優先取得させること、造船施設を充実させること、陸軍の徴傭船を減少させること、船舶行政を一元化することなど七点を挙げ連ねた。さらに六〇万トンの新造船を造るには三六万トンの鋼材が必要だとか、海軍にだって艦船の修理があるから相当量の鋼材が必要だとか、様々な前提条件を上乗せしていった。

あまりに歯切れの悪い官僚答弁に、東条英機首相が業を煮やして、

「では、だいたいの造船能力はいくらになるというのか」

と問い質すと、細谷少将は、

「だいたい一年目は四〇万トン、二年目は六〇万トンくらいです」

と曖昧《あいまい》に答え、三年目の八〇万トンはさすがに無言のうちにひっこめた。

すると、両者のやりとりを聞いていた嶋田繁太郎海軍大臣が立ち上がり、部下の強気な説明について次のように訂正を促した。

「若い者は楽観に過ぎる。海軍の軍艦の修理もあるのだ。造船能力は今、総務部長が述べた半分、二〇から三〇万トンがせいぜいだ」

ところが、一ヵ月後に発表された物動国力判断を見ると、嶋田大臣が求めた訂正は跡形もなく消えている。造船能力については、

「三年で一八〇万、年平均で六〇万トン」

「一年目が五〇万、二年目が七〇万、三年目が九〇万トン」

この二通りの数値が使われている。しつこく繰り返すが、昭和一六年度に実際に新造された船腹量

は二四万トンである。

さらに、造船を所管する逓信省が一二月付で立案した商船建造計画がある。今後の新造船の見通しについて左記の数値が示されていた（『船舶輸送作戦原則の過去と現在』）。

昭和一七年　三九万八二九五トン
昭和一八年　三一万七五二〇トン
昭和一九年　二四万七一一〇トン
昭和二〇年　七万二三七〇トン

逓信省の見込みでは初年度の約四〇万トンを頂点に減産の一途を辿る。同じ新造船について見積もりながら、前出の海軍とは遠くかけ離れている。

第五章でもふれたが、逓信省という組織は鉄鋼の資材調達において商工省の後塵《こうじん》を拝し、海軍に比べても造船を指導する能力はかなり劣っており、強気な数値は出せなかったのかもしれない。国運をかけた開戦決定まで一月に迫ったこの期《ご》に及んでも、記録にはてんでまちまちな数値が現れる。

もっとも重要な検討材料である船舶の損耗については、昭和一六年になっても陸海軍の間で真剣に話し合われた記録は見当たらない。これも最終段階では、それまで多用されてきた「一年目八〇万、二年目六〇万、三年目七〇万トン」から「年間一〇〇万から八〇万トン」という数値に変わっている。

陸軍省で船舶参謀をしていた仙頭俊三はこの時期、損耗率の計算を手がけたことがあった。その経緯について仙頭本人から直に聞いた話として、後輩の松原茂生は次のように語っている（『船舶兵物語』）。


開戦前に、日米開戦するや否やの御前会議の資料にしたいと当時の山田清一（26期）整備局長から下命があって、開戦した場合の船舶の損耗予想表を仙頭さんが作成して上司に報告された。その数字が会議の席上に発表されたら海軍はものすごく怒って「わが海軍の（護衛の）実力を軽視するものだ」と一蹴したということです。

ところが実際戦争になってみたら、仙頭さんの予想された数字をすら遥かに上まわった損耗を出しています。


前出の陸軍省戦備課の田辺氏もまた、重要な証言を残している。

「開戦の決意をする最終段階で、いったい輸送船の損耗はどのくらいかということが議論になったんです。ところが、その時、海軍には調べた資料が何もないんですよ。それで資料を出せといったら、一夜漬けで一〇パーセント程度の損耗率を出してきた。損耗率がそんなに低ければ、新造船や敵船の拿捕《だほ》で補充はできる。戦争がつづいても必要な輸送船は確保できることになる。開戦を決定するのに辻褄が合う数字なんだ。ところがこの損耗率がまったくデタラメだった。戦争をはじめたら、とんでもない損耗率になってしまった。だいたい海軍は、輸送船の護衛のことなんかふだんから全然研究していないんだから、彼らも正確なことは解らないんだ」

『戦史叢書　海上護衛戦』によると、このとき損耗の算出を担当させられたのが海軍・軍令部第四課（補給担当）の土井美二大佐である。土井は戦後、防衛研究所の聴き取りにおおよそ以下のように答えている。

「昭和一六年の一〇月末、軍令部第一課（作戦課）の首席部員神重徳大佐が来て、『連絡会議において、戦時におけるわが国の船舶建造量と敵潜水艦による船舶喪失量の見込みが立たないため、開戦後の物資移入量の予想が立たず、国内における重要物資の生産・国民生活確保の見込みがつかない。これが原因で会議が纏まらないので資料がほしい』という。

そこで『これは非常に困難である。こういう問題は、軍令部・海軍省などの関係者で委員会を作って徹底的に討論する必要がある』と述べたところ、『今となってその暇がないので、とにかく一案参考のために作ってもらいたい』とのことであった」

土井大佐が損耗率の根拠として援用したのが、二七年前の第一次世界大戦におけるドイツ潜水艦によるイギリス船舶撃沈のデータだった。そのときの損耗率一〇％を、そのまま日本船舶の損耗予想に当てはめた。

しかし、すでに第二次世界大戦は始まっているのである。昭和一四年九月の開戦以降、ドイツの潜水艦によってイギリスが失った船舶は一年目に三一一万総トン、二年間で七九一万総トンに膨らみ、損耗率は三七％に達するという驚愕の数値となっていた（大内建二『戦時標準船入門―戦争中に急造された勝利のための量産船』)。兵器の近代化は飛躍的に進み、戦場で発生する被害の規模は先の大戦とは比較できないほど大きくなっている。

イギリス船舶が甚大な損害を受けているという事実は、機密情報でも、後の歴史で判明したものでもない。同盟国ドイツが盛んに喧伝するその情報は、日本にも伝わっている。たとえば一般の市民が堂々と手にすることができる『東洋経済新報』(昭和一六年四月一九日号)には、「英国は餓死するか」との記事が二ページにわたって掲載されていた。それによると開戦以降のイギリス商船の損害は、ドイツの発表では八〇〇万総トン、イギリスの発表では四三〇万総トン。イギリス艦隊司令部は喪失を隠しているとして、「この沈没の打撃は甚大で、英米の造船所の懸命の造船能力を以てしても当分は補充されないであらう」と記されている。軍令部がこの情報を知らなかったはずはない。

もしデータを援用するのであれば四半世紀前の一〇%ではなく、最新の数値を使うべきだった。損耗率三七%とまで仔細に確定することはできなくとも、既出のデータからそれに迫る数値は割り出せたはずだ。ただし、それを援用すれば開戦を否定する材料となってしまう。

繰り返すが島国日本から兵隊を戦地へと運び、そこへ軍需品や糧秣を届け、占領地から重要資源を運んでくるのは船しかない。その往復の輸送の見込みがたつかどうか、船腹量が足りるかどうかは開戦判断にもっとも重要な要素である。しかし開戦の決断に決定的な影響を及ぼす損害船舶の数値は、海軍のたったひとりの担当者の手で、四半世紀前のデータで「一夜漬け」で創られてしまった。

少し先走るが、実際の日本の船舶損耗は以下の結果となることを示しておく(「アメリカ戦略爆撃調査団」調べ)。

戦争一年目　九六万総トン
戦争二年目　一六九万総トン
戦争三年目　三九二万総トン

一隻の輸送船には、千人単位の兵隊や船員たちが乗っている。軍需のみならず、物資の輸送をする船や病院船、戦地から疎開する一般人を乗せた旅客船もある。単純な数字の羅列の向こうには、莫大な犠牲が伴っている。

昭和一六年一一月、最終的に企画院がまとめた物動計画の船腹部門の結論は、左記の部分に集約される（「企画院総裁説明事項」）。

消耗船舶ヲ年間一〇〇万総屯乃至八〇万総屯ト推定致シマス場合、年平均六〇万総屯内外ノ新造船ヲ確保出来マスナラバ、前申上ゲマシタ（民需）三〇〇万総屯ノ船腹保有量ハ可能ト存ジマス。

サラリと説明されているけれど、この論旨の飛躍は足し算と引き算ができればすぐにわかる。『戦史叢書　大本営陸軍部　大東亜戦争開戦経緯〈5〉』の執筆者でさえ「納得し難い問題点」として次のように指摘せざるを得なかった。

年平均六〇万総屯の新造補塡では、差引き毎年四〇万ないし二〇万総屯の船腹減少をたどることは自明の事であり、しょせん三〇〇万総屯の民需用船腹保有は不可能であるのであった。しかるにこの民需用船腹三〇〇万総屯の確保こそが、戦争指導上の基本的課題であるわけであった。

戦後、アメリカ戦略爆撃調査団の一員として日本の戦時経済を研究したアメリカのジェローム・B・コーヘン教授は、「この戦争は、日本にとって乗るか反るかの大博打であったが、日本は博打を打つにあたって船舶事情に十分な注意を払わないまま飛び込んだ。日本の船舶に対する措置は、初期の過度の自信と無計画性、稚拙な行政、内部の利害対立という特色があった」(『戦時戦後の日本経済』上巻より要約)と分析している。

陸海軍部も政府も、船舶の重要性は十分に知っていた。しかし彼らは、その脆弱性に真剣に向き合う誠意を持ち合わさなかった。圧倒的な船腹不足を証明する科学的データは排除され、脚色され、捻じ曲げられた。あらゆる疑問は保身のための沈黙の中で「ナントカナル」と封じられた。

「古船大国」の現実

ここまでに見てきた船腹量の議論を背景として、政府、陸軍そして船舶輸送司令部がどう動いたかを見ておく。

アメリカによる対日石油輸出全面禁止決定を受け、九月六日、御前会議で「帝国国策遂行要領」が決定される。外交手段は尽くすが、一〇月上旬においても交渉の目途が立たなければただちに開戦を決意することが定められた。

第三次近衛《このえ》文麿《ふみまろ》内閣はアメリカ・イギリスと交渉を続けるも、すべて不調に終わり、一〇月一六日に内閣は総辞職。ついで東条内閣が成立する。同時に昭和天皇から「白紙還元の御諚《ごじょう》」が発せられ、九月六日の「帝国国策遂行要領」はいったん白紙に戻し、開戦について一から見直すこととされた。

しかし、少なくとも船舶部門で実際に行われた作業は見直しというよりも、計画の再検討に過ぎなかったようだ。陸軍は陸大の講堂で何度か図上演習を行っている。宇品の船舶参謀を代表して参加した馬淵新治参謀（四一期）は、

「私は参加していても、ほとんどすることがなかったですね。（略）船舶参謀の出番は全くなく、また特別な任務をもらって作業したということもありませんでした」

と語っている（『船舶兵物語』、以下同）。

馬淵によると、開戦劈頭《へきとう》のマレー半島やフィリピン上陸作戦などの諸作戦の概要はほとんどできあがっていた。それに対して何か疑義をぶつけるような空気はまったくなく、誰も質問すらしなかった。演習の間、ただ講堂に缶詰にされ、今後の作戦全般の動きを勉強させてもらったようなことだったという。そして演習の内容は「一切、口外無用」と厳命された。

馬淵が宇品の運輸部にもどると、渡辺参謀長は事情を知っていたのか、「帰りました」と報告しても「ああ、そうか」としか言わなかった。佐伯文郎中将からは「演習はどういうことだったか」と聞かれた。馬淵が「守秘義務で説明できません」と返答すると、佐伯司令官はそれ以上なにも尋ねなか

ったという。すべては既定路線にあった。

すでに書いたように、運輸部では早くも昭和一五年夏から事前準備にかかっていた。担当参謀の嬉野通軌によると、昭和一六年八月下旬には作戦構想はほとんど決まっており、「それに対してどの方面に何万トン、どの方面に何トンという、おおよその船の配当はついて」いた。前出の陸大での図上演習のころになるともはや「修正問題」だったと明かし、次のように語っている。

「仕上げです。だからここで総括といっちゃおかしいんですけど、こういう大きな戦さをするには、準備するのに1年半はかかる、だから準備の立場から申しますと、もう10月、11月じゃどうしようもないという状況に突っ込んでおりました」

同じく図上演習に参加し、船舶関連の中心となって説明に立っていたのが、参謀本部の篠原優だ。宇品の参謀たちは「参謀本部の篠原参謀が大量の資料を抱えて、フウフウ言いながら走り回っていた」のを目撃している。

しかし、船舶を巡る議論の中枢にいたはずの篠原の手記に、詳細な数値はほとんど現れない。図上演習については次のように書かれている（改行は筆者）。

陸軍大学校の講堂では、大本営参謀を中心として大規模の図上研究が行われた。各上陸作戦軍に分かれて、図上で作戦日次を追って研究が進められた。私は船舶課参謀として船舶運用計画を説明した。大きなグラフ用紙をつないで、船舶運用計画を作成し、各上陸軍毎にクレヨンで赤、青、黄などに色分けして説明をした。

あたかも時計の歯車の廻転のように、次々と船舶の運用を計画したものであったが、敵の攻撃による損害予想は、初期はほとんど見込むことができないほど窮屈な計画であった。陸軍徴傭船一九五万トンと予定されていたが、緒戦の上陸作戦決行後は相当の損害を見込まなければならないことは当然で、その補塡ということに不安があった。いろいろと私の説明を聞いていた陸軍大臣東条英機は、最後にこういった。

「船舶の損傷に対する補塡は、陸軍省としても初期一九五万トンまでの線は、確保する」

東条首相は、篠原が損耗にふれようとしない心情を汲み取ってか、陸軍に割り当てられた徴傭量までの「補塡」を申し出ている。しかし無い袖は振れない。補塡はしょせん「民需」から引っ張ってくることになる。

余談になるが篠原の手記によれば、陸大での図上演習で使われたマレー半島の地図は一九三〇年のイギリス製だったという。几帳面な東条はそれに気づき、

「そんな一〇年も昔の古い地図では、現在だいぶん違っているところもあろう。よく現況を調査しておくように」

そう細かな注文をつけて部下たちを感心させたらしい。開戦判断にもっとも重要なデータが一〇年前どころか四半世紀以上前の古物だったと知ったら、彼はどう反応しただろうか。

図上演習の場で、篠原が口をつぐんだことが幾つかある。自身の心のうちを、彼は自叙伝に綴って

いた。

シンガポールの要衝を前にしたシンゴラやコタバルでの上陸作戦では、敵の航空機に対する船団防衛にもっとも大きな不安があった。演習では損耗についてほとんどふれなかったが、気の知れた参謀仲間の間では「船舶の三分の一は少なくとも損害を予想しなければなるまい」との沈痛な会話が内々に交わされていた。

船団護衛のための航空基地は、南部仏印に設定するよう準備は進められていた。しかし航続距離の短いシンガポール基地からの敵機の連続攻撃に耐えられるかどうか。また特別に兵装を施した八隻の「防空基幹船」を除いて、ほとんどの輸送船は資材不足で武装が間に合わず、甲板には高射砲一門、積まれていない。

もし、たった一隻でも撃沈されてしまえば、一五〇〇人からの将兵と兵器弾薬糧秣すべてを一瞬にして失うことになる。

「日露戦争の南山の大激戦でさえ総計二〇〇〇人（実際は四千三百余人）の死傷者であったことを思えば、輸送船が五、六隻も撃沈されると、その被害は地上戦の比ではない」

篠原はそう慄《おのの》いている。

さらに輸送船の性能にも重大な問題があることがわかってきた。速力一五ノット以上を出すことのできる新型ディーゼルエンジンを搭載した、いわゆる優秀船は、わずかに二四万総トンしかないことが判明した。一隻あたり平均一万総トンとしても、わずかに二四隻。全体の徴傭船舶が約四〇〇隻なので、その数は六％に満たない。

残りの船は人力で石炭をくべて焚きながら、黒煙をもうもうと噴き上げて走るタービンやレシプロエンジンの古船ばかり。巡航速度も一〇ノット出れば御の字だ。「古船大国」とも揶揄された日本の船舶事情は、日本本土からの航続距離が短い中国戦線ではほとんど問題にならなかったが、これからは広大な太平洋が主戦場である。

もし篠原が日中戦争における船舶運用を実際に経験し、戦地の状況を見ていれば、日本の輸送船がいかに故障が多く現場が苦労をしているか、また民間輸送の逼迫がどれほど深刻な影響をもたらしていたかを実感として知ることができただろう。しかし彼の部隊勤務は短く、一度として戦場経験がなかった。扱う情報はすべて机上で得られるものばかりだった。

参謀本部の船舶参謀に抜擢されて以降、篠原は対米英戦に突き進む上層部の期待に応えようと必死に計画を進めてきた。だが自ら船腹計算を行い、現場の実情がわかってくるにつれ、「どこか空恐ろしく感じ」始めていた。

一一月五日、改めて開戦の決意が盛り込まれた「帝国国策遂行要領」が御前会議で決定をみる。開戦は一二月初頭に定められた。

一一月一〇日、篠原は参謀本部から宇品の船舶輸送司令部の参謀に転任。自ら大本営で計画した案を、佐伯文郎司令官の下で現実に試みることになる。

第八章　砂上の楼閣

昭和一六年夏

開戦の年、昭和一六（一九四一）年夏以降の宇品港は、どこからともなく集まってくる一〇〇隻以上の輸送船が港の外にまで溢れるように海面を埋め尽くしていた。

四年前に始まった日中戦争では姿を見せなかった、一万トンクラスの大型船も見える。七つの海に波頭をくだいた豪華客船の雄姿は、軍港宇品の風景を見慣れた市民の目にも珍しく映った。

船内には一流ホテルのようなサロンにグランドピアノ、弦楽四重奏のコンサートが開かれるホールやプール、フランス料理のシェフがフルコースをふるまう豪華なレストランもあった。これからは、そこに超満員の兵隊と軍需品を積み込まねばならない。

塗装用のペンキは、白・黒・灰色の三色。これを組み合わせて、船体を流線形や放射形の模様に塗っていく。敵の目をくらますための迷彩塗装だ。各船自慢のファンネルマークも、三色が奇妙に入り混じるグロテスクな色彩に上塗りされていった（翌年には三色混合の効果が認められないとして、灰色と深緑色の単色に変わる）。

甲板に高々と天を貫くマストも、ブリッジとほぼ同じ高さの無線用アンテナのレベルにまで短く切り詰められた。すべての船は宇品の地で着々と軍用船へと生まれ変わっていった。

「間もなくアメリカとの戦が始まるらしい」

広島市中にはそんな風聞が瞬く間に駆け回った。不穏な噂の拡がりは、陸軍次官の木村兵太郎中将が広島の各司令部に対して「防諜に格段の注意を払われたし」との指示を下したほどである。

それが一一月も半ばになると、海原に浮んでいた船たちはまるで櫛の歯が欠けるかのように一隻また一隻と宇品から姿を消していった。

同じころ、夜半の広島駅に数人の軍人たちが集まった。私服の背広に帽子を目深《まぶか》にかぶり、人目をしのぶようにして列車に乗り込んだのは、陸軍船舶輸送司令官の佐伯文郎中将を筆頭に、渡辺信吉参謀長、篠原優ら側近の船舶参謀たちだ。

翌朝、一行が到着したのは博多駅。そこから雁《がん》ノ巣《す》飛行場（福岡第一飛行場）へ向かい、いっせいに軍服に着替えて一路南へと飛び立った。太平洋戦争開戦まで二週間に迫った一一月二五日のことである。

最終目的地は、南部仏印サイゴン（現在のベトナム・ホーチミン）。そこに宇品の船舶輸送司令部の心臓部を「戦闘司令所」として前進させることになった。大規模な作戦になると後方に構える司令部が指揮をとるため前線に移ることはままあるが、日清戦争以降、宇品から戦闘司令所が移動するのはこれが初めてのことだ。

すでに宇品港を出発した四〇〇隻近い輸送船は作戦ごとに船団を形成し、黒煙を吐き上げながら、ぞくぞくと洋上を南下している。

博多を発った船舶輸送司令部の一行は台湾の台北や広東に立ち寄り、各船団のようすを上空から地上から視察した。宇品での艤装がぎりぎりになって、まだ船団に合流できていない船もあるが、後方から全速力で追いかけてきている。この一年半、宇品では出来うる準備はすべてしてきた。仕上げのときは刻一刻と迫っている。

重爆撃機の窓に、海南島が見えてきた。今回の戦場となるマレー半島に繋がるインドシナ半島の付け根に位置する小さな島だ。船舶の「集合地」は、この島の南端にある三亜港に定められた。ここで石炭や水を追加補給し、参謀会議を開き、戦に備える。

「龍城以下、全船、無事に入港しているもようです」

篠原が双眼鏡で眼下を確認して報告すると、向きあって座る佐伯司令官はじめ参謀たち全員がホッとしたように頷きあった。

港内にはすでに第二五軍の山下奉文軍司令官を乗せた旗船「龍城」を中心として、最新型の輸送船一八隻がすべて予定どおりの配置に並んでいた。そばには海軍の護衛艦も複数、待機しており水をも漏らさぬ陣立てである。龍城は、宇品が誇る舟艇母艦「ＭＴ」のことだ。桁外れの搭載能力と充実した兵装によって栄《は》えある旗船に選ばれた。龍城という名前は、海軍の航空母艦「龍驤」と同じ読みであることから偽装工作で使われたものだ。

三亜の飛行場に降り立った船舶輸送司令部の一行は、現地の碇泊場司令部が差しまわした自動車に乗り込み埠頭へと急いだ。宇品で慣れ親しんだ龍城ことMTの構造は、目をつぶっていてもわかる。一行は案内されるまでもなく意気揚々と小舟から船橋へ駆け上がり、甲板すぐ下にある将校室の扉を開けた。

いきなり怒号が飛んできた。

「船舶輸送司令部は、いったい何をしておる！」

鬼の形相をしているのは、鈴木宗作《すずきそうさく》参謀長（二四期）。

陸士・陸大ともに恩賜優等の英才で、山下軍司令官の下で采配を振るっている。開戦準備の一年半にわたって参謀本部第三部長（船舶担当）を務めており、宇品からすれば特に頭の上がらぬ相手だ。詳しくは後述するが、鈴木は宇品にとって因縁浅からぬ人物である。

「いかがしましたか？」

佐伯司令官の立場を気遣って、鈴木と同格の参謀長である渡辺が前に進み出た。すると今度は鈴木参謀長の後ろに控えていた参謀の辻政信（三六期）が身を乗り出して声を荒らげた。

「船団の一隻が遅れているぞ。こんなことでは戦にならん！」

第二五軍の船団速力は予め一四ノットと定められている。ところが一隻の船が遅れがちで、結局、海軍がわざわざ護衛艦一隻を割いてその船を先に行かせ、最終的に三亜港で合流したのだという。各船の速度をそろえることは宇品の運輸部にとって基本中の基本だ。

「そんなはずはありません。いったいどうして……」

言いながら渡辺参謀長は、後ろに控える篠原を詰問するように睨みつけた。篠原は真っ青になって辻参謀に聞いた。

「いったい、その船の名前は……」

「鬼怒川丸だ！」

鬼怒川丸、六九三七総トン。北米航路を中心に木材や生糸を運搬していた大型貨物船だ。二五軍の船団主力である一万トンクラスの優秀船より一回り小さいが、昭和一三年に竣工したばかりの新造船でエンジンも最新のディーゼル六気筒である。

暫くして、鬼怒川丸の船長が呼ばれてやってきた。一隻で一〇〇人近い船員を率いる鬼怒川丸クラスの船長ともなれば、海運業界では選ばれし者だ。その船長が四方を殺気立った軍人にずらり取り囲まれ、小さくなって頭を下げた。

「確かに、出発時には一四ノット出ました。機関にも故障は起きておりません。でも、今は出ないんです」

「そんなばかなことがあるか！」

辻参謀は怒り心頭だが、篠原は船長のほうを見て「それ以上言うな」と言わんばかりに黙って目配せをした。船の整備については船長が全責任を負う。だが今回ばかりは船舶輸送司令部にも負い目があった。

これだけの大作戦になると、宇品での入渠期間を一斉にそろえることは難しい。鬼怒川丸はもともと航海速力一三・七ノットと目いっぱいの能力で無理をさせているうえ、早めに艤装を終えて出航を待たされた。さらに中国大陸や朝鮮半島の港に乗船部隊を拾い歩くうち船底に牡蠣殻が付着し、速力が落ちてしまったのだろうと推測された。実際、陸軍では七月、満州に七〇万近い兵力を動員する大演習が行われたため、鬼怒川丸の他にも一五ヵ所もの港を回らされた船もあったのである。

幸い佐伯司令官の差配で、第二五軍にだけはなけなしの予備船を用意し、三亜に近い海口港に待機させていた。さっそく船舶参謀のひとりが鬼怒川丸に乗り込んで予備船・崎戸丸（九二四五総トン）と交替させ、大急ぎで兵隊と軍需品を移乗し、なんとか事なきを得た。二五軍では他にも大発を搭載した一五〇〇トンクラスの貨物船に遅れが出て、船舶輸送司令部は辻参謀からさんざん叱られた。

宇品の参謀たちと辻参謀は、初対面ではない。実は夏ころから、どの船をどの作戦に配置するのか、陸軍では数の限られた優秀船の奪い合いが起きていた。辻参謀は運輸部に乗り込んできて、さまざまな理由をつけては一万トンクラスの高速船を片っ端から自軍に配置するよう圧力をかけた。

結局、スター級の優秀船はすべてマレー上陸作戦に配備された。そのためフィリピン上陸作戦や翌年の蘭印作戦、ジャワ作戦には二番手以降の船しか残らなかった。輸送船が小さく、一坪三人の規定のところに五倍以上の兵隊を詰め込んだり、デリックがないために揚陸が人力になったり、中には通りかかった別の輸送船から全員を下ろして部隊を詰め込んで運んだりするなど、大変なしわ寄せを受けた。

二五軍から大目玉をくらった鬼怒川丸は急ぎ近くの港で入渠し、船底の整備を行った。案の定、速度はすぐに回復した。責任を問われた船長は、日露戦争の従軍経験を持つベテラン船長に交代。翌年にはガダルカナル島へと向かうことになる。壮絶な運命を辿る鬼怒川丸については章を改める。

サイゴン戦闘司令所

昭和一六年一二月八日未明、サイゴンの河岸沿いに設けられた船舶の戦闘司令所。この日の月出は二三時、月齢一八夜の青白い光が、司令所の前を悠々と流れるサイゴン川の川面を静かに照らしている。

作戦室では、篠原ら船舶参謀が佐伯文郎司令官を取り囲んでいた。

午前一時過ぎ、この四日間ずっと沈黙を守っていた旗船龍城から通信が入った。

――泊地に進入せり。自由通信を開始す。

数日前、三亜港をいっせいに出発した各船は今まさに上陸のときを待っている。この瞬間のために、宇品は一年半も必死の準備作業にあたってきたのだ。船舶参謀たちは盤上に配置された各船の模型を睨みながら、現地からの第一報を今か今かと固唾《かたず》をのんで待った。

午前二時過ぎ、無線機が雑音まじりの機械音を拾い上げた。敵の猛反撃が予想されるコタバルの佗《た》美《み》支隊からだ。

――〇二一五　上陸開始　激戦中。

真珠湾攻撃に先立つこと一時間前、三年八ヵ月にわたる太平洋戦争はコタバル上陸の瞬間から始まった。

コタバルは上陸地点の中で、もっとも海岸近くにイギリス軍の飛行場がある。上陸開始から少し遅れて新たな着電があった。

──〇三三〇　船団は敵機の空襲下にあり。

空襲を受けているのはかつてニューヨークライナーとして活躍した淡路山丸、綾戸山丸、佐倉丸三隻の優秀船らしい。五五〇〇人の兵隊と五十余隻の舟艇を積んでいるが、防空船の佐倉丸以外は火器を装備していない。

午前四時三〇分、パタニから上陸した安藤支隊から上陸成功の一報が入る。

午前五時二四分、シンゴラの第二五軍主力から「奇襲上陸成功」との報せが入る。この大部隊には、船舶輸送司令部からも戦闘機能を備えた船舶兵団が同乗し、上陸作戦に特化して訓練を積んできた広島の第五師団も参加するという鉄壁の構えだ。

タイのバンドンやナコンでも上陸準備が始まった。各地からの相次ぐ上陸成功の報せに、張り詰めた戦闘司令所の空気もようやく緩み始めた。

午前七時過ぎ、サイゴン川の東方から朝日が差し込み始めたころ、奇妙な略号無線通信が作戦室に繰り返し響いた。


──ヒコヒコチンチン、ヒコヒコチンチン……

コタバル沖に停泊中の淡路山丸からだ。気がつけば、敵機の空襲下にあるとの電信を受けてから四時間がたっている。ひたすら繰り返される単純な無線音に、司令室は水を打ったように静まり返った。

篠原は佐伯司令官に向かって、その電文を通訳した。

「コタバルの淡路山丸からです。イギリス軍の飛行機攻撃により沈没に瀕しております。同文が繰り返されているということは、おそらくこのまま……」

淡路山丸は午前三時四〇分、直撃弾によって大火災を起こし、火だるまとなった。船上には野砲がわずかに一門、上空からの攻撃には反撃の術もなかった。田尻元司令官が必死に訴えた舟艇の武装化はいまだ多くの船で実現していなかった。

幸い敵機が三機にとどまり、兵隊と船員のほとんどは沈没するまでに退船し、船舶工兵と海軍の救助艇に収容された。淡路山丸は翌朝には海面に煙突の一部を覗かせていたが、敵潜水艦から執拗なまでに魚雷を撃ち込まれ、夕方には完全に水没。日本軍の輸送船被災第一号となった。敵軍が海軍の艦船には目もくれず輸送船ばかりを攻撃したことに気づいた者は、まだひとりもいなかった。

緊迫のうちに時を刻んだ一二月八日は、盆と正月が一度に来たような大騒ぎになった。ハワイの真珠湾攻撃では海軍が大戦果を挙げ、マレー半島各地では陸軍が上陸に成功。フィリピンへの攻撃も開始され、タイ国への進駐も始まり、香港はあっという間に封鎖された。日本からのラジオ放送は終日、「軍艦マーチ」や「抜刀隊」を流し、大戦果を伝えるアナウンサーの声は興奮に打ち震えていた。

シンガポールが陥落するのは翌年二月一五日、マレー半島上陸からわずか六九日という速攻だった。開戦から六ヵ月の間に日本軍は香港、マレー、ビルマ（現ミャンマー）、フィリピン、蘭印などの東南アジア全域、グアム島など中部太平洋、ビスマルク諸島やソロモン諸島など南太平洋まで広大な地域を手中に収めた。

アメリカ海軍の主力はまだ大西洋方面にあり、太平洋地域の防備は手薄だった。あっけない勝利に日本軍の参謀たちの間では、

「アメリカとイギリス軍は、中国軍よりも弱い」

そんな楽観論が広がり始めた。

開戦から翌年三月までに行われた各上陸作戦の船団表を見ると、同じ船名が繰り返し現れることに気づく。特に優秀船には、敵前上陸が延べ三回にわたる船が少なくない。不足する船舶を補うため、船舶輸送司令部が必死のやりくりで切れ目のない投入を行ったためだ。もし、ひとつの戦線でも船団が壊滅すれば、すべての進行が崩壊しかねない綱渡りではあったが、敵軍の態勢が整わぬうちの奇襲攻撃が成功し、想定したとおり完璧な船舶運用ができた。このあたりの絶妙な配備と運行は、実務家である佐伯司令官の差配によるところが大きかった。

この間、沈没・擱座した船舶の数は五三隻（二二万八九〇〇総トン）に達した。しかし拿捕船六六隻（一七万一七〇総トン）を確保することができたため、被害はほぼ相殺された（駒宮真七郎『戦時輸送船団史』）。

一昨年の夏から船舶準備に追われてきた船舶輸送司令部も、ようやく一息ついた。篠原も日本を出発するときは死を覚悟し、出発前夜は妻と晩餐をともにして後事を託してきた。上陸作戦の全責任をひとりで背負いこむように切羽詰まっていた半年前の自分が、今となっては嘘のように思えた。

篠原は軍務の暇を見ては、兵站宿舎ホテル・マジェスティックから歩いてすぐの河畔にあるアイスクリーム屋に通った。物資不足の日本ではとても味わえぬ美味さに舌鼓を打ったと手記にはある。

司令官の懊悩《おうのう》

戦況が落ち着いたある日、佐伯司令官が視察に出ることになった。マレー半島各地の港湾に基地を築きつつある船舶部隊の様子と、敵軍の攻撃により被弾した輸送船の状態を直に見ておきたいとの意向だった。しかし制空権は得たものの、海はまだアメリカ軍の潜水艦が潜む危険海域であることには違いない。篠原は重ねて飛行機からの視察を促したが、佐伯司令官は、

「兵隊や船員たちが船に命を預けているのだから、自分も労苦をともにしたい」

そう言って譲らなかった。司令官にとっては、輸送船で移動すること自体が重要な視察であった。

足の速い優秀船は一隻残らず上陸作戦に出払っていて、サイゴン戦闘司令所の手元にあるのは、大正一四年建造の生駒丸（三一五六総トン）だけだった。他に選択肢はなく、航行中は全員総出で船橋から対潜警戒に当たることにした。

佐伯司令官を乗せた生駒丸は朝早くサイゴン川を出発、シャム湾（タイランド湾）を横切り、シンゴラへと南下していった。波は恐ろしいほどに穏やかで、それがかえって不気味さを増す。船橋での対潜監視には佐伯司令官自ら姿を現し、船長をひどく恐縮させた。

「船長！」

突然、船員の叫ぶような声が響いた。

「右舷三〇度、約五〇〇メートル前方に敵潜水艦らしき潜望鏡が見えます！」

船員は肉眼だ。望遠鏡は開戦前から数が不足していて、一般の船員にまでいきわたっていない。全

員が身を乗り出すようにして必死に目をこらした。船長が慌てて取り出した双眼鏡を覗き込んだ。確かに何か浮いている。よく見ると、それは波間に浮き沈みする棒きれだった。

「なんだ、あれは竹の棒きれじゃないか」

疑心暗鬼でいれば、海洋を漂う竹の棒すら潜望鏡に見える。船長の叱責に一同はホッと溜め息をついた。佐伯司令官は見張り員の苦労をねぎらうように小さく笑って階下のサロンへと降りていった。

暫くして篠原が下へ続くと、司令官が腕組みをしたまま俯いているのが見えた。なにか考え込んでいる風だ。サロンには単調なエンジン音だけが間断なく響いている。思索にふけるその姿は何とも言えぬ空気をまとっていて、声をかけるのがためらわれた。

幕僚の仕事は司令官に有用な情報提供を行うのと同時に、司令官がひとりになる時間をつくることも大事だといわれる。いざというときに重大な決断を的確に下せるよう、常に思考を整理する時間が必要だからだ。司令官とは孤独な存在である——。

篠原はそんな教えを思い出し、階段の途中に留まって待機した。船舶輸送の全責任をその双肩に負う司令官の胸のうちを思えば、篠原にも重く感じるものがあった。

しばらくして船長がサロンに下りてきた。半紙と硯箱を持っている。生駒丸のような古船に宇品の船舶輸送司令官を迎えることはまずない。この好機に一筆もらえないだろうかと言う。

「閣下、船長が乗船記念に一筆いただきたいと申しております」

篠原の声に佐伯司令官はハッと顔を上げた。思いつめたような厳しい顔つきは、部下たちから「昭和の乃木さん」と慕われるいつもの穏やかな表情に戻った。

佐伯司令官は船長を隣に座らせ、わざと困った風に笑ってみせた。

「さて、何と書いたものかな。何かいい文句はないかね」

篠原が少し考えてから答えた。

「南海雄飛、はいかがでしょうか」

「うん、それにしよう」

司令官は筆にたっぷり墨を含ませると、真っ白な半紙に大きな四文字を一気に書いた。船長は嬉しそうにそれを乾かすと、さっそくサロン中央の壁に飾った。

小回りのきく生駒丸は陸軍に重宝され、この後も昭和一九年一月に撃沈されるまで牛馬のように酷使される。司令官の揮毫《きごう》は今、船体とともにパラオ沖に沈んでいる。


戦況の順調さとは裏腹に、船舶の最高責任者たる佐伯文郎司令官は懊悩の日々にあった。かつて同じ職責を負った田尻司令官が軍中枢に対して行った意見具申の内容は佐伯自身も痛感していたし、船舶部門が抱える内情は依然として綱渡りだ。持ち駒は限られているのに、作戦は日中戦争と同時並行で南方へと拡大しているのである。

佐伯文郎司令官には自伝も評伝もなく、彼に関する史料は極めて限られている（原爆投下時の行動のみ詳報が残る）。しかし篠原の手記や陸士同期の会報、彼が歴任した部隊の記録、佐伯司令官の名が記されたあらゆる電信電報、そして出典を明らかにすることのできない資料までかき集めると、彼の心のうちをうかがわせる幾つかの事実が浮かび上がってきた。

まず開戦直前のことになるが、昭和一六年一一月一〇日から三日間、佐伯司令官は広島から上京し、参謀本部と陸軍省で今後の作戦の打ち合わせを行っている。「帝国国策遂行要領」が御前会議で決定された五日後である。

東京に滞在した最終日、佐伯司令官は陸軍省に以下三点の要望を出した。

一、船舶で戦場に出る者の身分を明確にし、少くとも軍属たらしむこと
二、戦死の場合は軍人同様に取り扱いを受くるのこと
三、損傷船舶は速やかに入渠修理を要するから予め計画を立てておかれたい

開戦が決せられたこの時期は、船舶輸送の最終準備が焦眉の急となっていた。そんな最中に作戦とはなんら関係のない船員の身分について「少くとも軍属」「戦死の場合は軍人同様に」と求めている。船乗りたちの存在を「軍属は人間以下」「船員はハト以下」などと公然と蔑《さげす》んだ当時の陸軍の風潮から考えると異例なことだ。

さらにマレー半島制圧後の二月二八日、サイゴン戦闘司令所には大本営から加藤鑰平《やくへい》運輸通信長官が、また三月二一日には菅井斌磨《としまろ》兵備課長が訪れているのだが、いずれにおいても佐伯司令官は「船舶の職員を軍人とすることが難しければ、他の制度を利用して身分を確立せられたい」と重ねて要望している。

四月には参謀本部の船舶課長が南方視察中に飛行機の墜落で死亡する事故が起き、南方軍作戦主任

参謀の荒尾興功が船舶課長として東京に戻ることになった。開戦派の荒尾は「陸士銀時計・陸大軍刀」の俊英で、後に終戦間際のクーデター宮城事件に加わったことでも知られる人物だ。仙台陸軍地方幼年学校では佐伯（仙幼八期）の後輩（同二〇期）にあたる。そういう縁もあったのだろう、佐伯は五月三日、サイゴンで荒尾に面会。今後、急ぎ検討すべきこととして次の二点を直に伝えた。

一、船員が船舶で戦場に突っ込んでいく危険な任務は、陸で戦闘を行う兵隊に何ら劣ることはない。船舶輸送司令部に「海技兵」という新しい兵種をつくり、海洋業務に従事するあらゆる人員を軍人とすること

一、対潜対空に対する船舶整備（全船に高射砲などを備えること）に着手すること

佐伯は翌月、東京にもどった荒尾課長に対して念押しの電報を打つも返事がなかった。さらに親展電報を発して「海技兵」の設立を重ねて要望した。しかし荒尾は船舶課長に就任したとき、部下たちを集めて、

「船舶部門は大本営を煩わすことのないよう、何かあれば自分に直に意見を述べよ」

そう挨拶するような人物で（『船舶兵物語』）、「大本営を煩わす」ことになりかねない佐伯の要望を実行することはなかった。

六月上旬、サイゴンの戦闘司令所が作戦を終えて宇品へと戻ることになった。参謀たちは飛行機で帰還したが、佐伯司令官は例のごとく都合のあう輸送船を選び、サイゴン―高雄―上海―長崎という

航路で宇品へと戻った。

そして帰還直後の六月一一日、参謀本部に出頭、作戦終了を報告すると同時に輸送船の保安問題について次のように訴えている（『戦史叢書　大本営陸軍部〈4〉』）。

一、見張りのための望遠鏡五〇〇を陸軍用船に、八〇〇を民需用船舶に配備して見張り教育を強化すること
一、高射砲や機関砲など船上の自衛火器を増強すること
一、救命胴衣を増備すること

これに加えて、海軍の船団護衛が不足する現状に対して、陸軍が独自に自衛艇を保有できないかといった思い切ったことまで検討議題として挙げている。

記録上、明らかなだけでも、わずか半年の間に佐伯司令官は機会をとらえては同様の要望を繰り返していた。船員の身分保障や輸送船の護衛に強い懸念を抱いたのは、今後の作戦で輸送船が攻撃に晒され、戦死者が大量に出ることを想定していたからだろう。しかしマレー上陸作戦が大成功に終わり、南方各地から石油をはじめとする物資が順調に本土に届き始めると、軍中枢の空気は一気に緩み、佐伯の懸念が顧みられることはなかった。

開戦の一年半も前から膨大な船舶準備に追われ、作戦を裏方で支えた船舶輸送司令部の働きは天聴に達する。

六月一二日午前一〇時三五分、佐伯司令官は参謀総長とともに宮城に召された。そして昭和天皇の御前で船舶の運用について報告をするという光栄に浴した（『昭和天皇実録』第三〇巻）。

翌七月、宇品の船舶輸送司令部は軍司令部と同格の「船舶司令部」に格上げされた。

持てる国力をすべて投じた日本軍の南方攻略作戦は無事に終了した。

陸軍の開戦前の計画では、占領地に五個から六個師団のみを残し、他の部隊は将来の対ソ戦に備えて引き揚げることになっていた。南方に残す兵力はあくまで現地の警備のためで、太平洋から反撃してくるであろう連合軍に対する防衛が目的ではなかった（昭和一六年九月八日「陸軍南方作戦計画の大綱」）。

では、陸軍は戦争の幕引きをどう考えていたのか。それについて開戦前に真剣に討議された形跡はない。記録には、南洋からの資源輸送によって国力を増大させることで自存自衛を確立、「米国の継戦意志を喪失」させ、「講和への道を拓く」としか記されていない（昭和一六年一一月「対米英蘭蔣戦争終末促進ニ関スル腹案」）。そのためにも陸軍としては今後、全力を傾注して中国の蔣政権を屈服させ、ドイツ・イタリアと連携してイギリスを倒すことに集中する。太平洋はすべて海軍任せで、いわんや南太平洋にまで大規模な部隊を展開する計画などまったくなかったのである。

すべてはここで一段落ついたはずだった。

＊

二〇一九年暮れ、私はベトナム南部の街、ホーチミン市（旧サイゴン）郊外にあるタンソンニャット空港に降り立った。

市内へと向かう広い幹線道路は怒濤《どとう》のようなオートバイの波に覆われ、立ち込める排気ガスで街頭のネオンが滲んで見える。

日本から飛行機でわずか六時間余、旧サイゴンはかつて日本が南部仏印と呼んだ町だ。町角にはフランス植民地時代の古い建物や小さな屋台が軒を連ね、巨大なブーゲンビリアが地上から空に吹き出すように花を咲かせている。近年は中国からの生産シフトが進む影響で超高層ビルが増え、異国情緒漂う古い町並みと奇妙なコントラストを成している。

旧サイゴンを訪ねたのは、宇品の船舶輸送司令部が戦闘司令所を進めた場所が記録から判明せず、当時の様子を少しでもうかがい知りつつ、その位置を確定したいと思ったからだ。

奇襲上陸という秘匿を一義とする作戦の性格上、軍の電報はすべて司令所の住所が秘され、『戦史叢書』にもいっさい記載がない。さらに各種資料に残る戦闘司令所の名称も、宇品の船舶輸送司令部構内にあった照海神社の名を借りたようで「照海部隊本部」との偽名を使っており、それがサイゴンの戦闘司令所であることを突き止めるのにすら苦労した。頼みの防衛省防衛研究所も、今となっては司令所の住所を突き止めることは難しいという。かくなる上は現場を歩くしかない。

二〇年の長きにわたるベトナム戦争の記憶にすっかり上書きされたサイゴンで、旧日本軍の足取りを辿るのは容易な作業ではない。ただし、手がかりは幾つかあった。篠原優の手記にある「戦闘司令所は現地のフランス銀行の建物を接収した」という記述と、司令所の前を流れる大河の風景の描写。また篠原ら船舶将校たちの兵站宿舎が、現在も営業を続けるホテル・マジェスティック（開高健がベトナム戦記を書き送ったホテルとしても知られる）であり、そこから司令所まで歩いて通ったという記述から、ホテルからそう遠くない場所であることも推測できた。

調べてみると、フランスの植民地時代の銀行は二ヵ所、いずれも建物が現存していた。一ヵ所はホテル・マジェスティックから車で三〇分以上、町の中でも奥まったところにあり、船舶輸送の拠点としてはふさわしくないように思われた。

もう一ヵ所はホテルから徒歩一〇分、広大なサイゴン川とドンナイ川のふたつの河川が交わる海上交通の要衝にあった。すぐ近くには観光用の遊覧船乗り場もある。

川岸に立つ古い銀行の建物は、ギリシャ風の荘厳な石造り。前面には八本の太い石柱が屹立《きつりつ》している。屋上にはベランダがあって、タイランド湾へ繋がる大河川に停泊する船舶すべてを見下ろせそうだ。瀬戸内海を一望する宇品の凱旋館と同じ条件が揃っている。目の前のサイゴン川は二万トンクラスの大型輸送船でも楽々と入ってくることのできる深さがあるといい、ここが戦闘司令所を置くに最適な場所であることは疑いがないように思えた。

旧フランス・インドシナ銀行の建物は現在、ベトナム国家銀行ホーチミン市支店として使われていた。二〇一六年に政府が「国家級芸術建築遺跡」として認定し、現在は耐震工事中で中に立ち入ることはできなかったが、銀行が発行したパンフレットを入手した。一階は高天井の吹き抜けでドームのような空間になっていて、二階と三階に小部屋が幾つもある。地元の人によると建物は確かに旧日本軍が使っていたという。それが船舶の戦闘司令所かどうかの確認はとれなかったが、この場所とみてほぼ間違いないだろう。

宇品の手狭な木造に比べると、別天地のような豪華な司令所である。佐伯司令官はじめ船舶参謀たちは、ここから雄大なサイゴン川を眺めながら開戦劈頭の指揮をとった。大勢の参謀たちが詰める作戦室には、おそらく一階吹き抜けの大ホールが使われただろう。それまで何となく想像していた、殺伐とした軍の作戦室の風景とはかなり様子が違った。

日本人将校たちの兵站宿舎となったホテル・マジェスティックにも、兵站宿舎という言葉から伝わるイメージとはまったく異なる世界が広がっていた。

一九二五年創業のコロニアルホテルは、外観も内装も当時の雰囲気を残したまま改装を重ねている。玄関から一歩足を踏み入れるとロビーは一面の大理石。アールデコ調の天井には巨大なシャンデリアが連なり、淡い光を反射させる凝ったステンドグラスなどすべてにフランスの植民地時代を彷彿《ほうふつ》とさせる絢爛《けんらん》たる雰囲気が漂っている。

ホテルの支配人代理に、旧日本軍の占領下に撮影された写真を見せてもらった。当時から客室にはロココ調の家具が据えられ、洗面台は大理石、天井には小型のシャンデリアが光り、贅を尽くした構えだ。支配人代理は「食事の時間にはボーイたちが最高のサービスで給仕をしただろう」と言う。

篠原は毎日ここから川岸を歩いて戦闘司令所へ通い、煌《きら》びやかな吹き抜けの作戦室で指揮を振るった。そして緒戦の大勝利に酔い、河畔でサイゴンの風に吹かれながら甘美なアイスクリームをほおばった。時にはフランス料理に舌鼓を打ったこともあったかもしれない。

篠原が残した手記は軍人としての反省が多分に含まれたものである。それは彼自身が八月六日の広島を見て、軍人人生を終えたことと無縁ではない。ただし、マレー上陸作戦についての筆致だけは明らかに他の箇所と趣が異なる。「世紀の大上陸作戦」「帝国の空前絶後の大作戦」「大東亜戦争の白夜の明ける」などと勇猛果敢な言葉が激しく跳ね、彼が現地で味わったであろう興奮がほとばしっている。

これを査読した田尻昌次が、それらの箇所にいちいち紙片を挟み、「この上陸作戦はノルマンディ作戦を越えるものか?」とか「大船団でなく船腹を具体的に明記せよ」「隻数とともに船腹を明示のこと」などと後輩をたしなめるように冷静な註を付けているのには思わず苦笑させられた。

篠原手記のこの箇所を読んだとき、ある軍事史家の言葉を思い出した。マーチン・ファン・クレフェルトだ。あらゆる戦争が文化を破壊する残忍な行為だという事実には疑いがないが、クレフェルトは逆に戦争という行為には独自の正義において魅力があり、それが人類史に「戦争文化」を育くんでいると分析する(*The Culture of War*, New York:Presidio Press, 2008)。

戦場で命を失うかもしれないという抑圧状態に置かれた集団はより団結を強め、「人々は自分自身であることをやめる一方で、同時により大きく力強い何かの一部になる。自分自身がより大きくて強力な何かの一部であると感じることは、そう、まさに喜びをもたらす」という。そして戦場では「嫌悪と歓喜が表裏一体」だとも指摘する。勝ち戦における「歓喜」はより大きく、それを体験した者たちの脳裏の奥深い場所に刻み込まれるのかもしれない。

八〇年前、船舶輸送司令部が戦闘司令所を置いた河畔に立てば、木陰では恋人たちが憩い、色とりどりの遊覧船が水面を滑るように行き交う。厳しい日差しを川面にはじかせるサイゴン川の豊かな流れは、過去の過ちすら押し流してゆきそうなほど力強い。目を閉じ、参謀たちの眼に映ったであろう日々を想像してみる。

机上の駒を動かすように作戦をたてる高級参謀たちはたとえ前線にあっても大本営の参謀室に居るのと同じで、生身の兵士が血汗を流す現場とは無縁である。配下の兵隊を自在に動かし、練りあげてきた作戦がことごとく成功し、敵を打ち破ったときの亢奮と万能感、かつての支配者フランスに取って代わった優越感はいかほどのものだったか。

帝国日本の「世紀の大勝利」は、占領地に君臨した日本軍将校たちにとってあまりに輝かしい瞬間であった。東洋の真珠とうたわれた美しい南国の町で、彼らはひとときの甘い夢を見た。

だが砂上の楼閣が崩れ去るのは、彼らが恐れた以上に早かった。

第九章　船乗りたちの挽歌

地図にない島ガダルカナル

昭和一七（一九四二）年九月初旬、篠原優に急遽、大本営から出頭命令が下った。サイゴンから宇品の船舶司令部に戻って、まだ二ヵ月余のことである。

ただちに上京して参謀本部に出向くと、命じられたのは参謀本部への復帰、そして行先はビスマルク諸島のラバウル基地。ソロモン方面を区処する第一七軍司令部（司令官・百武晴吉中将）への派遣だという。

「海軍がガダルカナル島で苦戦しており、陸軍が応援に入ったが、ノモンハン以上の苦戦を続けている。近いうちに大規模な輸送作戦が必要となる可能性があるから、大本営の船舶参謀として知恵を絞ってほしい」

篠原は戸惑った。ガダルカナル島（以下、ガ島）という地名が初耳で、それがどこにあるのか知らなかった。ひとりになってこっそり地図で確認すると、どこにも見当たらない。大本営には二〇〇万分の一の南方図しか置かれていなかった。仕方なく旧知の作戦課主任参謀に尋ねると、遥かオーストラリアの北側にあるソロモン諸島、その東部にある島で、大きさはせいぜい千葉県くらいだという。

——そんな小さな島ひとつ取るのに苦戦とは、どういうことだろうか。

翌週、東京を発つ間際になって、ある参謀から耳打ちされた。

「六月にわが海軍が大勝利を収めたミッドウェイ海戦は、実は大敗している」

ガ島の苦戦はその延長線上にあるとのことらしかった。

ミッドウェイと聞いて、篠原には思い当たることがあった。大本営の中でも〝奥の院〟の限られた参謀しか知らされていないその話は、すでに宇品に伝わっていた。

六月、上陸部隊を乗せてミッドウェイに向かっていた輸送船団が、急に上陸を取りやめて引き返したという情報が船舶司令部に入った。船舶参謀たちはなぜだろうかと不思議がった。七月になって、その輸送船団に船舶砲兵隊長として乗務していた上野中尉が宇品に戻ってきた。参謀たちは凱旋館の将校集会所に集まり、上野を囲んだ。

「先刻、自分たちが宇品の岸壁に上がったところ突然、全員に対して整列がかかりました。間もなく佐伯閣下が見えられ、『今回の行動についてはいっさい口外してはならぬ』との厳しい箝口令《かんこうれい》が申し渡されました。したがって今回の作戦内容は終始秘密事項に属しますので、各官におかれてもこの点を充分に承知され、口外に漏らさぬようお約束を願います。詳細はただ今作成中の戦闘詳報を後日一覧いただきたい」

上野中尉は声をひそめるようにして語り出した。

連合艦隊が平時の一年分に相当する石油をつぎ込んで向かったミッドウェイの海戦で、日本海軍は投入した空母四隻、艦載機二九〇機すべてを失った。陸軍部隊は上陸すらできなかった――。にわかには信じがたい話に参謀たちが言葉を失うと、上野中尉はごくりと唾を呑んだ後、こう付け加えた。

「ミッドウェイでの作戦は万事、わが方にとって裏目裏目と出た次第で、かかる空母群の喪失は残念というよりも、今後の戦局に重大な影響をきたし、ひいては占領地の維持補給の困難はもちろんのこと、防衛態勢の崩壊にまで発展する懸念さえ生じ、極めて憂慮されるところであります」

上野中尉の顔面は蒼白で、脂汗がぎらぎらと滲み出ていた。その尋常ならざる様子に、一同はただ息を呑んだのだった。

大本営がどんなに戦果を偽って発表しようとも、作戦の最前線に送られる輸送船の動向をすべて把握する宇品の船舶司令部にはおのずと真の情報がもたらされる。かなしいかな宇品はすべてを知ったうえで、どんな作戦であろうとも、指定された船舶を頭数そろえて送らねばならない。

ともあれ篠原は急ぎ東京を飛びたち、海洋五〇〇〇キロ離れたラバウルへ向かった。


ガ島戦についてはすでに多くの文献が世に出ているが、本書はそれを「船舶」の視点から眺めてみたい。ガ島で繰り返される日本軍の戦闘の敗因には、常に船舶輸送の問題が関わっている。

篠原が飛んだラバウル基地は南方方面の要衝で、海軍航空隊の一大拠点になっていた。当初、連合艦隊の作戦はニューカレドニア、フィジー、サモア諸島を攻略し、オーストラリアとアメリカの連絡線を分断、あわよくばオーストラリア北部の占領をも視野に入れるという遠大なものだった（FS作戦）。

ＦＳ作戦はミッドウェイ海戦の大敗で取り止めになったが、米豪分断という目的は維持された。七月、海軍はソロモン周辺の制空権を掌握するため、ガ島に海軍設営隊を送り込み、飛行場の建設に着手。八月五日に最初の滑走路を完成させる。日本軍はこれをルンガ飛行場と呼んだ（米軍の呼び名はヘンダーソン飛行場）。

海軍中枢ではアメリカ軍の反攻がソロモン方面から始まるであろうことは想定していた。が、それは早くても翌昭和一八年夏以降だろうと楽観していた。

ところが八月七日、アメリカ軍は一万人以上の大兵力をもってガ島に上陸、ほんの二日前に完成したばかりの飛行場をあっさり占拠する。以後、半年間にわたる両軍の死闘は、絶海の孤島にどちらが先に戦力を集中させるかという〝輸送の戦い〟となる。

八月一二日、海軍の要請を受けて陸軍が動き出す。大本営は、ミッドウェイ島への上陸を見送って帰国の洋上にあった一木支隊（第七師団）二〇〇〇人を急遽ガ島へ反転させ、一路南へと向かわせた。一木支隊と言えば盧溝橋事件で先陣を切ったことで名を馳せた精鋭部隊だ。

支隊を運んでいた輸送船は「ぼすとん丸」と「太福丸《たいふくまる》」の二隻である。ぼすとん丸（五四七七総トン）は、図体だけは大きいが大正八年建造で石炭焚きのレシプロエンジン。太福丸（三五二〇総トン）は昭和一四年の新造船ながら、エンジンは同じく石炭焚きのレシプロだ。石油の供給が逼迫する中で、安定的に燃料を得るため旧式エンジンでの設計を余儀なくされたものと思われる（この時期以降の戦時標準船は大半が同様のレシプロ仕様だ）。いかに蒸気を上げようとも速度は最大一一ノットしか出ない。『大東亜戦争日本艦船戦時日誌』によれば、ガ島に反転した二隻の航行速度は八・五ノットで、ぼすとん丸の全速に合わせて航行したようだ。

八・五ノットというのは普通の速度で走る自転車程度で、一流のマラソン選手より遅い。二隻とも輸送力はそれなりにあり、陸軍が主戦場としてきた中国戦線では使いやすい船だったと思われる。だが、広大な太平洋を航行するにはいかにも力不足だ。開戦からずっと船舶運用は逼迫していて各船ともに入渠する暇がなく、公称九ノットとされる船速はもっと遅かったのではないかとも推測される。

海軍は、こんな足の遅いボロ船で戦ができるかと焦った。そして一木支隊の半数約九〇〇人を輸送船から下ろし、駆逐艦六隻（約二二ノット）に分乗させ、ガ島に先行上陸させた。足は速くとも輸送力に劣る駆逐艦には、重火器類を搭載できない。そのため先遣隊は小銃と機関銃、大隊砲二門という軽装備にならざるをえなかった。海軍も陸軍も、アメリカ軍の兵力を過小に見積もりすぎていた。

上陸後間もない八月二一日、一木支隊はアメリカ軍の圧倒的な火力を前にほぼ全滅、支隊長が現場で自決するという惨事となった。

ラバウル第一七軍は九月七日つまり篠原の到着までに、第二陣として一木支隊の残りと川口支隊の約六〇〇〇人をガ島にさみだれ式に投入、飛行場の奪還に着手した。

篠原が司令部に足を踏み入れると、大本営から派遣された作戦参謀の井本熊男がねじり鉢巻きに腕組みで陣取り、ガ島からの吉報を待っていた。兵家が戒める「戦力の逐次《ちくじ》投入」を心配する者は一人もいない。作戦室の雰囲気は明るく、「敵兵力に手ごたえがあることを祈ろう」などとうそぶく参謀もいて、誰ひとり二陣の勝利を疑っていないように見えた。

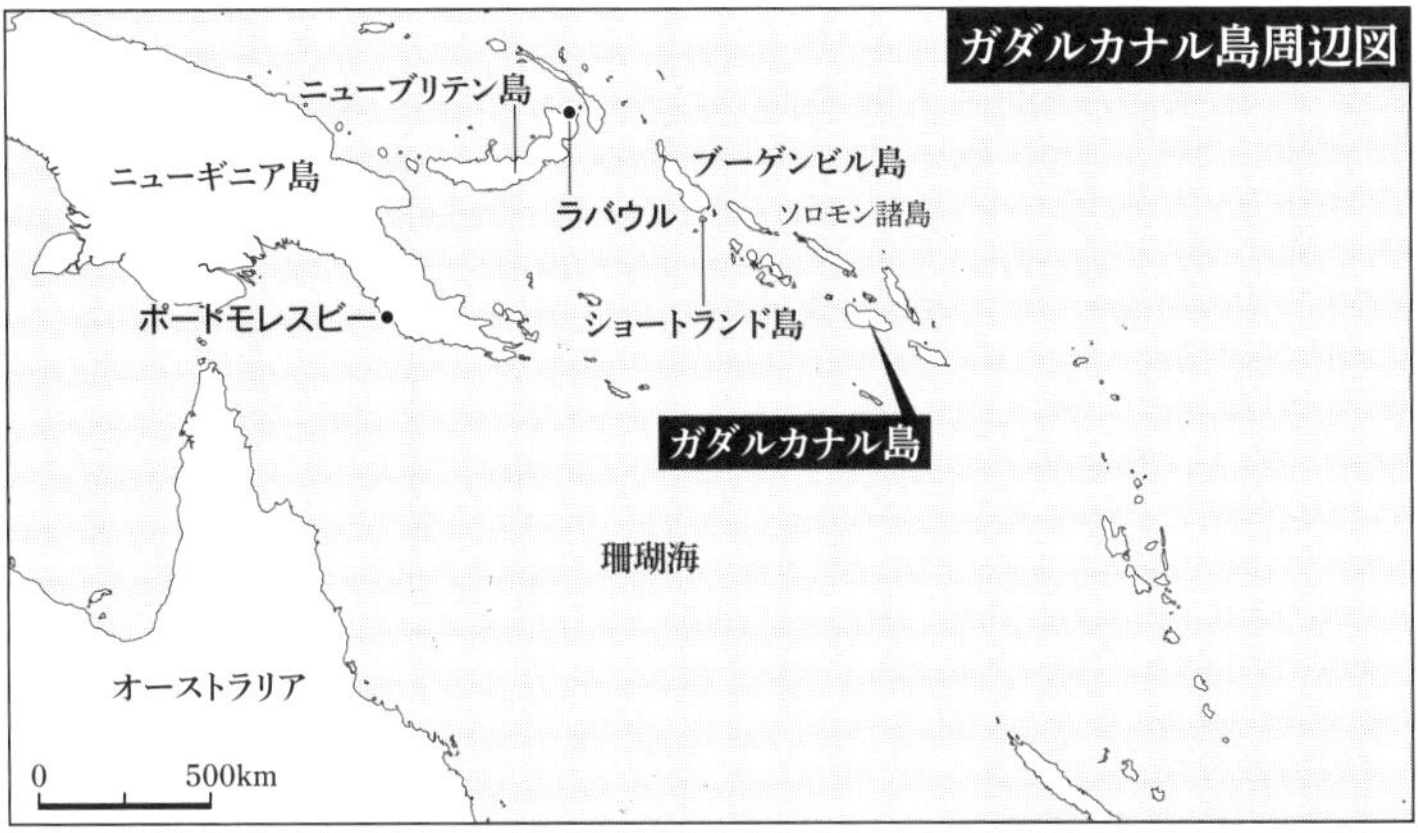
ガダルカナル島周辺図
ニューブリテン島
ニューギニア島
ブーゲンビル島
ラバウル
ソロモン諸島
ポートモレスビー
ショートランド島
ガダルカナル島
珊瑚海
オーストラリア
0
500km

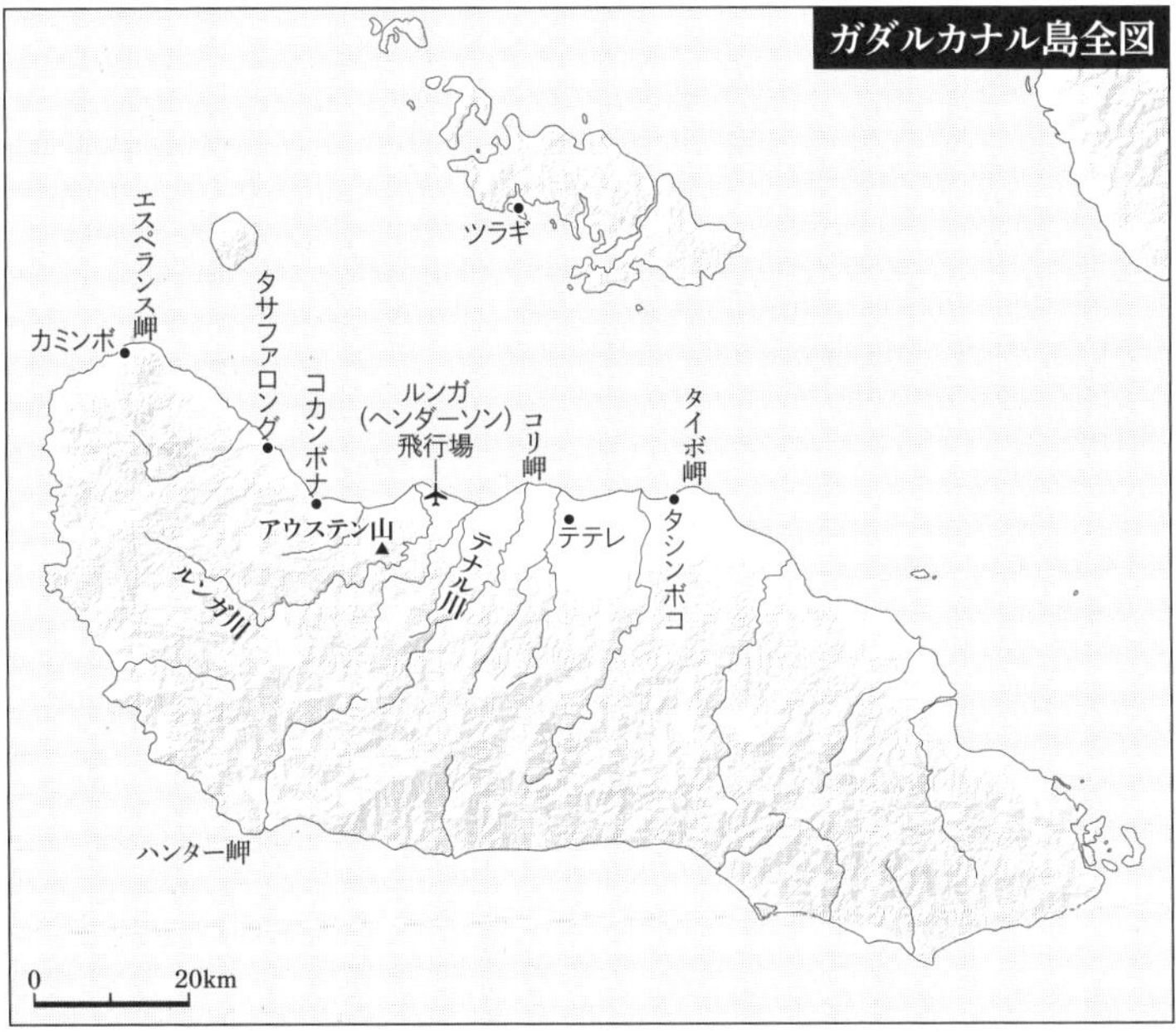
ガダルカナル島全図
ツラギ
エスペランス岬
カミンボ
タサファロング
コカンボナ
ルンガ
(ヘンダーソン)
飛行場
コリ岬
タイボ岬
アウステン山
テテレ
タシンボコ
テナル川
ルンガ川
ハンター岬
0
20km

ところが一日たっても二日たっても、現地から入るはずの無線連絡がない。慌てた司令部は一三日になって航空参謀を現地に飛ばして偵察をさせた。すると「ルンガ飛行場上空は敵防空火力が極めて峻烈。川口支隊は攻撃を延期したのではないか」との報告が届く。翌一四日正午になって、ようやく現地から無線連絡が入った。

――各隊は勇敢に敵陣地に突入するも敵火力大にして遺憾ながらわが損害殊に大なり。大隊長以下多数の損害を出す。目的を達し得ざりし段、誠に申し訳なし。

司令部は「寂として声なく、一同茫然として沈痛の面持ちであった」と篠原は書いている。開戦以来、日本陸軍にとって二度にわたる攻撃失敗は初めてのことだ。参謀たちはようやく敵兵力を甘く見積もりすぎていたことを覚った。

第三の矢が用意された。一木支隊は歩兵連隊、川口支隊は混成旅団だったが、今度はジャワ島に展開する軍主力の第二師団（師団長・丸山政男中将）と戦車部隊、重砲兵部隊を一挙に投入することになった。これだけの兵力を運ぶには、大型輸送船による船団を組まねばならない。それも敵が制空権を握る島への強襲上陸である。

この計画を聞いたとき、篠原は正直、面食らった。ラバウル基地からガ島までは約六〇〇マイル（一〇三五キロ、東京―門司に相当）、最新の大型輸送船団が高速一五ノットで走り続けたとしても四〇時間を要するほど遠い。

日本軍の上陸予定地点は、島の北岸タサファロング。そこからルンガ飛行場までは三〇キロも離れておらず、飛行機ならわずか三分の距離だ。先の偵察隊によれば、そこに常時一〇〇機以上の敵機が待機している。一〇〇機の飛行機が給油しながら繰り返し攻撃してくれれば、一〇回の攻撃で一〇〇〇機からの大軍となる。

かたや日本海軍の航空機は、ラバウル基地から一〇〇〇キロを飛んだうえでの護衛。燃料の制約上、ガ島上空には一時間も滞在できず、攻撃可能な時間はわずかに一五分。ただし、この一五分という数字には「最長でも」という形容詞がついたようで、実際に出撃した元飛行兵の証言によると、ラバウルからガ島まで片道三時間半、ガ島上空での空中戦は「原則五分」だったという(『長崎新聞』二〇一三年八月一四日付)。

「これでは支那軍が上海を出て、博多の雁ノ巣飛行場を眼の前にして福岡の海岸に強行上陸するのにまるで等しいではないか」

篠原は自叙伝にそう吐露している。

日本の戦争指導部の船舶作戦への理解の乏しさには随所に原因があった。たとえば陸海軍を問わず大本営の参謀たちは戦場へ移動するとき、常に飛行機を使う。もし東京からラバウルまで船に乗れば平均一〇ノットで二五日。さらに外洋の荒波にもまれながら給炭、給水を繰り返し、機関の整備を行いながらだと二ヵ月近い大仕事だ。それが飛行機なら二日もあれば到着する。

篠原よりも先にラバウル第一七軍に派遣された船舶参謀の三岡健次郎(四六期)は戦後、こんな風に語っている(『船舶兵物語』)。

「大本営は二百万（分の一）の地図を5万分の一の地図ぐらいに思っている（略）梯尺に対する感じ方がみんな狂いまして、非常に気宇広大な命令が出ておるわけです」

しかしラバウル基地に、次の攻撃をあきらめるという選択肢などない。司令部は「軍の面目どこにあらんかと意気込みすさまじいものがあった」と篠原が書くように、全参謀が全力を傾注して輸送船団突入作戦に向かった。

とにかく長距離を高速で駆けることのできる輸送船で一気に洋上を進み、海軍の護衛を受けながら夜間にガ島に突入、敵機が活動を始める日の出前になるべく短時間で揚陸を終えて基地に引き返すという一気呵成の計画がたてられた。

最新の大型輸送船が各地での任務を中断し、遠くラバウル基地へと集められた。一万総トンクラスの笹子丸、崎戸丸、佐渡丸、九州丸。四隻は日本陸軍虎の子の優秀船だ。さらに海軍からも同クラスの吾妻山丸、南海丸の二隻が加わった。六隻すべてに船舶高射砲連隊を搭乗させ、出来る限りの防空態勢をとった。

元船舶参謀の松原茂生は戦後、ガ島戦をふりかえる中で、この典型的な強襲上陸作戦にもっとも適した舟艇母艦MTをなぜ投入しなかったのだろうかといぶかしんでいる。しかし、MTは二月のジャワ上陸作戦の最中に日本海軍の魚雷の誤射を受けて大破。サルベージもされず、このときはまだジャワ沖で横腹を海面に出していた。MTを巡る日本軍の失態はどこか示唆的である。

第二陣の川口支隊の敗退からすでに一ヵ月、アメリカ軍は日本軍の目を盗むようにしてガ島に続々と輸送船を送り込んで兵力を増強させていた。実は日本海軍は何度か、現場付近でアメリカ軍の輸送船団を確認しているのだが、艦船ではないという理由から攻撃を見送っている。海軍は「ミッドウェイの報復」として戦艦とくに空母への攻撃を最優先し、輸送船を軽視した。
ともあれこの時点で、両軍の戦力は拮抗していた。

輸送船団、壊滅す

安全な司令部で作戦を立案する参謀群。片や敵機が待ち構える孤島に生身で突入させられる船員たち。両者の目に映る風景は当然、大きく異なる。ここからは後者の目線から作戦の現場を辿る（林寛司『日本艦船戦時日誌』、駒宮真七郎『戦時輸送船団史』、全日本海員組合『海なお深く』等参照）。

一〇月一二日、兵隊と軍需品、糧秣を満杯に搭載した六隻の輸送船団はラバウルを出発、ガ島への中間点にあたるショートランド島を経由し、全速でガ島北岸タサファロングを目指した。司令部から渡された地図は藁半紙にガリ版で刷られた簡単な海図一枚だけで、後は船長の腕頼みである。

船団の先頭を率いるのは、笹子丸（九二五八総トン）。これまでマレー半島やジャワ島への上陸作戦に参加し、五月には宇品の佐伯文郎司令官から直々に「武功章」（軍人の金鵄勲章に相当する栄誉）を授けられたスター船だ。笹子丸のフォアマストにひるがえる武功旗には、すれ違う各船から挙手の礼が送られた。

船団には巡洋艦と駆逐艦八隻が護衛し、上空にも航空隊がつきそうという理想的な立体護衛。輸送船団の速度は二〇ノット、六隻は堂々たる姿で海原を前進した。

日が暮れると厳重な灯火管制が敷かれ、船団は真っ暗闇の中をひたすらに突き進んだ。船の後ろにひかれる六本の航跡には夜光虫の光が夜目にも鮮やかに青白く発光し、不吉なほど幻想的な風景を浮かび上がらせた。

六隻の輸送船の突入を前に、山本五十六《やまもといそろく》連合艦隊司令長官は戦艦と巡洋艦四隻を投入してルンガ飛行場に三日連続で猛攻を浴びせており、船員たちにはこんな情報が届けられた。

——前日までの海軍の猛攻撃でルンガ飛行場は火の海になって壊滅したらしい。

皆、今後に少なからぬ希望を抱いた。

二二時、六隻は予定どおりタサファロング沖に到着。全船が砂浜に沿って一列横隊に投錨《とうびょう》するのを見届けて、護衛の海軍艦艇は引き揚げていった。

闇夜の中を甲板のウィンチが動き出し、いっせいに積載物の揚陸が始まった。大小発が続々と海面に下ろされると同時に、舷側では船倉深くに詰め込まれていた上陸部隊が縄梯子を伝って大発に移乗していく。船舶砲兵たちは敵襲を警戒して上空を見上げるも、南国の空には南十字星が静かに輝くばかりである。

軍需品の揚陸には船舶兵のみならず、船員たちも総出で参加した。しかし何時間たっても作業はいっこうに終わる気配がない。そもそも一万総トンクラスの大型輸送船に満載した重量物を、揚陸設備のない浜辺に数時間で下ろせるはずがなかった。

南の島の夜明けは早い。午前四時前には水平線が白々としてきた。灰色だった海が少しずつ色を取り戻しはじめたころ、山の向こうから敵機の大編隊が姿を現す。朝のすがすがしい空気はたちどころに破られた。

前日までのルンガ飛行場への攻撃は、確かにアメリカ軍に大損害を与えた。しかしアメリカ軍は密かに二本目の滑走路をつくっていて、そこから辛うじて生き残った戦闘機が飛びたった。加えてガ島から八〇〇キロ離れたアメリカ軍の後方拠点エスピリッツサント島（バヌアツ共和国）からも援軍が駆けつけ爆撃機による連合編隊を作った。天王山の戦闘にアメリカ軍もまた必死の態勢を組んだ。

轟音をあげながら近づいてきた大編隊はあっという間に輸送船団の上空を覆い、次々に爆弾を投下し始めた。海面から無数の水柱があがり、濛々《もうもう》たる黒煙が吹き上がる。船体に弾丸が当たるたび、バシッバシッバシッと乾いた鞭のような音が響く。あまりの低空飛行に船上の高射砲は角度をつけられない。船舶砲兵は高射砲にしがみつくようにして、砲身が焼けるほど撃って撃って撃ちまくった。

船団の上空では日本海軍の零戦が延べ一一〇機態勢で護衛にあたったと記録にはある。だが主力部隊がラバウルからで、一機あたりわずか五分から一五分の護衛ではどうにもならない。

洋上では二〇ノットの高速を誇る優秀船も、投錨してしまえば一寸たりとも身動きができない。最初に狙われたのは、宇品が育成してきた船舶高射砲連隊だ。まずは砲座が狙われ、そこに集中的な猛射が降り注いだ。爆弾が命中して破裂するたび船橋が吹き飛び、火柱が上がり、船体はズタズタに引き裂かれていく。

直撃を受けた船舶砲兵たちの手足や胴体が、あたり中に飛び散る。ワイヤーには、ついさっきまで生きていた船員の肉片がぶらさがる。甲板は真っ赤な血だまりがぬめるように流れては戻り、海水を薄桃色に染めた。

飛行機の編隊に狙われた船ほど無力なものはない。それはもはや戦ではなく、ただ一方的にやられるだけ。船内にはあっという間に地獄絵図が広がった。

午前八時四二分、武功旗を掲げた笹子丸から火の手が上がる。

午前九時五〇分、吾妻山丸が火だるまとなった。

午前一一時一二分、九州丸が大火災を起こし、洋上をのたうち回った末に浜辺に擱座。三隻は激しく火柱を吹き上げながら船首を青空に突き上げて海中へと傾いていった。

——船団は北方に退避せよ。

午後一時五〇分、残る三隻にようやく退避命令が下る。各船は退避と反転を繰り返しながら夕方まで揚陸を試みるも、敵機の猛威は一向に収まらず、浜に近づくことすらできない。これ以上、岸に留まろうとすれば全滅する恐れがあった。この日の月齢は満月に近く、夜間に空襲されない保証もない。

夕方になって、船舶団（船舶司令部の下部組織）の命令により三隻はタサファロングを離れた。これ以上、優秀船を失うわけにはいかないとの冷静な判断があった。三隻は満身創痍で帰還する。

浜辺には一晩がかりで山と積まれた軍需品が残された。揚陸物資はただちに安全な場所に運ぶか、それが不可能な場合は素早く土中に埋めねばならない。せめてヤシ林の中に隠さねばならなかった。しかし現場には輸送に必要なトラックやクレーンが何ひとつ配備されていなかった。ガ島の上陸部隊はルンガ飛行場奪還作戦を優先して輸送に人員を回さなかった。ラバウルの司令部では輸送船をそろえるのに必死で、運搬作業の割り当てすら検討しなかった。

ここにアメリカ軍の爆弾の雨が容赦なく降り注いだ。弾薬類に次々と引火し、堆積した貴重な物資が天高く煙になっていく。アメリカ軍は浜辺への攻撃を三日間にわたって徹底的に続け、岸に広がるヤシ林まで丸裸にした。

命がけの揚陸作業を終えて帰還した三隻は、労《ねぎら》われるどころか批判の矢面《やおもて》に立たされた。海軍参謀は篠原ら船舶参謀に対して、「搭載品をすべて揚陸しないまま逃げてきたのは臆病」「三隻を戻させた船舶団の指揮は誤りである」「陸軍にやる気がないなら、これ以上の護衛はしない」と激しく突き上げた。

篠原は事情を聴かねばと、部下の参謀をともなって佐渡丸へと足を運んだ。佐渡丸の広瀬専一船長は船舶最大手の日本郵船の中でもえり抜きの優秀者として名高く、これまでも船舶司令部に数々の進言を行ってきた傑物《けつぶつ》だ。

「なぜ全量を揚陸して帰らなかったのだ」

篠原が質すように訊くと、体躯堂々たる広瀬船長は、腰に帯剣のピカピカの船舶参謀たちをギロリと睨みつけた。

「あんた方、いったい何を言っているんですか」

その迫力に、篠原は思わず後ずさりそうになった。

「あんたらは空襲をくらったらどっかへ逃げればいいでしょう。だけどわれわれ船乗りは空襲を受けようが何されようが、逃げる場所はない。危険を冒しながら作業をやらないと船は動かんし、荷物も揚がらない」

広瀬船長はそこで一拍おいて、篠原を見据えて言い放った。

「皆、必死にやった！　そんなことが、あんたらにはわからんのですか！」

口調こそ激しかったが、広瀬船長の目には静かな悲しみが滲んでいるようにも見えた。タサファロング沖に沈んだ笹子丸は佐渡丸と同じ日本郵船の僚船で、船長船員ともに苦難を乗り越えてきた仲間だった。

篠原は精一杯の威厳をまとうようにして、命令調でやり返した。

「そうは言っても作戦は結果がすべてだ。今から船倉の調査をさせてもらうぞ」

軍人たちが船倉に踏み入り、荷物をくまなく調べた。すると未揚陸のまま残されていたのは重要度の低い雑貨類ばかり。佐渡丸はじめ六隻の輸送船は、軍需品や糧秣などの重要物資は優先して揚陸を済ませていた。その多くを浜辺で焼いたのは軍の責任だ。道理はすべて広瀬船長の側にあった。

調査の結果、六隻の輸送船団は人員すべてを上陸させ、軍需品や糧秣も八割がた揚陸していたことが明らかになった。しかしタサファロングの浜の惨状を偵察した参謀からは、その大半が敵機に焼かれ、糧秣は予定の半量、弾薬に至っては一〜二割しか届かなかったことが報告された。

結局、武器や食糧が圧倒的に不足する中で行われた第二師団による飛行場奪還作戦は、ジャングルの行軍でも戦力を消耗し、再び失敗に終わる。

ガ島は、日本軍が初めて目にする食糧のない島だった。これまでのように徴発（現地人の食糧や物資を強制的に取り上げること）もできない。そこに糧秣を装備せぬ部隊が続々と送り込まれる格好となった。

八月以降、まともな糧秣の揚陸ができていない。司令部には「兵隊が餓死している」との悲愴な報告が連日、届くようになった。篠原は第二師団の飛行場奪還に備えて、ショートランド泊地に魚や肉、野菜などを満載した冷凍船を待機させていた。だが、その第二師団も敗れ去った。

日々勢力を増すアメリカ軍の目をかいくぐるようにして、苦肉の策の食糧輸送が続いた。高速の駆逐艦で細切れに糧秣を運ぶ「ネズミ輸送」、複数の大発で島々をリレーしながら糧秣を運ぶ「アリ輸送」。徐々にそれすらも難しくなり、篠原は「牛輸送」まで本気で検討した。生きた牛の体に糧秣をくくりつけて海上に落とせば、牛は生きるため必死に岸まで泳いでいくだろうという珍案だが、笑う者はひとりもいなかった。それほど事態は深刻の度を深めていた。

三万人の兵士を養う一日分の糧秣は、容積にして最低一三五トン。それに弾薬四〇トンを加えると一七五トン。輸送船なら楽に搭載できる量だが、その輸送船が上陸を阻まれている。頼みの駆逐艦に一度に搭載できる量はわずかに四〇トンで、九牛の一毛に過ぎない。しかも海軍にとっては大事な駆逐艦を陸軍の食糧輸送に使うなど言語道断との意見が根強く、「こんなことをいつまでも続けられない」と糧秣の輸送を一刻も早く打ち切りたい姿勢を隠さなくなった。

一ヵ月後、司令部は再びタサファロング海岸に輸送船団を突っ込ませる決断を下す。それも前回の二倍近い、一一隻からなる大船団だ。これにジャワ島攻略後、パラオ諸島に駐屯していた第三八師団（師団長・佐野忠義中将）と武器、糧秣を搭載することになった。

この作戦が決定された経緯について、前出の船舶参謀三岡健次郎と牟田赳（五一期）が戦後に詳しく語っている（『船舶兵物語』）。

三岡　輸送会議をやりましたときに、船の損害予測はどのくらいかと質問され、私は「10分の6は見なきゃならん」と答えたら、井本熊男大本営参謀から「何を言うか、10分の6もやられてたまるか」って、えらく叱られてしまって（笑）。相手は中佐で私は少佐ですから、「ハイ」と言って引き下がったが、結果は10分の10、やられてしまいました。

牟田　そうですね、全部やられてしまった。

三岡　私は10分の6と言ったけれども、これも過小見積もりだったわけです。

牟田　下の方では、「全部だめだ。行っても全部やられる」という声が圧倒的に強かったんです。そんな無茶やったって勝ち目はないと。

三岡　（略）上の方では、船舶輸送に関する認識がなく、船舶関係者の発言を聞いてはくれなかった。そしてわれわれの言うことは「消極的で敢闘精神がない」と、むしろ非難する雰囲気でした。敢闘精神だけでは、海の上はどうしようもないんですね。

戦後の座談なので多少は割り引いて聞く必要があるが、司令部における船舶参謀の発言権の低さ、そして彼らにとってガ島への二度目の輸送船団突入が明らかな「無茶」と映っていたことは間違いなさそうだ。

同じく会議に出席した篠原は手記に次のように書いている。

一か八か、前車の轍を踏む思いで再び、やむにやまれず大型船団のガ島輸送の決行が決せられた。船舶作戦主任の私と家村英之助参謀は、この決行には多大の不安と危ぐとを抱いたが、やむを得ず、この船団準備に着手した。ラバウルに残る優秀船をかき集めて、十一隻の船団が編成されたが、前回の輸送船団のように全部の優秀船は望み得なかった。

二度目の船団輸送について、篠原は多くを書いていない。だが前回のような優秀船をそろえることが叶わなかったとの最後の一行は、とてつもなく重いものだ。

作戦に参加した一一隻のうち、一隻だけ八ノットしか出ない船が含まれていたという証言がある。断言はできないが建造時のスペックと船団最後尾に配置されていたという事実から、大正八年建造の「ありぞな丸」（九六八三総トン）ではないかと推測される。ありぞな丸は旧船ながら高射砲六門を積んだ防空基幹船でもあった。海軍の護衛を得られない間、僚船を守る任務を帯びていた可能性もある。

しかし全体の船団速度は、それに合わせるかたちで八ノットに規定されてしまった。八ノットというのは、老朽船ばかりとなった太平洋戦争末期の輸送船団の船団速度だ。一五から二〇ノットの高速を誇る他の優秀船は、一隻の古船のために危険極まりない輸送作戦で超低速での航行を余儀なくされることになった。

篠原はこの作戦を「一か八か」とも書いている。しかし本来の上陸作戦は事前に周到に準備を行い、武装した兵隊を上陸させるとともに十分な火砲弾薬、資材、糧秣などを計画的に揚陸させることから始まる。決して、兵隊だけを裸同然の状態で命からがら下船させることを言うのではない。

こうして二度目の輸送船団作戦は強行された。

餓死の島、餓島

それはもはや特攻輸送と呼んでよかった。

前月に投入された船団の惨状から、誰も無事に戻れるとは思わなかった。出港直前には船員全員が集められ、日本の家族への遺品として髪の毛を少しずつ切って残した。

一一隻の輸送船のなかで、これから戦場で起きることごとを逐一、記録に綴り、後に船員の叫びを代弁するような壮絶な記録を宇品の船舶司令部に提出した輸送船がある。その船とは、マレー作戦の前夜、速度が落ちて第二五軍から大目玉をくらって戦列から離れた、あの鬼怒川丸だ。残された記録は、小倉津太一事務長による「鬼怒川丸顚末報告書」である（『東洋海運株式会社二十年史』）。

さらに今回、鬼怒川丸の船長の遺族が戦後、私家版『馬越利通船長』を作成していたこともわかった。それによると馬越船長は日露戦争、第一次世界大戦の青島攻撃、そして日中戦争の杭州湾上陸作戦に船員として参加した、海上歴四〇年の猛者中《もさ》の猛者。すでに定年を迎えていたが、高級船員が不足する中で乞われて乗船した。

船長は、ラバウル司令部で行われた出航前の船団会議で、

「ガ島で飢餓に苦しんでいる兵隊たちのために、この際、わが鬼怒川丸は他船に倍する労苦をかぶっ

てもよい」

そう名乗り出て、計画糧秣の米五〇〇俵に加えてさらに一〇〇〇俵を甲板上に山高く積み上げた。

ラバウル基地を出発した船団は、早くも中間地点のショートランドから激しい空爆に晒された。船員も船舶兵も総出で、夜通し船を安全な場所に動かしたり火災を消火したりで一睡もできなかった。ガ島へ向けて港を出たときには「ようやくショートランドを離れることができた」と安心した船員もいたほどだ。

出港して一昼夜がたった夜明け、船団は敵機に発見される。やがて水平線の彼方からハチの大軍のような大編隊が現れた。その規模は前回を遥かに超えていた。上からは飛行機、下からは潜水艦が船団にまとわりつくようにして爆撃を浴びせかけてきた。

鬼怒川丸では馬越船長が船橋に仁王立ちになった。

「右三〇度！」

「次は左四〇度！」

敵機をかわすため船長が大声で指令すると、船体は悲鳴をあげんばかりの急角度旋回を繰り返した。エンジンがフル回転で唸りをあげる。機関室では、轟音と灼熱のなかを機関部員たちが総出で重要部品に取りついて整備にかかる。爆撃で船体が損傷すれば、甲板部員が決死の覚悟で敵機に背を晒して修理にあたった。

鬼怒川丸の前方を走っていたのは、前月の作戦から生還した佐渡丸だ。一万総トンを誇る立派な船体が集中的に狙われた。佐渡丸は高射砲で必死の応戦を続けていたが、とうとう船橋に三発の爆弾が命中。ラバウルで篠原を叱りつけた広瀬船長は「一片の肉切れを残したのみで血しぶきと共に飛散した」（『日本郵船戦時船史』）。

続いてかんべら丸、長良丸、ぶりすべん丸、信濃川丸、那古丸、そしてありぞな丸も被災。大きく傾いて沈みかける船、紅蓮の炎を噴きあげる船、操縦不能となってグルグル旋回する船――。海上では落下者の救助にあたる大発にまで容赦なく射撃の雨が降り注ぎ、あちこちで真っ赤な血飛沫の花がはじけるように咲いた。真昼の真っ青な海原に広がる悲惨な光景は、もはや修羅という言葉すら物足りない。

鬼怒川丸は炎上する僚船を横目に、ただひたすらに前進した。まとわりつく敵機を振り払いながら、後方から追いかけてくる魚雷の白い航跡を右に左にかわしながら、戦友の屍を乗り越えながら猛進した。

大破しながらも空襲をくぐりぬけたのは一一隻のうち、わずかに四隻。乗船した兵隊の半数以上が船倉に閉じ込められたまま水没し、アメリカ軍に大反撃を加えるための重火器類のほぼすべてが、七隻の輸送船とともに海の藻屑と化した。

やがて日も暮れてガ島の黒い島影が視界に入ってくると、船団の側面を護衛していた駆逐艦がいっせいに反転。「武運長久を祈る」との信号を発しながら、唖然とする船員たちを置いて引き揚げていった。「われわれは見捨てられたのであろうか」と思ったと山月丸に乗船した二等航海士、谷山龍男は後に語っている。

――鬼怒川丸はガ島に擱座、強行揚陸を為せ。

ラバウル司令部から届いた短い電報。それは沖に投錨するのではなく、浜辺に直に船体を乗り上げ、死しても搭載物資を揚陸せよとの非情な命令だった。

一一月一五日午前二時一〇分、鬼怒川丸はタサファロングの浜辺へ向かって船首を向け、速度を緩めることなくまっしぐらに突き進んだ。かくなるうえは一メートルでも先に船体を乗り上げねばならない。こんな常軌を逸した操船命令は、海上歴四〇年の馬越船長にとっても初めてのことだ。

船が浅瀬に近づき、船底が海底に擦りつけられた。ギギギギーッという不気味な唸り声がガ島の黒い森に響きわたった。鬼怒川丸は船首を突き上げて浜に乗り上げるや、すぐさま後方の錨を下ろし、いっせいに揚陸作業にかかった。

日本軍の死にもの狂いの擱座揚陸戦法に、アメリカ軍もまた決死の作戦に出る。視界のほとんどない夜間にもかかわらずルンガ飛行場から次々に爆撃機を出動させ、夜通しの空爆を始めた。唯一、安全と思われていた夜間の揚陸ですら爆撃の嵐の中での作業となった。結局、この作戦で揚陸できたのは兵隊二〇〇〇人、弾薬二六〇箱、米一五〇〇俵だけ。そのほとんどが鬼怒川丸の搭載品だった。

午前五時、鬼怒川丸は四隻のなかで唯一、すべての揚陸を完了させた。時を同じくして船内に輸送指揮官の退船命令を知らせるラッパが鳴り響いた。船員たちは馬越船長の指令によって、まず自分たちの二、三日分の糧秣と着替えなど身の回り品を浜辺に運んだ後、再び爆撃の続く船内へと舞い戻った。

通信部員は軍の情報が漏れぬよう通信機器や機密書類を持ち出した。機関部員は船内の防水扉を密閉し、残る燃料が引火して爆発を起こさぬよう二重底の船倉に移した。戦況が好転すれば再び鬼怒川丸を洋上に蘇らせるための懸命の措置だ。

船乗りにとって船は生きる場であり、命そのものである。これまでわが子のように整備してきた船を、たとえ擱座という むごい命令が出たとはいえ見捨てて逃げることなどできない。それは海に生きてきた男たちの矜持《きょうじ》であった。そうする間にも一二人の船員が爆撃を受けて命を落とした。


上陸した船員たちを待ち構えていたのは〝餓島〟の手酷い洗礼だった。ついさっき、ヤシ林の中に隠しておいたはずの当面の食糧や着替えが忽然と消えていた。残されていたのは乾パン一箱だけ。それも折からのスコールにぐっしょり濡れて溶けだし、口に入れることはできなかった。

飢餓に苦しむ兵隊たちには、軍から離れて強盗団を作る者が複数あった。〝友軍内匪賊《ひぞく》〟は新たに上陸してくる部隊を待ち構えては夜陰に乗じて食糧を奪い、ジャングルの中で銃で脅して手持ちの品を奪う。わずか一合の米をめぐって〝辻斬り〟にされる者までいた。彼らは「乞食のような」ボロボロの風体《ふうてい》で、栄養失調で手足は棒のように細かったが、白目だけはぎらぎら光らせていた。船員たちの敵は、もはやアメリカ軍だけではなかった。

ガ島から奇跡的に生還した一木支隊（第二梯団）の元兵士鈴木貞雄さん（一〇三歳・旭川在住）に話をうかがうことができた。話題が当時の食糧の話に及ぶと、鈴木さんは表情を曇らせた。仲間うちの食糧の奪い合いは壮絶極まったという。川で米を研いでいると背後から手榴弾を投げ込まれる。だから常に見張りを立てなければならなかった。ジャングルのどこかで銃声が響くたび、「あ、また誰かやられたな」と思った。武装した兵士でもそれだけの恐怖に晒されたならば、その身に寸鉄も帯びぬ船員たちはどうなるというのか。
上陸早々、ガ島の現実を目の当たりにした鬼怒川丸の船員たちは「余りの浅間しさに一同交す言葉なく、憤慨落胆」しながらも、全員が馬越船長の下にまとまって行動しようと決めた。船舶団の指揮下にすすんで入り、ジャングルの中に夜露を凌ぐだけの椰子葉の屋根の幕舎を立てた。そこに六三人の船員が生活することになった。
小倉事務長は日々の配給の量、船舶団から課される任務、船員たちの健康状態に至るまで詳細な記録をつけているのだが、手元に余分な食糧を持たぬ船員たちの窮状は上陸の翌日からすでに始まっている。以下、記録から一部を要約する。

一一月一六日
『ジャングル』幕舎生活始まる。今日一日中の食糧として乾パン数個の配給を受け、これを食い、『タサファロング』川の水を飲みて飢渇を忍ぶ。

一一月一七日
今日も未明より敵の空襲間断なく続く。本日も亦一飯の糧食とてなく、水を呑みて一日を過ごす。

一一月一八日
炊事当番には賄部これに当り、甲板、機関部員は焚き木拾い、水汲みをなし、これを助く。この日米二合の配給を受く。敵機の空襲は昼夜の別なく熾烈を極める。

一一月二四日

昨夜より米一粒もなくなり、日暮を待ちて椰子の実収穫に出る。この地に在りて椰子の実は我々に取りて命の綱とも称すべき存在。

一一月三〇日

昼夜を分かたざる敵の盲砲爆撃による睡眠不足と糧食不足により全員相当に疲労衰弱の色を見せ始める。マラリヤの発熱患者続出し、横臥する者多くなる。

上陸から半月、船員たちは飢餓に晒されながら、船舶団から命じられる仕役にもほぼ毎日駆り出された。爆撃の雨が降り注ぐジャングルの中を前線まで弾薬を運搬したり、負傷者を担架で運ぶ重労働。兵士ならば自分の銃剣で蔦を切り拓くこともできるが、丸腰の船員たちは一歩進むのにも立ち往生した。

陸軍兵士の間では平素から「軍人、軍馬、軍犬、鳩、軍属」という差別的な言い回しが公然とされていた。陸にあがった「ハト以下の船員」がどのような状況に置かれたか。元船舶砲兵隊の駒宮真七郎氏は、「船務にある間は絶大な信頼と敬意をもたれた彼ら（船員諸氏）が、ひとたび船を失い、陸上の人となるや、たちまち邪魔者扱いを受け、苛酷な仕打ちの中に死んでいった事実は、果たして許されることであろうか。（略）輸送に従事した船員各位のより悲哀な運命を顧みる時、煮えたぎる憤怒を禁じえない」と自著に書いている（『船舶砲兵』）。

一二月一日

発熱患者日毎に続出し、完全健康なるもの殆ど無き状態となる。

一二月三日

殆んど全員糧食不足のため極度に衰弱、これに加え発熱と下痢に悩まされおり、満足に動ける者とては無けれど、その中の比較的元気なる者を選び、二等機関士長島虎吉指揮のもとに十五名揚陸作業仕役に出発す。その姿に見送る仲間思わず合掌す。

事態が深刻になるにつれ、小倉の手記には「長島虎吉」の名が頻繁に登場するようになる。仲間が飢餓と病に倒れるなか、常に先頭に立って働き続ける二等機関士、長島（正確には長嶋）虎吉。この時期の戦場では高齢の四七歳である。

二〇二〇年二月、静岡・焼津市内に暮らす長嶋機関士の孫世代の遺族と連絡がついた。初めて対面して小倉事務長の記録をお示ししたとき、遺族は目を真っ赤にして食い入るように文字を追っていた。戦後七五年もの歳月がたって、祖父がガ島でどう生き抜いたかを知ることになった。

遺族は、昭和一五年に長嶋が書いた乗船履歴書を大切に保管していた。それによると、彼は高級船員と呼ばれる二等機関士でありながら、商船学校の出身ではなかった。尋常高等小学校高等科を一年修了した後、漁船に乗りながら漁閑期には鉄工所で働き、その傍ら海運の講習・実技指導を受けて「発動機船二等機関士」の資格を取った苦労人だった。

二等機関士の資格があれば大手の船会社でも引く手あまたで、かなりの高給で働くことができる。

しかし鬼怒川丸に乗船する前、長嶋が乗務した七隻の船は六一トンから四二八トンと小型船ばかりで、操業エリアはいずれも近海区域だ。

妻と幼い五人の子が静岡にいる長嶋にとっては、年単位で留守にすることもある大型船より、年に数度は家に戻ることができる近海業務が好都合だったのかもしれない。七隻のうち五隻で責任ある機関長を務めている。しかし日中戦争が勃発し、長嶋が最後に乗務した日吉丸（一七六トン）も昭和一五年六月、「艤装ノ為」つまり徴傭されることになり、彼は乗る船を失った。

鬼怒川丸を所有していた東洋海運は、昭和一一年創業の新しい会社で、不足する高級船員は他社から引っ張ってきて採用した。馬越船長もそのひとりだ。昭和一五年には船員徴用令も発令され、有資格者である長嶋もまた故郷を遠く離れ、輸送船の乗務へと向かわざるをえなくなったのだろう。「遺書をしたため死を覚悟の出征であった」と、長男の暲氏（故人）は地元で発行された証言集に書いている。

かつて東京海洋大学で教鞭をとり、現在は日本郵船歴史博物館の館長代理である明野進さんは機関士として一三年の海上歴がある。明野さんは長嶋機関士が置かれた立場をこう想像する。

「大型輸送船の高級船員は、ほとんどが商船学校出のエリートです。鬼怒川丸は、これまで長嶋さんが乗船してきた石炭焚きの小型船に比べてけた違いの大きさですし、機関は最新のディーゼルエンジンですから、機関室には圧縮機や主機操縦ハンドル、エンジンテレグラフなど、これまで彼が見たこともないような計器や部品が多数装備されていたと思います。二等機関士は大勢の機関部員を率いる立場なので、長嶋さんは皆に後れを取らぬよう相当な努力をされたのではないでしょうか」

ガ島に上陸後も、長嶋は過酷な仕役に進んで参加した。後に長嶋の妻（故人）が同僚から伝え聞いたところによると、ジャングルを行軍するとき、彼はいつも危険なしんがり役（列の最後尾）をかってでたという。

一二月に入ると鬼怒川丸の船員たちにも餓死という二文字が現実味を帯びてくる。幕舎の近くに食べられる物はなくなり、少しでも動ける者が雑草採取に出かけ、それで飢えをしのいだ。軍から命令される仕役には人員を出さねばならず、発熱四〇度を超える高熱を押して出かけた四人が幕舎に帰還して重患となった日もあった。

一二月一六日
二等機関士長島虎吉外八名、片道十一里（約四四キロ）の『カミンボ』まで糧秣受領のため十九時三十分出発す。昼間は敵機を避くるため『ジャングル』にその身を隠し、夜の暗を利用し、杖に縋り、飢渇、高熱と闘い、時には道に迷い、泥沼に落込み、茨にからみて手足よりは血が迸《ほとばし》り、疲労は増々加わり、遂には転んでも起き上る力さえ無き程になりたれど、幕舎に在りて只管《ひたすら》に我々の帰りを待ち侘びいる友のことを思い起しては心に鞭打ち難行を続く。

長嶋らが向かったカミンボの海岸には、ラバウルの日本軍から何日かに一度、細々と糧秣が届けられていた。船は島に近づけないため、ドラム缶やゴムチューブの中に米や蠟燭、缶詰を詰めて沖から岸へと向かって投下する。ガ島沖の潮流は速い。その中を泳いで回収せねばならない。アメリカ軍はそれすらも上空から徹底して狙い撃ちし、とことん兵糧攻めにしようとする。その光景は、「賽の河原の小児が積む小石を悪鬼い崩す《ママ》」かのようであったと第一七軍参謀長・宮崎周一は嘆いている（『ガ島作戦秘録』）。

夜のとばりが下りた真っ暗なカミンボの浜で、長嶋らは弱り切った身体に鞭打って海中に身を投じ、海に浮かぶドラム缶やゴムチューブを必死にかき集めた。そして片道四四キロのジャングル道を、途切れることなく続く爆撃を避けながら、奇襲してくる〝友軍内匪賊〟と闘いながら糧秣を死守して歩いた。

二日後、一行が椰子の葉の幕舎に戻ってくると、「病臥呻吟《しんぎん》している一同涙を流してその労苦に対し深謝」した。しかし、命からがら運んで帰った糧秣のほとんどは軍に納めなくてはならなかった。

このころ、中支（華中）にあった第六師団がガ島へ追加派兵されることになった。しかし結局、部隊を運ぶ輸送船が不足して動けず、とうとう一二月三一日の御前会議でガ島からの撤退が決まった。

昭和一八年一月一日、新しい年が明ける。

前線の兵士たちに撤退の情報は二月まで知らされなかった。彼らには正月祝いとして「乾パン二粒と金平糖一粒」が配給された。このエピソードは戦後、ガ島の兵士がいかに飢餓を耐え忍んだかを象徴する出来事として広く伝えられている。しかし船員には、そんなわずかな配給すら届けられていない。彼らは「『タサファロング』川の清流を汲みて御酒となし、飢渇を忘れ」ようとした。

同じくガ島に戦った二二歳の小尾靖夫少尉が前年の一二月二七日、現地で綴った陣中日誌には「生命判断」という壮絶な記述がある。

立つことのできる人間は………寿命は三〇日間
身体を起して坐れる人間は………三週間
寝たきり起きれない人間は………一週間
寝たまま小便をするものは………三日間
ものいわなくなったものは………二日間
またたきしなくなったものは…明日

年が明けて、鬼怒川丸の船員たちは毎日のように誰かが息を引き取っていった。手記には当初、死者を埋葬したり経をあげたりしたことも記されていたが、年末ころからは「戦死」の二文字だけ。先の「生命判断」に従えば長嶋もまた、正月には起き上がることができなくなっていたかもしれない。

一月二日　臨時給仕、甲板員、二名戦死。
一月三日　甲板長、臨時給仕ら三名、戦死。
一月五日　臨時司厨長、操機手、二名戦死。
一月七日　二時、二等機関士長島虎吉戦死す。

事務長の記録に現れる「戦死」は「餓死」と置き換えられるのだろう。仲間のためひたすらに糧秣を運び続けた長嶋虎吉も一月七日、とうとう力尽きた。

ガ島の兵隊たちのためにと米一五〇〇俵を運んだ馬越船長も一月一七日、寝床としていた幕舎近くの大樹の根本で「戦死」しているのが事務長によって確認された。船乗りたちが命がけで運んだ米は、彼らの口に入ることはほとんどなかった。

ガ島の残存兵力の「転進」が行われたのは、二月に入ってのことだ。駆逐艦一二隻体制で三度に分けて撤退、一万六五二人が生きて島を脱出した。総勢三万一四〇〇人余の陸軍将兵のうち、命を落とした者は約二万八〇〇人。死者の七割以上が餓死であった（秦郁彦「第二次世界大戦の日本人戦没者像」）。だが、この数字に一般の船員が算入されているかどうかは疑わしい。軍属にみなされなかった彼らの死は「遭難死」とされたからだ。

だからこそ小倉事務長の手記に執拗に繰り返される「戦死」の文字には、ことさら重い意味がある。そこには船乗りたちの慟哭《どうこく》が滲んでいる。

止まらない大本営

遥かガダルカナル島で人間の断末魔が繰り広げられている最中、東京の大本営で起きていたのは船舶の奪いあいだった。

開戦前の協定では、開戦半年後から陸海軍が少しずつ徴傭船舶を解傭して民需用に戻してゆくことが約束された。そうして南方からの物資を運び、国力の回復をはかるというのが当初のシナリオだった。

ところがガ島での二度の輸送船団壊滅を受けて、参謀本部はあっさりと約束を反故《ほご》にしてさらなる徴傭を求めた。民需回復のため解傭を求める陸軍省はそれを出し渋った。このときの作戦部長・田中新一少将の蛮行は有名だ。田中は七章でふれたとおり、開戦を前に自身の日誌に船腹計算を繰り返していて、その重要性を知り抜いている。

田中は陸軍省軍務局長室に怒鳴り込み、追加徴傭を認めようとしない佐藤賢了局長と殴り合いの修羅場を演じた。さらに官邸に乗り込み、決断を渋る東条英機首相を「この馬鹿野郎！」と罵倒した。関係者の間では、どうにもならぬ船舶不足を前に両者納得のうえの芝居だったとの裏話も伝わるが、結局、東条は田中の更迭と引き換えに統帥部の要求を呑んだ。軍需と民需のバランスの舵取りをして国内生産と補給を強化すべきときに、ここでも作戦一点張りの〝統帥権〟が優先された。

その作戦面に於いても、ガ島での敗退は大本営にとって今後を再考するための絶好のチャンスであった。次の一手は慎重に検討されねばならなかった。そのための材料に不足はなかった。作戦地域が広がれば広がるほど、兵隊や物資を運ぶ船舶が必要になる。補給線が伸びれば伸びるほど、撃沈される危険性も高まる。日本の船腹量、本土からの距離、戦場の広さに鑑みて、作戦区域を縮小して国防圏を固めるべきだという意見も確かに出た（参謀本部第一五課『機密戦争日誌』昭和一八年一月四日）。

それでも、戦線はソロモン・ニューギニアに留まり続けた。そしてガ島の悲劇も冷めやらぬうちに、日本軍は東部ニューギニアを舞台にそっくり同じ轍を踏む。

東部ニューギニアの急峻《きゅうしゅん》な海岸には平地がほとんどない。人跡未踏のジャングルが際まで迫り、風土病の巣窟でもある。そんな孤島に軽装備で送り込まれた部隊は、富士山よりも高い標高四〇〇〇メートルものスタンレー山脈を夏服のまま踏破して、南側のポートモレスビーに一斉攻撃を仕掛けるという遠大な作戦を命じられた。

補給が途切れ、多くの兵士がジャングルで餓死したりマラリヤに冒されたりして病死していく様はガ島のそれと同じだが、敗戦までの二年半に積み重なった東部ニューギニアの死者のうち九割が餓死とされ、その凄惨さは半年の戦闘で終わったガ島の比ではないと訴える証言も多い。

さらに武器弾薬と糧秣を届けるため、ラバウルからニューギニアに出発した八隻の輸送船団も昭和一八年三月三日、手前のダンピール海峡で敵機の空襲を受けてわずか三〇分で全滅、後に「ダンピールの悲劇」として知られる惨事となった。一度出港すれば二度と戻れない——。ニューギニア海域は、船員から「船の墓場」と呼ばれた。

篠原の手記によれば、この作戦のときばかりは船舶参謀だけでなく航空参謀の田中耕二（戦後は航空自衛隊空将）らがそろって船団の突入に反対したというが、その訴えが聞き入れられることはなかった。

船舶参謀の直訴を「弱腰」と一喝し、作戦を続行したひとりが作戦参謀の井本熊男だ。その井本は同月下旬、東京の陸相官邸で行われた方面軍の事情聴取にラバウルから呼び出され、処罰を覚悟で東条英機陸相にこう具申したという（井本熊男『作戦日誌で綴る大東亜戦争』）。

「南太平洋戦線の実情に関する認識は、第一線と中央部において大きな懸隔《けんかく》がある。南太平洋戦線の基礎は現在、実はすでに崩壊しているのである。このことを前提として、中央部は今後の指導をされることが肝要と思う」

するとと東条は顔を真っ赤にして井本を大喝した。

「止めろ！　第一線参謀をわざわざ遠くから招致したのは弱音を聞くためではない」

船員の声は船舶参謀に届かず、船舶参謀の訴えは作戦参謀に拒否され、作戦参謀の分析は戦争指導部にはね返された。

井本はラバウル基地に帰還する飛行機の中で、今後の重要な防衛拠点となるであろうサイパン島やマリアナ諸島に陸上防衛施設がまったくないことに気づき、寒気を感じたと書いている。要衝サイパンに至っては日本領となって二〇年以上もの歳月が経つというのに、日本軍の関心が向けられることは一度もなかった。


この間、船舶輸送の拠点たる宇品は、まったくの蚊帳《かや》の外にあった。ソロモン方面の作戦は東京の大本営と現地の第一七軍（後に第八方面軍）の配下で進められ、宇品はただ指令されたとおりに輸送船と船舶工兵を集めて送り出すしかなかった。

取材で入手できた記録において、佐伯文郎司令官のもとに初めてガ島関係の正式な連絡が寄せられたのは、最初の船団輸送が失敗した半月後の昭和一七年一〇月三〇日。「ガ島作戦が苦戦しているため大小発を緊急に増産してほしい」との内容だ。

佐伯司令官はただちに特大発五〇、大発五〇〇、小発一〇〇隻の整備を命じた。ところが、金輪島では資材不足でその半分も用意するのが難しいことがわかり、佐伯は陸軍省に対して資材取得のための緊急援助を要望している。

一二月一四日には、鬼怒川丸と同じガ島第二次輸送船団に参加した那古丸の杉浦政次船長と長良丸の氷見安太郎船長（いずれも日本郵船）が宇品に帰還してきて、凱旋館で直に報告を受けた。彼らが乗船した船はガ島に突入する手前で沈没・大破したため、二人は漂流した後に救助されて奇跡的に一命をとりとめたのである。

人払いをした宇品の司令官室で、船長たちは男泣きで船員の苦境を訴えた。

——上陸した船員たちには雨露をしのぐ手立てがなにもない。軍と同様に、各輸送船にも天幕を備えてほしい。船員には長靴もなく、足に新聞紙を巻きつけて、その上からボロ布を巻いて歩いている。船員にも兵隊なみの配給をお願いしたい。せめて飯盒ひとつ、水筒ひとつでいいから与えてほしい。


それからひと月も経たぬ昭和一八年一月一〇日、佐伯司令官は船舶参謀たったひとりを従えて、「ガ島撤退連絡」との名目で自らラバウル基地にまで飛んでいる。

現地には大本営から直に篠原優ら船舶参謀が派遣されており、作戦を遂行する第一七軍司令部を区処するのは、現地に新たに設立された第八方面軍である。宇品の船舶司令部は戦闘序列に入っておらず、本来、その司令官に出る幕はない。それでも飛んだ佐伯の心情は想像できる。いてもたってもいられなくなったのだ。

記録によれば佐伯はまずトラック島に立ち寄り、山本五十六連合艦隊司令長官に面会を願い出た。

しかし、あまり真剣に対応されなかったようだ。

すでに日本軍の行く末を誰よりも正しく見通していたであろう山本司令長官は多くを語らず、「敵の戦意は熾烈、これに堪えうる防空施設を厳にし、機の熟するのを待たねばならない」と繰り返すのみだった。佐伯が輸送船の火災について方策を相談したところ、「不燃塗料を海軍から提供してもよい」といった話があっただけで、手ごたえのない会合は短時間に終わる。山本司令長官がブーゲンビル島上空でアメリカ軍機に撃墜されて戦死するのは、この三ヵ月後のことだ。

佐伯司令官はその後、トラックからラバウルに飛び、篠原ら馴染みの船舶参謀たちからこの間の報告を受けた。宇品で必勝を祈願して送り出した優秀船はことごとく全滅していた。制空権を奪われた海域で、もはや船舶部隊に打てる手は何もなかった。佐伯が現地で直に目にした惨状は、宇品で恐れていた以上のものであっただろう。

佐伯と参謀たちは当面とりうる対策として、輸送船内の指揮権の確立や退避時のサイレンの導入、対潜監視のほかに対空の見張り要員を一二人は確保すること、火災を防止するためにガソリンの搭載を最小量に抑えたり、将校室から畳を取り払って戦闘本位にしたりすることなどを確認した。いずれも弥縫《びほう》策に過ぎなかった。

三月、その佐伯司令官に思わぬ人事が発令される。

宇品から第二六師団長への転任である。新たな勤務先は船舶とは縁もゆかりもない北支（中国北部とモンゴルの国境付近）で、主任務は中国共産党の遊撃隊や抗日ゲリラ対策。中国奥地での治安戦だ。

これまで連隊長、旅団長と着実に部隊勤務を経験してきた中将クラスの人事として、師団長就任は栄転である。南方ではなく、比較的安全な中国戦線の奥地に送られたことからも、これまでの佐伯の貢献に対する軍の配慮が感じられる。

それにしても船舶問題が各戦線で火を噴き始めたもっとも重要な時機に、誰よりもその内実を知る司令官を現場からあっさり遠ざけてしまう人事は、陸軍の硬直した官僚体質をも示しているようだ。実際、佐伯はわずか一年で再び宇品に呼び戻されることになる。

ガ島での敗退を機に日本丸は大きく舵を切り、深い奈落へ向かって加速度を増してゆく。その戦いは軍人や船乗りのみならず、やがて国民の命をも巻き込んでいく。

第一〇章　輸送から特攻へ

放置された南方物資

昭和一七（一九四二）年六月、昭南（シンガポール）の埠頭に田尻昌克（当時二七歳）は茫然と立ち尽くしていた。

彼の父親である田尻昌次が、宇品の倉庫火災の一件で陸軍を退いてから二年が経つ。昌克は大学卒業後、三井物産に入社して船舶部に配属。昭和一七年からは軍属として陸軍船舶司令部に派遣され、宇品で輸送事務を担当していた。

それが宇品から昭南に送られたのは、政府が設立した「物動物資還送特別班」の一員になったからだ。南方地域から日本への物資還送が滞っているため、政府は大手船会社を集めて約一五〇人の輸送チームをつくり、南洋各地の港で物資の揚搭、積み付け、配船などを計画的に実施するよう命じた。

物資不足にあえぐ日本とは対照的に、昭南の港湾倉庫には油やゴム、スズ、砂糖などの物資が入りきらないほどギュウギュウに積まれていた。しかし、それを日本へと運ぶための船がないのである。

ふと昌克が目をやると、倉庫の入り口に妙に黒ずんだ袋の塊があった。麻袋に入れられた砂糖が暑さで溶け出し、出入りする職員に踏みつけられ、無数の蟻がたかって真っ黒になっていた。

同じような光景は昭南のみならず南方各地に広がっていた。ラングーンの港では日本に送る米が山積みのまま腐りかけ、パレンバンでは計画的に増産した石油を貯蔵するタンクがいっぱいになり、行き先を失った貴重な石油が埠頭でボンボン燃やされた。石炭や鉄鉱石、ニッケル、マンガン、ボーキサイト、木材など日本向けのあらゆる重要資源がアジアの各港に堆積した。

問題は船舶不足だけではなかった。昌克ら各社混成の輸送チームが昭南の事務所に着くと、組織図の上にはきちんと存在する輸送のための行政組織が、ほとんど機能していなかった。港全体を取り仕切っているはずの碇泊場司令部は各戦線への補給に追われていて、南方物資の還送業務など二の次で責任者も見当たらない。

これと似たような風景を、昌克は前年、日本でも見たことがあった。

宇品や門司と南方を繋ぐ船は「南方交通船」と呼ばれ、全二六隻の態勢で昭南、サイゴン、マニラなどの八路線に展開していた。南方交通船が宇品に入ると業者が詰めかけてきて陳情が殺到した。

「工場がまわらない、ボーキサイトを真っ先にくれ」

「ニッケルはわが社に先に配給してほしい」

物資をどう配分するのか、宇品にはそれを判断する部署がなかった。仕方なく、何の権限も持たぬ軍属の昌克が各社の倉庫の状況などを確認してまわり、荷の配分にあたった。

それでも人手が足らず、宇品の埠頭に未処理の荷が山積みになると、船は神戸港に回航して荷を下ろした。むろん神戸にもそれをさばく人員はいない。神戸港にも貴重な南方物資が山積みになり、間もなく埠頭が使用禁止となった。

昌克は戦後、偕行社で行われた旧軍の船舶関係者の座談に一度、呼ばれている。そこで当時の南方物資還送の内情について、当時の輸送担当者（嬉野船舶参謀）と次のように回顧している（『船舶兵物語』から文言一部改変して抜粋、カッコ内は筆者注）。

嬉野　私が南方から帰りましたら、神戸に行けと。神戸で何をするのかといったら、とにかく南方から運んだものが埠頭に積んであって埠頭が全然使えない、あれを処理しろと言われたんですが、荷主が分からないんですよ。受け入れ側もわからない。民間物資として動かせる体制ができていない。船としてはただ下ろせといわれるだけだから、むちゃくちゃに波止場に積んでありました。

田尻　日本内地からも、南方開発物資というのが出るわけです。私、宇品におりますときに（国内の）業者は（宇品に）申請をして、受け付けられるともういいかと思って荷物をすぐに送ってくるんですよ。送ってきたって船がないでしょう。しまいには軍需品と開発物資の船のとりあいになって非常に混乱したですね。揚がった物資は山積みになる、送り出す物資も山積みになるということで、港がどうにもならんという時期があったですね。

日本へ入る荷も、日本から出る荷も、それを統制する組織が機能しなかった。

占領地から本国へ安定的に物資を輸送するためには、切れ目のない「輸送のリレー」が必要である。まず上陸作戦によって日本軍が破壊した港湾施設などのインフラを修理し、生産地では物資を加工したり荷造りする施設を整備、港湾までの安全な輸送ルートを確立し、荷主と発送先を明らかにしたうえで船舶に搭載して内地へと送り、本国では荷捌《さば》きして荷主に届ける組織と人員を配置せねばならない。

そもそも島国である日本がこの大戦争に踏み切ったのは、豊かな南方資源を国内に輸送して国力を回復させるためだった。開戦前、マレー半島はじめアジア地域を占領するための軍事作戦については全神経を集中して検討がなされた。しかし占領地経営をいかに行うかについての議論や、物資を輸送するための組織の準備は手つかずのまま。唯一決まっていたのは、南方物資を還送するという「方針」だけだったのである。

昭和一七年五月、政府は開戦から半年がたって大慌てで資源開発や輸送の専門家を全国からかき集めた。陸軍省はじめ各庁から選りすぐった司政官や行政官、商事会社や石油、セメント、ゴム会社を代表する専門家が尻を叩かれるようにして日本を出発した。

ところが彼らを乗せた大洋丸はアメリカ軍に撃沈され、多くが亡くなってしまう。日本を代表する物動の専門家を一挙に亡くし、貴重なノウハウが失われた。日本の物資還送の準備が整わないうちにアメリカ軍はレーダーや魚雷の精度を高め、〝輸送船狩り〟は激しさを増し、撃沈数はうなぎのぼりに増えていた。

昌克が昭南で驚いたのは、日本が喉から手が出るほどに欲しがっている石油を運ぶ民間のタンカー（油槽船）があまりに少ないことだった。

開戦時、国内のタンカーの船腹量は約三〇万総トン余、このうち九割にあたる二七万総トンを海軍が占有し、民需用はわずかに三万総トンしかなかった（海上労働協会『日本商船隊戦時遭難史』）。今後の新造に期待するしかなかったが、それも鋼材不足で滞ったまま。さらに開戦後、海軍は沈没した船腹を補填するため民間のタンカーを追加徴傭で持って行く。陸軍省が解傭を求めれば「作戦に支障が及ぶ」との一言ではね返されてしまう。

昭南では不足するタンカーに代用する涙ぐましい試みが続けられた。以下『船舶兵物語』より（解良は船舶参謀、カッコ内は筆者注）。

田尻　あの頃、（タンカーがないから）木造船建造というのを盛んにやったですね。（略）国内、南方、いたるところで。木造船に特殊な生地（油蜜を含ませた布）を貼って、タンクを造りそれをタンカー代わりに使おうというので、盛んに研究しましたね。それから木材を筏《いかだ》に組んで日本向け輸送も何回かやったんじゃないですか、フィリピンから。

解良　通知出してやったけど、宮崎のどっかにたった1回、上がったような上がらんような、それしかなかった。結局何にもならなかった。

田尻　昭南から（ゴム状の）繊維で作った大きな袋で石油を曳いたんですが、綱の材質が弱くて、曳いているうちに切れるんですね。

昌克の言う「大きな袋で石油を曳いた」というのは、五〇キロリットル詰の耐油性のゴム袋に石油を注入し、ロープで海面を引っ張りながら日本まで曳航するという、にわかには信じがたい手法である。ほとんどのゴム袋は出港後まもなく破れたり、石油が漏れ出したり、ロープが切れたりして使い物にならなかった。

解良の嘆くとおり、筏を曳いての輸送作戦も外洋の荒波に呑み込まれて失敗に終わった。木造船もゴム袋も筏も、「ものが無ければ工夫せよ」と叫び続けた東条英機肝いりの試案で、首相自ら昭南に視察にきて木造船第一号を表彰したりもした。日本本土でも木造の航空機開発や、コンクリート製の船舶の建造などが試みられたが、いずれも実用化はできなかった。

日々の業務に昌克は暗澹《あんたん》たる気持ちになった。見るに辛かったのは、港に出入りする南方物資の輸送船には対空対潜用の大砲ひとつ装備されていなかったことだ。木型で大砲に似せて作った模倣品を甲板に並べたり、中には電信柱を切り出して大砲と同じ色に塗って二〇センチ砲に似せた「擬砲」を積んだ船すらあった。その擬砲を使って装填訓練をするふりまでしたのは、夜間に浮上してきた潜水艦に洋上で攻撃されるのを防ぐためだった。丸裸のまま武器なき海に放り込まれる船員たちの姿は悲壮というしかなかった。昌克は私家版の自叙伝『私の歩んだ道』の中で「輸送途中で船の沈没で死んだ兵士も大勢出た。人間はまるで消耗品の様に扱われていた訳だ」と嘆いている。

また、なけなしの石油を積んだタンカーがアメリカ軍から集中的に狙われることは広く知られていたが、昌克はボーキサイトを乗せた輸送船も必ず沈められていることに気づいた。ボーキサイトはアルミニウムの主原料で、航空機の生産に欠かすことのできぬ重要資源だ。港湾での積み荷の情報が、必ずどこからか漏れる。そこで日本に出発する前日に日程を組み変えるなど工夫をしてみたが、船はことごとく狙い撃ちされて海の藻屑となった。港で働く現地人に「スパイ」がいた。当初は日本軍の上陸を歓迎した現地人たちは、もはや日本の味方ではなかった。以下、『私の歩んだ道』より。

戦局は日に日に悪化し、船舶の被害も段々増加して来たにも拘わらず、或る日の軍需品輸送明細書を見ていたら、何と岐阜淺野屋女〇〇の名と書いてある。どうやら慰安婦であるらしい。昭南の駅前に首の坐が作ってあり、生首を四、五個並べて、その下に日本軍に反抗するとこの様になるぞと、英語、マレー語、支那語で書いてある。この様な事をするから現地人の反抗を受ける事になるのだと思った。

開戦の直前、昌克は三井物産ニューヨーク支店で勤務したことがあった。ニューヨークへの往路で乗船したのは、三井が日本一と誇った淡路山丸。貴婦人のような美しい船だったが、軍用船となって奇妙な三色に塗りたくられ、日本軍の輸送船被災第一号となって今やマレー沖の海底深くに沈んでいる。

三井の事務所が置かれたマンハッタンには一〇〇階建てのエンパイヤステートビルがそびえ、クライスラービル、ラジオシティなど七〇～八〇階建ての高層ビルが林立していた。日本はといえば関東大震災で崩れた浅草の一二階建ての凌雲閣《りょううんかく》が最高で、日本橋の三井ビル本館でも九階建て、丸ビルも八階建て、アメリカとは比較にならなかった。

「こんな国と戦をするのか」

茫然とした当時の気持ちを、南洋の地でしみじみ反芻《はんすう》した。

八月、昌克は昭南から日本に戻ることになった。帰りの輸送船では「わらの上に寝かされ、バケツの飯を食いながら」、敵潜水艦の攻撃を恐れて皆が総出で甲板に立って見張りをした。近海では日に何隻もの輸送船が撃沈されている。船内には対潜用の望遠鏡ひとつ配備されておらず、波間に浮き沈みする一升瓶のガラス口を「敵潜の望遠鏡だ！」と大騒ぎしたこともあった。

なんとか無事に帰国して再び宇品の船舶司令部参謀部勤務となったが、もはや民間の輸送船は往来が途絶えつつあり、せっせと出勤してもまともな仕事はなかった。間もなく昌克は軍属の任を解かれた。彼の希望が通ったのは、父親の七光りかもしれない。

その父たる田尻昌次が中国・天津にある船会社「天津艀船株式会社」の社長に乞われて就任することになった。昌克も追いかけるようにして、妻子を伴って大陸へわたった。あのまま広島にいたら八月六日に家族もろとも被爆して亡くなっていただろうと、彼は戦後にふり返っている。

昭和一八年から一九年という時期は、「国力」という視点から太平洋戦争の構図が決定的に破綻した年となった。

前線への補給に船舶がとられて南方からの還送物資は細るばかり、国民への配給も日に日に減っていく。闇物資が横行し、皆が食糧の調達に血まなこになった。都会の者は農村からわずかな食物をわけてもらうのに、高級な友禅を何枚も差し出さねばならなくなった。なけなしの物資はすべて軍需に振り向けられ、国民生活は窮乏の一途。永井荷風『断腸亭日乗』は市民の暮らしぶりの断片を伝えている。

昭和一八年一一月初三
晴。鄰組《となりぐみ》の人薩摩芋三本（価十銭）を送り来る。これ明後日まで三日間の惣菜なり。憫《あわれ》むべし、憫むべし。

昭和一八年一二月三一日
親は四十四、五才にて祖先伝来の家業を失ひて職工となり、その子は十六、七才より学業をすて職工より兵卒となりて戦地に死し、母は食物なく幼児の養育に苦しむ。国を挙げて各人皆重税の負担に堪えざらむとす。

昭和一九年五月二七日
むかしは野良猫いつも物置小屋の屋根の上に眠り折ゝ庭の上に糞をなし行きしがいつよりともなくその姿を見ぬやうになりぬ。東亜共栄圏内に生息する鳥獣饑餓の惨状また憫むべし。燕よ。秋を待たで速に帰れ。雁よ。秋来るとも今年は共栄圏内に来る莫《なか》れ。

昭和一八年一一月、アメリカ・イギリス・ソ連の三国首脳が初めてイランに会し、戦後体制について話し合うテヘラン会談が開かれた。冒頭でルーズベルト大統領はスターリンに対して、日本に対する徹底した消耗作戦は成功しつつあるとして、誇らしげにこう語った（スーザン・バトラー『ローズヴェルトとスターリン』上巻）。

われわれは軍艦、商船を問わず多数の日本船を――恐らく日本の回復能力（増産能力）を上回る数の船を沈めていると信じている……

開戦前に陸軍が行った損害船舶の見通しで、開戦二年目以降をほぼゼロと見積もったグラフがあったことはすでに書いた。実際はこの時期から日本船舶の損害はうなぎのぼりに増えていく。アメリカ軍は潜水艦をヨーロッパ戦線から太平洋戦線へと移し始めた。「日本で一トン造るたび、戦場では三トン沈められる」ともささやかれ、昭和一九年二月に日本が失った船舶は一一五隻（五二万総トン）。全船舶の一割がわずか一ヵ月の間に消えた。

特攻艇㋹

佐伯文郎中将が船舶司令官の任を解かれて中国戦線に向かった後、わずか一年余の期間ではあるが宇品の司令官に就任したのが鈴木宗作（二四期）である。

鈴木がマレー上陸作戦で第二五軍参謀長であったことはすでに書いた。彼は宇品において、ある重要な決断を下して船舶司令部の行く末を大きく変えることになるのだが、その前にひとつの疑問を解いておきたい。

鈴木は陸士・陸大とも恩賜優等、かつて参謀本部で船舶を指導する第三部長を務め、第二五軍参謀長時代には鬼怒川丸の一件で佐伯司令官ら宇品の一行をひどく怒鳴りつけた人物だ。それが事実上、格下とも言える宇品の司令官に着任したのはなぜか。一連の人事の背景について『大東亜戦争戦没将官列伝　陸軍・戦死編』は次のように書いている。

幼年学校出身で、陸士、陸大で首席、かつドイツ駐在と軍の主流を歩むべき華麗な経歴を誇りながら、軍の中枢である陸軍省、参謀本部での勤務は、少佐時代の軍務局軍事課勤務と少将時代の参謀本部第三部長（運輸・通信）のみである。進級は常に同期の第一陣を走っているが、軍主流とは相容れない何かがあったのではあるまいか。第三部長経験から、のちに傍流の運輸本部長、船舶司令官を務めることになる。

「軍主流とは相容れない何か」について、鈴木のことを「慈父」のように慕っていたという堀江芳孝（四八期）が残した記録は示唆的である（『硫黄島　激闘の記録』『辻政信　その人間像と行方』）。堀江は昭和一九年六月、宇品で開かれた暁部隊五〇周年祝賀行事のとき、鈴木から次のような話を聞いたという（カッコ内は筆者注）。

宇垣(一成)大将、永田(鉄山)少将、今村(均)大将らに関し、教育総監勤務当時の話をして、永田少将が生きておれば日本はこんなことにならなくてすんだはずだといっていた。陸軍の癌は山下(奉文)大将、石原(莞爾)中将、辻(政信)大佐などを誤って崇拝する徒輩が出てきたことであるといって、マレイの第二十五軍参謀長時代の山下、辻の中間にあって二日も三日も口をきかなかったことのある苦心談をしていた。

第二五軍時代、鈴木は支隊の運用をめぐる辻政信の傲慢《ごうまん》な振る舞いをたしなめたことがあった。立腹した辻は数日間、軍務をボイコットしたが、司令官たる山下奉文は表立って辻を非難せず、鈴木は両者の板挟みになった。輝かしい成功を収めたマレー上陸作戦後のふるわない人事は、山下や辻とひと悶着あったせいだろうか。

その後、中将にまで昇進はしたが主要ポストからは外れ、「傍流」の船舶司令部にまわされてきた。鈴木の人柄については「一徹」「勤勉」というのは各証言の一致するところで、その性質は宇品で遺憾なく発揮される。

この時期の宇品の現状を目の当たりにした鈴木司令官は、途方に暮れたのではないか。戦場で大破して命からがら戻ってくる船舶の修理をしたり、各地から絞り出されるようにして徴傭された古船の艤装を行ったりの作業は相変わらず続いていた。

しかし、宇品の代名詞ともいえる大小発を増産するための資材はほとんど底を尽き、生産は著しく滞った。金輪島の研究部ではとうとう木製やベニヤ製の大発まで考案されたりした。かつて陸軍運輸部が上原勇作の一喝で木舟から鉄舟に舵を切ったのは大正九年のことだが、まるで時代が逆戻りしたようである。昭和一九年に入ると海運資材の生産は完全に滞り、大小発の製造は隷下に造兵廠の設備を持つ陸軍兵器行政本部に丸ごと召し上げられてしまう（日本兵器工業会『陸戦兵器総覧』）。宇品は、輸送基地としての機能を失いつつあった。

ここで昭和一九年三月時点の船腹量（一〇〇トン以上、タンカーを除く）について改めて見ておこう（船舶運営会編『船舶運営会会史』前編上巻、単位は万総トン）。

全船舶　三九九（開戦時　五七九／敗戦時　一八八）
陸　軍　九四（同　二一四／同　六）
海　軍　八七（同　一三七／同　二七）
民　需　二一九（同　二二八／同　一五四）

船舶の喪失量は前年の暮れから急増し、そのペースは勢いを増す最中にある。

政府は民間に任せきりだった造船をようやく国家の管理下に置いた。「戦時標準船」の規格を大量生産用に簡素化して造船のペースを上げるも、結果として粗製乱造を招くばかりで、喪失量は建造量を遥かに上回った。この年の一一月まで開戦三ヵ年の船舶喪失量は約一六〇〇隻（六〇〇万総トン）にのぼり、日本が大正八年以降に建造してきた船舶すべてを失った計算になる。

海軍が陸軍の輸送船の護衛任務にあたることは明治以来の取り決めであった。しかし、艦隊決戦に重きを置く海軍は、輸送船の護衛には終始、力を入れなかった。昭和一八年一一月になってようやく海上護衛総司令部が編成されるも、軍に影響力を持つ人材は配置されず。海防艦の数も少なく、護衛される輸送船より足の遅い老朽艦ばかり。逆に足手まといになることもあって「おばあさん艦」などと揶揄《やゆ》された。その海防艦に乗船するのは多くが商船学校出の予備士官で、護る側も護られる側もほとんどが民間出身者であった（大井篤『海上護衛戦』）。

歴史家の秦郁彦はこの時期の輸送船団の無惨について、「日本海軍は海上護衛総司令部を新設して、空母、駆逐艦、海防艦などで船団を護衛したが、対潜兵器と戦術の立ちおくれから手も足も出ず、護衛艦もろとも撃沈される惨劇がつづく。一方的な『なぶり殺し』と評しても過言ではない」と書いている（「第二次世界大戦の日本人戦没者像」）。

国内ではわずかに残る新式ディーゼルエンジンの優秀船も石油の枯渇で動かせなくなり、旧式の石炭焚きに改装せねばならなくなった。新たに徴傭する船も、もはや大型船は残っておらず、外洋での航行を想定していない機帆船や漁船といった小型船が主体となった。それすらも陸軍と海軍の取り合いである。洋上で漁をしている漁船を見つけるとわれ先に横付けし、その場で徴傭を命令する「横づけ徴傭」という強引な手法が横行。まともな記録が作られぬまま戦地へ投入される船もあった（中村隆一郎『常民の戦争と海』）。

鈴木が司令官に着任したころ、ガ島から生還した鬼怒川丸の小倉津太一事務長による「鬼怒川丸顚末報告書」（昭和一八年七月二二日付）が宇品の船舶司令部に提出された。翌春、馬越船長はじめ長嶋機関士ら鬼怒川丸六人の船員に対して功五級の金鵄勲章が授けられている（朝日新聞・昭和一九年四月二五日付）。かつて七了口上陸作戦後に大佐の田尻昌次に下賜された功四級と比しても、軍属には格別のはからいといえる。異例の授章は船舶司令官の強い推挙があってのことかもしれない。

このころ、各地に散らばる碇泊場司令部から宇品に届く電報といえば、ほとんどが輸送船の沈没を伝える報告だった。船員の補充も追い付かず、即席の養成所で二、三ヵ月の訓練を受けただけの一〇代の少年たちが次々と戦場に送り出され、海へ没していった。

鈴木が詠んだ歌がひとつだけ残されている（『船舶兵物語』）。

——船沈む電波を受くるたびごとに　わが身切らるる思ひするかな

その鈴木が真っ先に取り組んだのは、事実上の船員対策だ。

軍人でない一般船員たちは戦地で死亡しても何も保証されない。宇品から再三にわたり訴えてきた海上労働者の軍属・軍人化は、ようやく帝国議会で審議され始めたが、戦況が日に日に悪化するなかで後回しにされ、実態は遅々として動きそうもない。そこで鈴木は戦闘をともなう上陸作戦から船員を外し、すべて軍人だけで行おうと考えた。

この命令を最初に受けたのが、市原の後任の陸軍技師として働いていた栗林正。彼は鈴木司令官からいきなりこう下命されたという（『船舶兵物語』、以下同）。

「上陸作戦はぜんぶ兵隊でやる、そのための教育を三ヵ月でやれ」

具体的には上陸に輸送船を使わず、すべて大発やＳＳ艇などの小型舟艇を使う、その運転技術を兵士に徹底して教育せよとのことだった。栗林は大慌てで船会社から船長や機関士、一等航海士を集めて教育体制をつくったが、新司令官の計画はあっという間に頓挫《とんざ》する。

鈴木司令官の新方針を受けて、ニューギニア戦線（ビアク支隊）で師団独自に海上機動編成を行おうとした加登川幸太郎（四二期）の証言がある。

加登川は大発七〇隻による海上部隊を作ろうとしたが肝心の大発が集まらない。そこで瀬戸内海の小舟を集めようと参謀本部から予算まで取ってきた。しかし、せっかく集めた小舟はすべて緊急度の高い「松輸送」（マリアナ諸島への増援）に転用されてしまった。新たな作戦を立ち上げようにも、もう船がなかった。

軍人だけによる上陸作戦計画が頓挫した後、鈴木司令官は満を持してあたためてきた計画を実行に移す。

昭和一九年二月、宇品凱旋館の一室に「入室禁止」と札の掛けられた部屋が設けられた。ここで進められたのが、簡易な二人乗りの「特攻艇」の開発だ。

開発要件は速力二〇ノット以上、一二〇キロの爆弾を搭載し、エンジンは自動車のエンジンをそのまま使う。皇紀二六〇四年の着手を記念して、「四式肉薄攻撃艇」（呼称は「四式連絡艇」）と名付けられた。宇品の研究開発の拠点であった金輪島ではなく、司令部内で開発が始められたのは、計画を極秘裏にすすめるためだ。

開発を担当した船舶工兵の小倉要一少尉の回想録「特攻艇マルレの誕生」によれば、翌月には司令部の高級将校が密かに集まり、試作艇の試験が行われた。そして五月には陸軍兵器行政本部が乗り出してきて、兵庫県姫路に基地を置く第十技術研究所が開発を引き継いだ。担当した内田鉄男技術中佐は、鈴木司令官から「早く、早く」と尻をせっつかれ、わずか二週間で設計を仕上げたという（木俣滋郎『日本特攻艇戦史』）。

鈴木にとって、もはや手元に自由になる船舶はなく、司令官として打てる手はそう残されていなかった。「傍流」の部隊に置かれ、ただ椅子を温めてやり過ごすのは彼の性分には合わなかった。智恵を絞り出すうち、前年の夏ころから軍中枢で内々に進められていた航空機による特攻作戦や海軍の特攻艇開発に触発された。

「航空だけには任せておけない、船舶もやろうじゃないか」

そう発言したことが記録に明らかであると、前出の加登川は『船舶兵物語』で語っている（著者はその記録を発見できていないが、事実と矛盾しないので引用する）。

陸軍の特攻艇開発は急ピッチで進む。六月には船体の素材を鉄鋼からベニヤ板製に変えた「甲一号機」が完成、七月には千葉の岩井海岸で試験走行が行われた。最終的に爆雷の量は二五〇キロに増量され、速力は二四ノット、航続時間は三時間、ベニヤを使うことから大量生産が可能となった。陸軍省はこれを㋹（四式連絡艇＝レンラクテイの頭文字）と呼んで兵器として正式に採用した。

実は同じ時期、かつて田尻司令官の下で大発の開発を成功させた市原健蔵が、陸軍省から再三再四の要請を受けて開発現場に戻っている。しかし半年も経たぬ間に「上司と意見があわない」ことを理由にすぐに現場を去った。

市原が過去に手掛けた大小発にしてもＭＴにしても、輸送基地と戦地とをつなぐ血管のような役割を果たしてきた。この時期に開発の中心に置かれていた舟艇が㋹であったことから推測すると、市原は片道切符の特攻兵器の開発に関与することを望まなかったのかもしれない。


七月一八日、宇品の船舶司令官室に若手の船舶将校一八人が集められた。全員が事前に別室に呼ばれ、「いかなる任務も遂行する。企画を秘匿する」との誓約書に捺印させられていた。鈴木司令官は一八人を前に、こう檄を飛ばした（『若潮三期の絆　船舶特幹第三期生の記録』）。

「これからは、我々が海上戦闘を実施しなければならない。日本の命運を賭すべく、特殊任務の訓練を開始する。祖国の勝利のため、貴殿らには心から喜んで捨て石となってもらいたい」

一八人は宇品沖の無人島・大カクマ島（現在の弁天島）に籠りきり、完成したばかりの特攻艇㋹を実際に操縦して攻撃法や訓練の仕方について検討した。

まず問題になったのは㋹の攻撃は本当に特攻（体当たり）しかないのか、という点である。爆雷は船尾にあり、敵艦に斜め方向から進入して投下すれば、爆雷は自重でそのまま敵戦艦に当たる。爆発するまでの四秒間に全速で避退すれば、基地に帰還できるのではないか。

将校たちはさまざまな可能性を探った。しかし結局、確実に敵艦に爆雷を当てるには体当たりしかなかった。運良く生還できたとしても、二度目、三度目の出撃をさせることになるので、㋹は正真正銘の特攻艇であることを確認するに至った。

同月末、大カクマ島の掘っ立て小屋の幕舎に、東京の大本営陸軍部の幹部と鈴木司令官がやってきて、将校たちが作った報告書をもとに合同会議を行った。このときをもって「陸軍海上挺進戦隊」が正式に創設され、「海上挺進戦隊の戦闘法の大綱」が、㋹にかかわる各部隊に示達された。

では、一体だれが特攻の任に就くのか。要員の当てはすでについていた。

香川県小豆島《しょうどしま》。ここに全国から集められた一五歳から一九歳の「船舶特別幹部候補生隊（特幹隊）」約二〇〇〇人が、船舶工兵としての軍事訓練を受けていた。

特幹隊は、陸軍の現役下士官の補充のために昭和一八年一二月に新たに設けられた制度で、翌一九年四月から採用が始まったばかりである。特幹隊の特徴は、昇進の早さ。採用後ただちに一等兵となり、六ヵ月後には上等兵、一年後に兵長、一年六ヵ月後には下士官（伍長もしくは軍曹）に進級できるという夢のような制度だった。

「士官学校を出なくても、一年半後には下士官になれる」

そんな触れ込みに、地方の一〇代の少年たちが魅かれたのは無理もない。船舶・通信科の第一期生として採用されたのが先にふれた二〇〇〇人だ。少年たちの出身地は全国各地にわたったが、中でも東北や北陸、北海道が多かった。彼らは下士官に憧れて応募したのであり、まさか特攻要員であるとは夢にも思わなかっただろう。

七月、その小豆島に、新たに陸軍士官学校（五七期）を四月に卒業したばかりの〝本流の〟見習士官六〇人が配属され、続々と島にやってきた。本来であれば原隊にもどって新兵教育にあたるはずの彼らもまた、鈴木司令官の命によって特攻要員とされたのだ。究極の特攻作戦を行うにあたり、軍の階級で差別はしないというやり方は「一徹」な鈴木らしい差配ではある。正式な将校用軍装に帯剣したピカピカの士官たちの上陸に、何も知らぬ少年たちは「なにか重大な作戦が始まるのではないか」とささやき合った。

七月下旬、活気を増す小豆島に、今度は宇品の船舶司令部から鈴木宗作司令官その人が直々に姿を現した。営庭にずらりと並んだ二〇〇〇人以上の若者たちを前に、司令官はひときわ力を込めて訓示した。

「今や祖国日本は、元寇の再来ともいうべき危急存亡のときを迎えようとしている。諸君ひとりひとりが、昭和の河野通有《こうのみちあり》たれ」

河野通有は鎌倉時代、元寇の来襲を伊予水軍を率いて迎え撃ち、自ら敵船に乗り込んで大将を生け捕ったとの伝説が残る武将だ。若者たちを鼓舞した「昭和の河野通有たれ」との言葉は、鈴木司令官自身の決意表明であったかもしれない。実はこのとき、鈴木にも新たな人事が内示されていた。秋にも予想されるアメリカ軍のフィリピン上陸を前に編成された、第三五軍司令官への着任である。

表向きには「軍司令官」は栄転だ。しかし、鈴木の野戦指揮官としての経験は戦間期の昭和一〇年の連隊長一度きり、その後は参謀職を渡り歩いてきた。事実上、指揮官として初の実戦が、国の存亡のかかる島嶼《とうしょ》戦。しかも第三五軍はじめフィリピン方面を統括する第一四方面軍の軍司令官は、因縁の山下奉文である。

——マレー作戦の英雄、山下・鈴木で再びの大勝利を。

そんな祝辞が大本営から宇品に届けられた。

後にフィリピン戦線が火を噴いたとき、鈴木軍司令官には大本営から正確な情報がいっさい与えられなかった。司令部は孤立し、鈴木は敵軍に四方を包囲される中で壮絶な最期を遂げる。その死に場所は、本当に小さな木舟の上だった。鈴木の不遇な足跡については別の物語を編む必要があるだろう。

ともあれ昭和一九年夏、船舶特攻の生みの親たる鈴木宗作司令官は宇品から新たな戦場へと赴き、特幹隊の若者たちは小豆島沖と豊島《てしま》沖（後に江田島沖）を舞台に㋹の操縦訓練に踏み出した。

若い指揮官は、まだ死の重みも知らぬ少年たちをこう激励した。

「みんな今年いっぱいの命だと覚悟して精進してくれ」

こうして明治の世から宇品が担ってきた主要任務は、「輸送」から「特攻」へと大きく舵を切った。

万策尽きて

八月、佐伯文郎は中国の山奥から再び宇品に呼び戻された。同じ人物が二度も船舶司令官に就任するのは異例なことだ。事態はそれほど差し迫っていた（佐伯が師団長を務めた第二六師団は同月、師団長の首だけすげ替えてルソン島を経てレイテ島へ増援部隊として送られ、師団長以下、玉砕する）。

佐伯は一年ぶりに凱旋館の司令官室に腰を下ろし、顔馴染みの参謀たちからこの間の報告を受けた。配下の輸送船が激減していることはあらかじめ覚悟していた。しかし、二〇〇〇人規模の特攻部隊が新たに誕生していようとは想像もしなかった。

佐伯の慌てぶりを伝える、ひとつの事実がある。佐伯は着任後すぐに船舶参謀を呼んで、こう命令した（『船舶兵物語』、以下同）。

「陸軍士官学校の卒業生まで全員、特攻に送るつもりか。そんなことをして皆が死んでしまったら、その後の組織の教育をするものが誰ひとりいなくなるではないか。少なくとも半数は残さねばならない」

七月に小豆島に送り込まれたばかりの陸士五七期の半数が、ひと月もたたぬうちに特攻から除外されることになった。その人名が発表されるまでの間、「誰が残されるのだろうか」と部内には様々な臆測が飛び交った。

幸いにもその半数に選ばれて生き残った安元繁行（五七期）は、人選を行った面高大尉（五五期）からこんな話を聞いた。

「どうやって決めたのか、面高さんに確かめたのです。すると急に半分残すように命令されたので、アミダで決めたんだよと。『アミダで人の運命を決めるのですか』と食いついたら、士官学校へ来る人間は、全員自分で希望して来ているんだから、家庭の状況なんか考える必要はない。全員特攻隊と言っても文句言う奴はおらん。だからアミダが一番公平だということだったんです」

同じ五七期で、やはり特攻を免れた皆本義博によれば、「大体、人柄がいいのが後継者育成要員になったようでありました」という。

また宇品の船舶司令部の情報班には、後に戦後日本を代表する思想家となる丸山眞男一等兵が三月から任務にあたっていた。佐伯司令官は、元東京帝国大学助教授という丸山の知的経歴をかってか、彼に『タイムス』や『エコノミスト』といった英文の新聞や雑誌、デリーやロンドンなど海外の短波放送から情報を収集させ、週に一度「国際情報」というレポートを提出させる特別な任務を命じた。通常の陸軍部隊では入手できるはずもない連合軍側のリアルタイムの情報を、佐伯司令官と一部の高級参謀たちはつぶさに知っていたということになる。

丸山眞男は戦後、広島について多くを語らなかったが、当時の宇品が置かれた状況についてこんな風に伝えている（座談会「戦争と同時代」『同時代』八号）。

……情報班で船舶情報っていうのを毎週一回ガリ版で出していた、その下働きをやっていた。たとえば、東経何度何分、北緯何度何分の地点に潜水艦が現われたという情報が来ると、その位置をさがして地図の上に印をつける。それが毎日毎日真黒になっちゃうくらい、すでに潜水艦でもって日本の沿岸が包囲されていました。

すでに宇品から南太平洋の各戦線に投入された輸送船団は壊滅し、船舶部隊もまた全滅するか、海上封鎖されて孤立し、連絡が途絶えていた。アメリカ軍機は日本本土周辺にまで頻繁に姿を現し、海上にこれでもかと機雷をばらまいていく。この時期の船舶司令部について、船舶参謀の嬉野はこう嘆いている。（『船舶兵物語』より要約、以下同）

大東亜戦の天王山はガダルカナルです。ガダルは戦さで負けたのではなくて、要するに手持ちの優秀船が、全部なくなっちゃったんです。高速輸送船団という戦略兵器が局地戦で潰されちゃったんです。そのあとの戦さというのは、掛け声だけですね。

南海の離島への輸送で、兵站線は果てしなく広がる。その兵站線を誰が守ってくれるかというと、海軍は全然考えてくれない。大型船から中型船、中型船から小型船、小型船から機帆船、その次は潜航輸送艇（陸軍が物資輸送のために開発した潜水艦）というような輸送の形態をたどりまして、とどのつまりは、とにかく敵をやっつけるためには特攻をやらなければしょうがないんだというところまで追いつめられた――これが陸軍の海洋作戦の終始でした。20年になりますともう船舶課としては用がなかったということですね。

船舶部隊として駒を失うなか、鈴木宗作は「特攻」作戦に踏み切った。その後を継いだ佐伯文郎に残された仕事は、隷下の部隊を励まして回ること。間もなく海の藻屑と消えてゆくであろう部隊に別れを告げて回ることしかなかった。

特幹隊で㋹の乗船教育を担当した斎藤義雄（四四期）は「（佐伯）閣下は本当にたびたび来られ、その都度激励されて感激しました。狭隘《きょうあい》な兵舎もすぐに改良して下さいました」と語っており、門司港で輸送指揮官を務めた藤沢三郎（四九期）も、輸送船が出港するたび必ず佐伯司令官が宇品から直々に埠頭に現れ「船長船員に恩賜の酒杯をたまわり、頼むぞという訓示を受けた」と書いている。

船舶司令官の副官（補佐役）として常に佐伯に同行した谷口太郎（四八期）は、当時の佐伯の心境をこう慮る。

佐伯閣下に随行いたしまして、閣下のご苦心と申しますか、船舶司令部が置かれた地位と申しますか、船舶司令部というものが何か中間的な存在で、大方針は中央でお決めになりますし、末端の部隊はそれぞれの（現地）軍に入っておる。（組織上は）直属のいろんな部隊をたくさんお持ちだったのでありますが、統率上一番お困りになったんではないかと思います。㋹なんかにはどんどん視察においでになりましたが、部隊指揮官としてのお気持ちが非常に強かったように思うのです。なるべく第一線に機会あるごとに、というよりも機会をつくっておいでになろうとしたあとが歴然としております。飛行機をもらってこられて、重爆の古いものでしたが、これに乗ってずっと隷下部隊をお回りになりました。内地はもちろんのこと、20年の初めに台湾から比島まで行かれるときに私は随行して参りました。任務は非常に大きいんだけれども、なかなか手が少ないといいますか、そういう状況で19年の終わりから20年の初めにかけて、悩み苦しまれたのではなかったかと私は感じております。

沖縄戦史刊行会編『日本軍の沖縄作戦　秘録写真戦史総集編』の中に、佐伯文郎の写真が掲載されている。沖縄には翌春にも想定されるアメリカ軍上陸に向けて宇品から船舶部隊が送り込まれ、追って㋹部隊も配属されることが決まっていた。

防空壕の中で丸眼鏡をかけた佐伯は帽子をとり、砂利がむき出しの地べたの上に置かれた小さな木椅子に腰かけ、三人の幕僚と並んでコップで何かを飲んでいる。その前には即席で組み立てられたような木机が無造作に置かれ、碗と皿が数枚並ぶ。まるで野戦陣地での一コマだ。

撮影日は、沖縄で「一〇・一〇空襲」と呼ばれる昭和一九年一〇月一〇日。アメリカ軍による南西諸島への初の空襲が行われた日だ。沖縄本島は朝から九時間にわたり、五度の激しい空襲に晒された。第三二軍の戦闘詳報によれば、一度の空襲で延べ一一〇機から一六〇機の敵機が焼夷弾を投下、那覇市内各所で大火災が発生した。

写真が撮影された場所は、現在の那覇空港附近「那覇市波の上」の崖下にある防空壕。波の上の海岸には、陸軍が開発した潜航輸送艇㋴（ゆ＝輸送の頭文字で、ガ島戦を教訓に陸軍が糧秣の輸送を目的として開発した小型潜水艦）が隠してあったことから、この辺りで視察を行っていたのだろうと思われる。

このとき佐伯に同行した船舶参謀のひとりで、写真にも写る家村英之助（四六期）の手書きの視察メモを防衛研究所に見つけた（『第一四方面軍関係資料』第二巻）。それによると、一行は前日の九日に福岡の雁ノ巣飛行場から沖縄に飛び、同日夜は第三二軍司令官の牛島満と会合を持った。このとき佐伯は牛島の配下にあった優秀な船舶参謀の若手ひとりを、広島に教育要員として戻してもらいたいと請願し、受け入れられている。

翌一〇日は朝から空襲が始まり、視察中であったであろう㋴も爆撃され、先の写真の一コマとなったようだ。家村はあまりの空襲の激しさに衝撃を受けた。

爆撃音、銃声アリ。空襲ニヨッテ　マルユ　ヤラレタ

後一週間位沖縄ニ滞在シタラ空襲ニ引続キ沖縄ニ上陸スルカモト思ツタ

家村のメモによると、一行はこの後、台湾の高雄に飛んで現地の船舶部隊を激励した。そこから間もなく海上交通が遮断されてしまうであろうフィリピンにまで飛ぶ予定だったが、その直前に「捷号作戦」が発令され、佐伯は急遽広島に戻ることになる（正確には捷二号作戦警戒。この一〇日後にアメリカ軍がレイテに上陸する）。

このとき、佐伯司令官が、

——同ジコトニナッタ。

そうつぶやいたとメモには走り書きされている。この短い言葉の意味するところは何であったろうか。

途絶した南方交通路

時計の針を、一年前に戻す。船舶参謀・篠原優中佐が、ラバウル基地から「転進」することになったのは昭和一八年八月。ソロモン戦線もニューギニア戦線も相次いで崩壊し、ラバウル基地は存在意義を失いかけていた。篠原はほぼ一年ぶりに東京に帰還し、陸軍大学校の教官として勤務することになった。いわば高級参謀の戦力温存人事である。

このときラバウル第八方面軍の司令官は、今村均大将。ガ島戦で二度の高速輸送船団が壊滅した後、急遽ジャワ島からラバウルに派遣されたが、もはや傾きかけた流れを変えることはできなかった。篠原が転任の挨拶に行くと、今村は日本軍の兵站を軽視する作戦を批判しながら篠原をこう諭した。

「君が陸大の教官になったなら、戦術教育も対ソ作戦だけでなく、今回の南太平洋作戦の貴重な体験を生かして、海洋・島嶼方面での対米作戦についてよく学生を教育してもらいたい」

現代から見るとにわかに信じがたいことではあるが、この時点においても陸軍は対ソ戦準備を金科《きんか》玉条《ぎょくじょう》とし、陸大での教育もそれを主軸に行われていた。

篠原は、今村軍司令官との約束を守ったようだ。彼が陸大で行った講義の一部をまとめた教書「昭和十九年八月二十日篠原中佐講述　船舶作戦講義録　陸軍大學校」を、防衛研究所の齋藤達志さんが個人的に所蔵していた。

「講義録」は一般的な研究問題の中に、当時は大変な極秘であったはずのガ島や東部ニューギニアでの船舶作戦を取り上げて問題点を説いている。敗け戦を教書に取り上げるのは勇気が要ったのではないか。教書の表紙と該当ページには「軍事極秘」の印鑑がこれでもかと押されていた。

またラバウルに残った今村司令官も、部下を守り抜くため人事を尽くした。今村はガ島撤退の後、自決を申し出た第一七軍司令官の百武中将に「ガ島の敗退は戦いによるものではなく、飢餓の自滅だったのです。この飢えはあなたが作ったものですか。そうではありますまい。……全く、わが軍中央部の過誤によったものです」と、自決よりガ島戦の顚末を詳しく記録して後世に伝えることこそ肝要だと諭した（『今村均回顧録』）。そして自身はラバウルに対米戦に向けた堅固な要塞を築くのと並行して自ら鍬《くわ》を振るい、大規模な農作業を展開して食糧を備蓄、自給体制を構築した。アメリカ軍の飛び石作戦でラバウル基地は後に完全に孤立させられ、補給も途絶えるが、陸海軍一〇万もの将兵を島内に抱えながら敗戦まで一人の餓死者も出さなかった。

しばらく戦線を離れていた篠原が、再び宇品の船舶司令部に配属されて作戦主任参謀となったのは、前記の講義から四ヵ月後の昭和一九年一二月一一日のことだ。佐伯司令官の下で働くのは、三年前にサイゴンに進出した戦闘司令所以来。ひとときの栄華を味わった南国での日々から事態は大きく変わっていた。

広島に着いたその日の夜から、篠原は自宅に戻ることも許されなかった。凱旋館の二階では参謀たちが缶詰となり、フィリピンへの突入輸送計画に着手していた。本来、昭南の碇泊場司令部が担任する任務だが、もはや数千トンクラスの輸送船は完全に途絶し、増援の船団も次々に撃沈され、決戦直前のレイテ島では前船舶司令官の鈴木宗作率いる第三五軍が飢えかけているとの情報まで寄せられていた。

そこで宇品も全力を挙げて漁船や機帆船などの小型船をかき集め、台湾南部の港へと送り込んだ。そしてルソン島北部へカンフル輸送を始めた。

寄せ集めの船団はトントントンと焼き玉エンジンの音を絶え間なく響かせながら走った。火夫が総出で缶《かま》を焚き、全速を叩き出した。海軍の護衛もないままバシー海峡の荒波に揉まれながらフィリピンを目指した。出航前から「一割帰れば成功」と言われた過酷な作戦に、船員たちは皆、胸にお守りをしのばせた。それしか頼れるものがなかった。しかし、フィリピンに到達できたのはわずかに二隻という惨憺たる有様で、やがてアメリカ軍がリンガエン湾から上陸するに及んで台湾からの突入輸送は空しく取りやめとなった。

——十分な兵站線が確保できず、増援もできないような地域を決戦場とする作戦は行ってはならない。

篠原はソロモン方面の教訓から陸大でそう講義してきた。しかし現実はあまりにかけ離れていた。大本営が命じるセオリーを逸した、ほとんど特攻のような輸送作戦に、延々と船と人員とを送り込み続けねばならないのが、まさに宇品の悲劇であった。

フィリピンにおけるアメリカ軍の優勢がはっきりしたころ、日本の海上交通路はさらに狭まる。潜水艦や飛行機の攻撃をかいくぐりながら細々と続けられてきた南方資源地帯と内地とを結ぶ南方交通船も完全に途絶した。


新しい年が明けて昭和二〇年。東京では連日のように空襲がつづき、いよいよ本土決戦の掛け声が現実味を帯びてきた。

二月のある日、宇品港沖に久しぶりに堂々たる大型輸送船が姿を見せた。阿波丸（一万一二四九総トン）だ。二年前に日本郵船が完成させたばかりの新造船で、宇品では前例のない特別な艤装が施された。船体からは機関砲などのいっさいの兵装を取り除き、全体をあえて目立つよう白色に塗装し直し、甲板と煙突には緑十字のマークが大きく描かれた。

阿波丸は、特別な任務を帯びていた。国際赤十字の仲介によって、日本の占領下にある香港や昭南に拘留されている連合軍捕虜や市民に対して、赤十字が用意した救援物資を運び届けることになったのだ。よって連合軍から往復路の航海における「絶対安全」を保証された。

阿波丸の船長は日本郵船のベテラン、浜田松太郎。浜田船長は宇品沖で出港の準備を終えると、「本船の門出を記念するために」と、篠原ら三人の船舶参謀を船内のサロンに招待した。テーブルは清潔な純白の布に覆われ、ささやかながら酒も置かれていた。談笑するうち、最近はすっかり見なくなったビーフステーキが運ばれてきて、篠原を驚かせた。

小さな宴が静かに果てると、船長はおもむろに立ち上がり船内を案内したいと言い出した。篠原ら参謀たちを従えて、船長は黙って下へ下へと降りていく。下り着いた船底には、船体の両舷内側に沿わせるように黄色の梱包を施された固まりがずらり装置されていた。すべて爆弾だった。

参謀たちをふり返った船長の顔からは、先ほどまでの和やかな笑顔は消え失せていた。そして思いつめたような面持ちでこう言った。

「もし、この阿波丸が不幸にしてアメリカ艦船に捕らえられ、アメリカ本土に連行されるようなことになりましたら、私はこの爆弾に点火して自爆自沈いたします」

一同、息を呑んで聞き入った。船長は続ける。

「暗号書類は、このような袋に入れて、錘《おもり》をつけて、いざというときには海底深く沈めるつもりです」

連合軍が保証する航路の「絶対安全」に、船長は決して安心していなかった。

「十分に気を付けて行って下さい」

「しっかり頼みます」

悲壮な船長の覚悟に、それ以上の送る言葉は見当たらなかった。

翌日、阿波丸は宇品を出港、途中でいくつか寄港しながら一路、昭南へと向かった。往路は平穏のうちに過ぎ、無事に目的地に到着。国際赤十字の救援物資を届けるという所期の任務を果たした。

昭南には、日本への帰国を待ち望む者たちが大勢いた。入港した阿波丸の噂は瞬く間に広がる。

——この船なら連合軍から安全が保証されているから無事に帰国できる。

復路には政府大東亜省の役人たち、沈没船から救命された船員たち、商社マンら二〇〇〇人余が競うようにして乗船。さらに軍部の強い要求により、浜田船長はやむなく重油やガソリンなどの軍需物資をめいっぱい積み込んだ。

三月二八日、満載吃水線をずっしり水面下に沈めた阿波丸は、再び日本へ向かって出発する。ところが四日後の夜、船は南シナ海でぷつりと消息を断った。

宇品の司令部ではアメリカ軍に拿捕《だほ》されたのではとの噂が飛び交った。篠原は、出航前の船長の話を思い出し、よもやと思った。間もなく阿波丸はアメリカ軍の潜水艦によって撃沈され、一人を除いて全員が船と運命をともにしたことが判明した。

阿波丸を撃沈したアメリカ人艦長は後に軍法会議にかけられたが、「不注意」として戒告処分を受けるだけに終わる。重大な戦時国際法違反は、それ以上追及されることはなかった。

戦場で失われる命はどんどん軽くなっていく。三月には硫黄島守備隊が玉砕、アメリカの機動部隊が沖縄に上陸を始める。

小豆島や江田島でⓇの乗船訓練を受けた特幹隊の若者たちはフィリピン、沖縄の戦線へと送り込まれ、小さなベニヤ板の特攻艇で出撃した。アメリカ軍にとっては想定外の奇襲攻撃で、歩兵上陸艇LCT二隻が撃沈され、他にも数隻が損傷を受けたと伝わる。しかし、即座に海上に機雷をばらまく㋹対策が取られると同時に、魚雷艇による〝特攻艇狩り〟が始まった。以降、ほとんどの㋹が目的を達することなく撃沈され、若い命が次々に暗い海底へと沈められていった。

㋹は出撃した二二八八人のうち、七割の一六三六人が戦死。この中には海洋で遭難後、フィリピンに上陸して餓死した若者も少なくない。飛行機による特攻は、国民の戦意高揚のため広く報道され讃えられたが、陸軍船舶司令部の海上挺進隊の動向は極秘任務とされ、報道されることはいっさいなかった。そのため㋹の死闘は戦後長く封印されることとなる。

敵に戦法がばれてしまった以上、㋹は成果を伴わない作戦となり果てた。それでも後方の江田島には新たに一〇代の若者たち二〇〇〇人が全国各地から集められ、特攻訓練は続いてゆく。


四月、フィリピンのアメリカ軍は、日本本土の主要港封鎖を目的とする本格的な攻撃に着手する。彼らはこれを「飢餓作戦」と呼んだ。

まず呉や佐世保、下関海峡の上空からB29が機雷を投下して周辺の海上を封鎖。五月に入ると東京・名古屋・大阪・神戸の各港も封鎖され、とうとう下関海峡から阪神地区への物資輸送が断たれた。投下された機雷は一万二〇〇〇発以上にのぼり、掃海作業はとても追いつかなかった。日本近海は船の墓場となっていく。沈没した船のマストや煙突が海面からあちこち突き出す様は、まるで一面の林のように見えた。

船舶の交通路が徐々に狭まる六月、大本営から宇品に対して、本当に久しぶりの作戦が下命された。作戦名は「特攻朝輸送」。きたる本土決戦に備えて、満州や朝鮮半島から軍需品や食糧を西日本の山陰地区へ逆輸送、七月下旬までに輸送総量一〇〇万トンを揚陸せよとの指令である。

日本海側には、まだわずかながら航行の自由が残されていた。全国の各都市が連日のように激しい空襲に晒される中でも、日本海側の町は比較的被害が少ない。

久々に宇品が動いた。配下に生き残った船舶はわずかに一四〇隻（三〇万総トン）。このうち大型船は吉備津丸、熊野丸、めるぼるん丸、和浦丸、有馬山丸、日昌丸の六隻だけだったが、船舶司令部は全船を日本海にまわして輸送に着手した。釜山、羅津、元山、馬山の港から、日本海側一六ヵ所の港にいっせいに物資を運ぶ作戦である。

佐伯司令官を筆頭に、篠原ら船舶参謀がそれぞれ港にはりついて指揮をとった。管戦部では予備船員を確保し、兵器部では舟艇の整備、各種資材、燃料、水、船用品、浮標器材などの整備に走り、修理部、経理部、法務部も現地に駆けつけて総員体制で作業にかかった。

実際のところ、この時期には在満支の兵力はアメリカの八個師団に過ぎず、弾薬に至っては近代式の大会戦であれば一回分にも満たないと、現地を視察した参謀総長の梅津美治郎《うめづよしじろう》は上奏している（『高木惣吉　日記と情報』）。

山陰への物資揚陸にあたっては、港ではない単なる海岸線まで使用された。十分な荷役の行える港湾施設はなく、作業はすべて人力で行わなくてはならない。しかし、若い労働力は根こそぎ戦争にとられてしまっている。結局、空爆と機雷をかいくぐりながら必死に運ばれたなけなしの物資も、多くが波打ち際に放置された。なんとか鉄道沿線まで運んだ物資も、各駅の倉庫に停滞したままとなった。

七月中旬の暑い盛り、篠原は船舶兵器部の荘司武夫中佐（三八期）ひとりを連れて列車に乗り込み、山口県内の港を視察しに出かけた。

広島を遠く離れた山陰の田舎町には、どこかのんびりとした空気が流れていた。茂る青葉は目に沁み入るように青く、細い農道の土は白く炎天に輝いている。

仙崎（長門市）の小さな埠頭には、人々が供出した金属類が小山のように積まれていた。宣徳火鉢、床の飾り物、薄端《うすばた》（金属製の花器）、蚊帳の吊り、金色に輝く仏像が惜しげもなく炎天の海風に晒されている。それすらも、もはや運ぶ人手がない。

続いて訪れた萩港で見た風景を、篠原はこんな風に綴っている。

食糧事情は極めて悪く、国民は粗衣粗食にあまんじて、勝つまでは頑張りましょうと励ましあっていた。釜山から機帆船に積み込んできた多量の大豆が萩の港に陸揚げされていた。揚陸された大豆袋は港からさらに停車場へと、荷車やトラックに積まれて運搬されている。

大豆袋は、ところどころ破れて穴が開いたのか、途中の路上に大豆の粒がぱらりぱらりと五粒、十粒とこぼれ落ちていく。その荷車の後を追って、ざるやどんぶりを持った女や子どもが付いて歩く。そして、こぼれた大豆粒を丹念に拾い集めている。どんぶり一杯にたまった大豆を抱えた女や子どもの嬉しそうな顔。これが昭和二〇年七月ころの特攻朝輸送の姿であった。これが日本全国、津々浦々の姿であった。私は、この有り様を目撃して目頭のあつくなるのを覚えた。

篠原は前年の秋、東京青山の陸大で教官をしているときのことを思い出した。夕暮れどき、下宿のある四谷の原町へと歩いて帰る途中、ひとりの老婆が道路を這うようにして血眼になって何かを探していた。

「おばあさん、どうしたのですか」

篠原が気軽に声をかけると、老婆は見知らぬ軍人を食い入るように見上げ、絞り出すように言った。

「今日、ようやくじゃがいもが配給になりました。たった二個です。それを確かに買い物かごに入れたのです。かごを腰の後ろに持って帰っている間に、底に穴でもあったか一個、落ちてしまいまして、今こうして探しているところです」

篠原は老婆といっしょになって道路に這いつくばり、じゃがいもを探した。しばらくすると、少し先の小溝の中に転がっているのを見つけた。それを手渡すと、老婆は黙って頭を下げ、じゃがいもを大事そうに握りしめて帰って行った。じゃがいも一つを必死に探していた老婆の姿も、今、目の前で零れ落ちる大豆の粒を拾って歩く人々の姿も、せっぱつまった日本そのものであるように思えた。

一億火の玉、本土決戦へ——。

掛け声は大きい。しかし汽車の窓から目についた本土決戦の演習訓練をしている部隊には、三八歩兵銃を持っている兵隊がひとりも見当たらない。手に手に竹やりを持って肉弾攻撃の訓練に汗を流している。もはや兵隊に武器すらいきわたらないのだった。

足りないのは船だけではなかった。武器も、食糧も、すべてが足りない。船舶を失った小さな島国は、床から起き上がることもできぬ病人同様であった。

そばに座る荘司中佐も、遠くを見やって黙ったまま。広島への帰路、二人は車窓にかわるがわる現れる村々の竹やり訓練と真夏の夕暮れを眺めながら互いに口を緘《かん》し、一言も発さなかった。

そうして、宇品は昭和二〇年八月を迎える。

第一一章　爆心

八月六日の閃光

その日の朝、宇品の空は一点の雲もとどめぬ晴天が広がった。海原には風ひとつたたず、真夏の日差しが炎熱焼くがごとく照りつけている。

船舶参謀・篠原優は午前七時半すぎ、やや疲れの残る重たい体で船舶司令部の置かれた凱旋館へと出勤した。おととい四日の土曜日には、国内各地の船舶部隊が集まっての大会同が開かれたばかりで、週末は休む間もなく過ぎた。

久しぶりの会同は、間もなく予想される米軍の本土上陸に向けて徹底抗戦を誓いあうものに過ぎなかったが、将校たちを前に佐伯文郎司令官が訓示した言葉は少し意外なものだった。

——上官は徳義と情誼をもって部下を統率せよ。統率者は冷酷を去らねばならぬ。

最近は物資不足も極まった感あって人心は荒れ、兵営でも下級兵士に対するリンチが酷くなっていると聞く。孫子の兵法いわく「将とは智、信、仁、勇、厳なり」。司令官はそんなことを言いたかったのだろうか、などと思いを巡らせながら二階の食堂前廊下を歩いた。同僚の参謀たちが机をはさんで向き合って話をしている。声をかけようと思った、そのとき――。

食堂の机の上に「ピカッ」と、真っ白な、目がくらむような閃光が走った（篠原優『暁部隊始末記』、以下同）。

写真のマグネシュームを焚くような閃光が、丸いフットボールくらいの大きさの火の玉となって飛びあがったように目を射った。「おや、何かしらん」と思いながら、五、六歩行きすぎた途端に「ドン」と大きな音響を発して、この建物に直撃弾でも食らったような衝撃とともに「ガラガラ」と壁が落ち、窓硝子が壊れて飛んだ。

「これはいけない、また次が来る！」と思って、私は急いで階段を転ぶように駆け下りて、本部前の広場に飛び出した。

昭和二〇（一九四五）年八月六日、午前八時一五分。

埠頭の広場に、兵隊や職員たちが飛び出してきた。みなが不思議そうに空を仰いでいる。B29の爆音は中国山地の彼方に消え去ったが、上空にはムクムクと、きのこのような形をした煙の筒が見えた。それはまるで意志をもった入道雲のように、すごい速さで上へ上へと膨らみながら昇ってゆく。

「皆実町のガスタンクに直撃弾が命中したな」

「いや、もっと向こうの広島の中心辺りじゃないか」

篠原は騒ぎの中を縫うようにして凱旋館の屋上に駆け上がってみた。町一面が塵のような灰色一色に覆われ、各所からボッボッと赤い柱のようなものが立ち昇るのが見えた。火災のようだ。その方角にある広島地区司令部に様子を聞いてみようと、階下の参謀室から電話をかけたが繋がらない。電信もだめ。広島駅のそばに四月に設立されたばかりの第二総軍司令部にも連絡したが、すべて不通だ。

早朝から金輪島に視察に出ていた佐伯司令官が、小さな伝令船で飛ぶように戻ってきたのは、あの奇妙な白い光が発して数分もしないいくらいのことだった。参謀たちが司令官を取り囲んだ。

「あの光と音はなんだ」

「わかりません。第二総軍も、地区司令部も、連絡が不通であります」

「空襲にしては、静かすぎるな」

「はい、敵機がどこにも見当たりません」

「参謀は急ぎ自動車で偵察に出よ」

篠原は広島城下に基地を構える中国軍管区司令部と連絡をとる担当になり、同僚の仙頭俊三参謀とともに車に乗り込んだ。瀬戸内海を背に、四キロ先の広島市内へと北上していった。

車窓に見える宇品地区の建物は、屋根が飛んだり窓ガラスが割れたりしているが、さほどの被害は見当たらない。ところが、宇品地区と市中心部の中間にある御幸橋（爆心から二・三キロ）辺りから景色が一変する。橋の向こうにあるはずの、見慣れた風景が消えている。建物がすべて同じ方向に向かってなぎ倒され、無数の柱や梁が屋根を破って突き出している。

「さては、この辺に直撃弾が落ちたな」

「ここは迂回して、富士見橋から市内に入りましょう」

慌ててハンドルを切り、川沿いを北に向かって数百メートルほど走った。富士見橋の方面から市内へと入った、そのとき。篠原は息をのんだ。川向こうは一面、火の海。それもただの火災ではない。まるで強力な火炎放射器で焼き払われているような、見たこともない猛火である。

付近は炎々として燃えあがり、さなきだに暑い八月、この火焔の中で顔も体も灼け付くように熱い。付近の火焔は自動車の燃料油に引火する心配もあるので、もうこれ以上、自動車での前進は出来ない。やむを得ず、此処で自動車を降りて徒歩で火の海を潜りながら、やっと市役所前までたどり着いた。

見ると、市役所前の電車線路上は、ずっと紙屋町方面まで黒煙りをあげて燃え続いている。電柱という電柱は総べて横倒しになって、これに電線ががんじがらめに絡んでいる。そしてその電柱はぶすぶすと燃えて火を噴いている。道路上一帯に鉄条網に加えて火焔放射器による火の海のようなものである。これではとても前進することは難しい。防空壕で生徒が生き埋めになっているとの叫び声も飛ぶ。

逃げ惑う市民の波のなかに、小さな子どもを胸に抱いた男が立ちすくんでいた。無傷の軍人二人を見つけると無我夢中ですがりついてきて、男泣きに一気にしゃべり出した。

「屋根の下の隙間から妻の顔が覗いとったんです。妻は火の回らんうちに逃げてくれ言うて、血の出るような叫び声をあげて、火はもう私の背中にまわって、じりじり熱うなって、私は泣く泣く妻に手を合わせて、火焔の中に死んでいく妻に詫びました、軍人さん、仇をとってください！」

辺りは阿鼻叫喚《あびきょうかん》、悲劇は数限りなく各所に起きているようだった。この日の広島で、人間の生と死の境は紙一枚よりも薄かった。篠原はわずか十数分足らずの間に、この世の地獄を見た。

市役所から先は丸ごと猛火に包まれ、もはや足を踏み入れることのできる状態ではない。軍管区司令部まであと一キロもなかったが、篠原は進むのをあきらめ、自動車を置いた場所まで這うようにして戻った。

宇品へと帰る道中、はや罹災者の波が続々と海の方角へ、南へ南へと押し寄せていた。みな一様に髪が逆立ち、夏服はぼろぼろに破れ、全身血まみれで赤黒く、なぜか幽霊のように両手を前に垂れている。よく見れば、指の先からは高熱で溶けたのか皮膚がブラブラと長く長く垂れさがっている。中には兵隊もいるようだが、市民か軍人かはわずかに足下の靴で判別するしかない。空襲の負傷者とは、どうも様子が違う。やがて負傷者の群れは道路にまでなだれ込んできて車を進めることもできなくなった。あまりの惨状に、篠原は心の底から震えを覚えた。

息せききって凱旋館まで駆け足で戻り、司令官室に飛び込むと、現場から早々に引きあげてきた偵察隊が佐伯司令官を取り囲んでいた。

逐次に集まってきた情報によれば、広島市の災害は予想を超えて大きい。ほとんど全市が火の海で、にわかに信じがたいことではあるが、ほんの瞬間的数秒間に根こそぎ破壊されたらしい。広島城下の中国軍管区司令部とも、広島市内の警備を担任する地区司令部とも、それらを統括する第二総軍とも依然として連絡はつかない。宇品地区の一角に無傷のまま残った自分たちだけが唯一の活動機能かもしれないという現実が浮かび上がってきた。

「市内は火の海で、もう自動車も自転車も入れません」

わなわなと金切り声をあげる参謀に、佐伯司令官は毅然《きぜん》として言った。

「われわれには、船がある」

デルタの町、広島には町の間を縫うように七本の川が流れている。佐伯司令官はその川をいわば〝兵站線〟と定めたようだった。

佐伯の行動は、後に原爆投下と判明する世紀の瞬間から、わずか三五分後に始まる。ここから敗戦までの一〇〇日間にわたって行われる救護と救援は、大発動艇はじめ船舶司令部の持つすべての舟艇を動員し、七本の川を交通路として、被災地に対する上陸作戦の様相となる。

船舶司令部が河川を往来できる小型舟艇を多数もっていたこと、そして各部隊の主体を成す兵隊が「歩兵」でなく、架橋、鉄道、電気、電信、船舶といった専門技術を持つ「工兵」で占められていたことは、これからの活動に大きな利点として生かされることになる。

佐伯司令官はまず市内に次々と偵察をやって情報を集めるとともに、救援と消火活動に着手した（以下、佐伯文郎『広島市戦災処理の概要』）。

八時五〇分

1、海上防衛隊長に命じ、消火艇を以て京橋川両岸を消火せしめた。

2、広島船舶隊長に命じ、救難艇を以て逐次患者を似島に護送すると共に、主力を以て京橋川を遡江、救難に任ぜしめた。

3、野戦船舶本廠長に命じ、救難隊を以て京橋川を遡江、救難に任じ、一部を以て市内の消防に当らしめた。

4、船舶練習部長に命じ、救難隊を中央桟橋付近に出し、出発準備、一部は通信隊補充隊を救援せしめた。

註、船舶通信補充隊の特別幹部候補生部隊は、上半身裸体で体操実施中であったので、全員火傷を受け重傷のものが多発した。兵舎の破壊は船舶部隊中、最も甚だしかった。

5、教育船舶兵団長に命じ、一部を以て千田町特別幹部候補生通信隊の救難に任ずると共に、主力を以て破壊消防を準備させた。

6、船舶砲兵団長に命じ、速に砲兵教導隊の一部を以て通信補充隊を救援せしめた。

7、幸の浦（㋹特幹隊）・幸《ママ》口部隊は、待機せしめた。

九時三十分

元安川東岸地区一部火災の発生の報告により、次のとおり処置した。

1、海上防衛隊長に命じ、消火艇二隻を以て元安川を遡江、赤十字病院付近の消火に任ぜしめた。

2、船舶練習部長に命じ、救難艇三隻を以て元安川を遡江、救難に任ぜしめた。

火災発生から二時間後の午前一〇時過ぎ、凱旋館では救援救護の合間を縫って高級参謀が集まり、「爆撃の実体」について最初の話し合いがもたれた。これまで各都市を空襲してきたようなB29爆撃編隊は姿を現していない。わずか一瞬の光が発した後に広島市が丸ごと壊滅した。

「米国が新型爆弾を作っているとの情報があったが、今度のはそれではないか」

「光が町を破壊したということは、原子爆弾じゃないか」

参謀たちが口々に言い合った。

それを科学的に確定するには至らなかったが、佐伯は「或は然らんとの結論に一致した」と書いている。かねて原子爆弾の開発研究に、日本ふくめ世界の列強がしのぎを削っていることは軍上層部では認識されていた。アメリカに先を越されたに違いない——。この会議の結論を以て、船舶司令部から陸軍大臣と参謀総長宛に広島被爆の概況について最初の電報報告が打たれた（以下の電文は、後に大本営において発信者・時刻不明扱いとされた）。

〇八一五　B二九　四機広島ニ来襲シ原子爆弾一ヲ投下広島市大部壊滅ス

十時四十分
火災は、京橋川西岸に延焼、死傷者続出の情報があったので、次の通り処置した。
1、船舶衛生隊長に命じ、傷者の救護に任ぜしめた。
2、船舶練習部長に命じ、救護班を出し、船舶衛生隊長の区処を受けしめた。

3、広島船舶隊長に命じ、所要の舟艇をして傷者を似島に輸送せしめた。

4、野戦船舶本廠長に命じ、速やかに百名を専売局附近に派遣、破壊消防に任じ、主力は破壊消防を準備せしめた。また、機附艀舟四隻を元安川南大橋付近に出し救難に任ぜしめた。

十一時三十三分

似島収容所救護を強化する為、第十教育隊の百名を増加した。

十二時

比治山北側地区の火災拡大する由、情報があったので、海上防衛隊長に命じ、消火艇隊の一部を以て猿猴川を遡江し、比治山北側地区の消火に任ぜしめた。

原爆投下から正午までの三時間半に佐伯が下した指令をみると、「救難」「救護」「消火」そして積極的な「破壊消防」が行われている。破壊消防とは火災の延焼を防ぐため、まだ火の手がまわっていない周辺地域の建物を事前に取り壊してしまう作業のことだ。

広島市内へ投入する部隊を数十人から数百人規模へ徐々に拡大させながら、佐伯は昼過ぎ、司令官として腹をくくった。

十三時三十分

被爆情報は、刻々その惨烈を伝うるに至ったので、船舶司令部は、電報班を除き、常務を停止し、全力を挙げて救護救難に任ずることとした。隷下部隊にも十一時三十分、平常業務及教育を中止し救護に任する如く指示を与えた。

こうして宇品近郊にある船舶司令部の全部隊が広島市内に向けて投入された。八時五〇分段階では待機を命じられた江田島の㋹特幹隊にも昼前までにいっせいに動員がかかった。一〇代の少年たちは敵艦に突っ込むためのベニヤ板の特攻艇や大発に続々と乗り込んでデルタの川をさかのぼり、火の海へと身を投じていった。それはある意味での特攻であった。

宇品埠頭でひときわ大きくそびえ立つ凱旋館には、辛うじて歩ける被災者たちが続々と詰めかけた。さらに先遣隊に救助された重傷の市民も大発で宇品へと運ばれ、船舶兵が担架で凱旋館へと送り込んでくる。その数は一〇〇〇人、二〇〇〇人とものすごい勢いで増えていく。

篠原は、昼前後の凱旋館周辺の風景を次のように書いている。

先ず運ばれて来る罹災者の救助作業である。軍医部や衛生機関の職員たちは直ちに罹災者の救助処置にとりかかった。凱旋館の大広間は、見る見る間に火傷患者で充満した。負傷の苦痛にうめく声が、さらぬだにこの炎暑のうちに、罹災者でむんむんするこの部屋の中を、ひとしお惨憺たるものにするのであった。敷かれた莚の上にも、運ばれた担架の上にも、土間の上にも、ひん死の重傷者が身を横たえて断末魔の苦しさに喘いでいる。この間を縫うようにして、船舶衛生機関は全力を挙げて、火傷に油薬をぬり、繃帯をし、注射をしながら寸刻の暇もなく、血まなこになって救助処置に奔走した。

此処に収容し切れない多数の患者は逐次に舟艇で似ノ島、金輪、坂、鯛尾、小屋浦、楽々園方面の収容所に送られた。

金輪収容所でも舟艇庫を片付けて患者を一杯収容した。ひどい火傷がただれた上に蝿が黒くたかって、室内は臭気に満ちている。苦しい呻《うめ》き声が悲愴に響く。あそこでも、ここでも次ぎ次ぎと死んで行く。全くこの世ながらの地獄というべきであろう。然し収容されて手当を受けられるものは、まだしもよい方であろう。市内には幾万人の身動きならぬ同胞が、猛火に包まれながら或は炎天にさらされながら、その尊い人の命を、みとられることもなく失って死んで行ったことであろう。これは、まさに世紀の悲劇であり戦慄であろう。

佐伯司令官は各部隊から寄せられる情報を元に、一時間に数度の頻度で副官に口頭で指令。それがすぐさま起案され、矢継ぎ早の電報となって各隊に飛んだ。午後以降、指令の内容は救援救護に加えて、「防疫給水（水道の確保）」「食糧と衣料の配給」「炊き出し」などの補給任務も加わっていく。

十六時五十分

罹災者用衣糧として、船舶倉庫長に命じ、差当り左記を市に交付せしめた。交付に当っては己斐・宇品両方面より都心部に及ぶ如くし、分配に関しては、積極的に市側に協力することに留意せしめ、また、補助憲兵三十名を出し、二十日市（廿日市）憲兵隊長の指揮を受けしめる如くした。

	乾パン	作業衣袴	蜜柑瓶詰（患者用）
己斐方面より	約三、〇〇〇	一、五〇〇	二、〇〇〇
宇品方面より	約六、六〇〇	五、〇〇〇	五、〇〇〇

午前中に第二総軍司令部に差し向けられていた連絡将校がようやく徒歩で宇品へと戻ってきたのは、夕方になってからだった。第二総軍もほぼ壊滅したが、畑俊六司令官はじめ幕僚たちの多くは負傷しながらも大難を逃れたことがわかった。

佐伯は「船舶司令官としては、以上の如く自主的に処置する処があったが、夕刻近く、総軍命令を受けたので、之に基づき、更に警備並びに戦災処理に関し、所要の処置をとることとした」と書いている。ここで佐伯司令官は「廣島警備担任司令官」に着任、すでに独自の判断で投入してきた船舶部隊に加えて、広島市近隣に点在する陸軍の全部隊を配下に入れて兵力を増強、救援救護体制を再構築する。

佐伯は被災地域を「東地区」「中地区」「西地区」と三つのエリアに分け、それぞれに独立した部隊（船舶兵団・船舶練習部・野戦船舶本廠）を丸ごと投入し、各地区に野戦病院を設置させた。現場での指揮は佐伯の命令を待つことなく、各隊長に現場の要求に応じて独自に判断させることにした。この三地区は翌日、被災の状況が判明してくるにつれて四地区へと変更されることになる。

佐伯は副官に「広島市警備担任地域要図」を急ぎ作成させ、凱旋館の中央に貼り出した。そこに地区ごとの司令部の配置や、そこに至るまでの交通の状況を逐次書き込んでゆき、全参謀に対して更新される情報を速やかに把握するよう求めた。

同刻、彼は救援体制に新たな任務を追加している。

1、救護・警備の重点は、第二総軍司令部・中国軍管区司令部・中国地方総監府・広島県庁・広島市役所・広島駅各附近及主要交通路上の要点とする。
2、先ず重点附近の傷病者難民の処置を完了する。
3、次いで成る可く速かに主要幹線交通路を啓開し交通を維持する。
4、流言飛語を防止し、民心を安定せしめる。
5、救護警備は、現態勢に吻合せしめつつ着手し、現在の任務を達成した后、逐次部署を変更し、八月七日一二時迄に新配備に移行する如く努める。

早くもこの時点で、まだ燃え盛るばかりの市内に「主要幹線交通路」をつくって交通を可能とするよう指示を出している。また目下の業務を臨機応変に続けながら、翌日昼には新たな体制をつくるとの指示は、災害出動においては時間の経過とともに救援救護のあり様、現場のニーズが変わるという現実を認識していたものとみられる。

活動は夜を徹して行われた。もとより補給・兵站を専門とする集団である。金輪島はじめ周辺の島々では残留部隊が徹夜で炊き出しを行い、市内に出動した全部隊に途切れることなく食糧が届けられた。しかし、あまりに凄惨な状況を目の当たりにして、次々に届く握りめしも喉を通らなかったという証言が多い。

翌朝、焼け残った市内数ヵ所の建物に、船舶司令官による布告が貼り出された。

廣島市民ニ告ク

米機ハ遂ニ人道上許スヘカラサル特殊爆彈ヲ以テ我カ廣島ヲ侵セリ痛憤眞ニ極リナシ

予ハ廣島警備担任司令官ヲ命セラレ死力ヲ竭シ戰災復旧ヲ完遂セントス親愛ナル廣島市民ヨ予ト一体トナリ断乎米鬼撃滅ノ闘魂ヲ振起シ戰災復旧ヘノ協力ニ邁進セラレンコトヲ望ム

廣島警備担任司令官

船舶司令官

*

原爆投下から二四時間の佐伯文郎司令官の足取りを、彼自身が残した『広島市戦災処理の概要』に辿ってきた。この記録は広島の原爆投下後の状況を伝える貴重な文献のひとつで、佐伯が戦後、B級戦犯として巣鴨プリズンで刑に服していた昭和三〇年前後に書かれたものだ。佐伯はまえがきで、厚生省引揚援護局が巣鴨に差し入れた『第二総軍命令綴』をもとに書いたと綴っている。この『第二総軍命令綴』はいまだ公開されていない。

私は長い間、この手記に強烈な「違和感」を感じてきた。

佐伯司令官の行動は極めて初動が早く、指示も的確だ。災害復旧における博識ぶりに至っては、時間の経過によるニーズの変化への対応など近年の大災害で関心を集めたような事項を先取りしていて目を見張るものがある。私はこのことについて、佐伯が有能であったと称えるだけでは説明がつかぬように思った。もっと書けば原爆投下から一〇年の歳月を経て、意図せぬ「脚色」が混じっていやしないかとさえ疑っていた。戦闘詳報などの一次資料でも脚色や改竄が行われることは珍しくない。後世に読まれることを想定して綴られた日記なども同様の危険性は常にはらんでいる。

自ら「司令官」になったつもりで考えれば、その行動がいかに異例であったかがわかる。本土決戦が正式に決定された昭和二〇年六月八日の御前会議では、アメリカ軍の本土上陸により九州・四国での決戦が七、八月、関東平野での決戦が初秋以降と予想されていた。全国の都市が次々と空襲で焼き払われ、老若男女どんなに多くの命が失われようとも「一億火の玉」になっての徹底抗戦が叫ばれている最中である。

海岸防衛の最後の砦となった船舶司令部は、残る手勢を総動員して米軍上陸に備えていた。いわば国民の命が鴻毛より軽かった時代に、手元に唯一、残された虎の子の特攻兵器で作戦の中心を担う㋹部隊の総員二〇〇〇人を、市民の救援のために危険極まりない火の海に突入させるという判断は尋常ではない。たとえば海軍は、㋹特幹隊と同じ江田島にいた同世代の海軍兵学校の生徒数千人をいっさい動かさず、温存している。

さらに書けば明治以降、宇品の船舶司令部に課せられてきた任務は海洋業務であり、代々の船舶司令官の思考と視線は常に洋上の先にあった。背後にある広島市は「縄張り」の外にある。

二〇一三年、取材を続けるうち、『船舶司令部作命綴』の存在を知った。『作命綴』は原爆が投下されて以降、宇品の船舶司令部から発せられた電報を綴じたもので、当時まだ目黒にあった防衛研究所に保管されていた。先に書いた『第二総軍命令綴』との関係は明らかではないが、その一部を構成していた可能性がある。

佐伯が先の記録をまとめるにあたり、これを参考にしたようだと教えてくれたのは、当時、偕行社編集委員を務めていた喜多邦彦氏（防大一〇期）だ。喜多氏は二〇〇〇年、旧軍と災害復旧をテーマにした論文「複合様相下の国土防衛」を発表しており、その調査の過程で『作命綴』に行き当たり引用したという（この『作命綴』について二〇一五年、戦後の新発見のように伝えた報道があったが勇み足である）。

改めて『作命綴』と照らしあわせながら、『広島市戦災処理の概要』を読み解いてみた。すると、佐伯司令官が命令を発した時間も内容もほぼ電報の通りで、私が疑ったような脚色がいっさい入り込む余地のない正確な一次資料に基づいて執筆されたものだった。

そうなると、ますます疑問は深まった。なぜ当時の世情の中で、佐伯司令官はここまでの行動をとったのか。

大災害と軍隊

抱え続けた問いが氷解したのは、六年後の二〇一九年。

再び市ヶ谷台の防衛研究所の一室で、軍事史家の原剛さんと戦史研究センター史料室所員の齋藤達志さんと三人で向き合ったときのことだ。私は佐伯司令官の原爆投下後の行動についての疑問を二人にぶつけてみた。すると早速、原さんから強い口調で疑問が呈された。

「佐伯さんのその記録は本当に正しいのか？　船舶司令官が第二総軍の命令も受けないで、勝手に他の司令部が担任する地区に全部隊を出動させるなんてことは、今も昔も軍隊の常識からはありえんことだよ」

繰り返すが八月六日、宇品から第二総軍に送った連絡参謀が戻ってきたのは夕刻で、船舶司令部に広島市の戦災復旧が正式な任務として命令されたのはそれ以降だ。第二総軍第一課長・井本熊男が後にまとめた『広島の原爆被爆時の第二総軍司令部の状況』にも、「午後遅くなって宇品の船舶司令部は被害が少なく人員も多く殆ど平常の如く活動しうることが分かった」との記述がある。

だが佐伯司令官は原爆投下から三五分後には行動を起こし、一三時三〇分には全業務を停止して「全力を挙げて」救援救護にあたることを独断で決めている。この時系列も『作命綴』から明らかで、動かしようがない。

私は改めて、二人に佐伯司令官が広島でとった行動の内容を詳細に説明した。探りたかったのは、当時の軍人は陸大などで戦場における救援救護について教育を受ける機会があったかどうか、また佐伯司令官が歴任した中国戦線における軍務、具体的には「居留民の保護」を含む治安戦が、このような行動に結びつくものだったかどうか。軍人が戦場で下す判断は往々にして過去の経験を通じて形成されるからだ。

暫くして、齋藤さんが首をかしげて思わぬことを口走った。

「今、ご説明になった話を聞いていると、佐伯司令官が広島でとられた行動はまるで関東大震災のときに陸軍が行った処置と同じなんですよねえ……」

齋藤さんは二〇〇八年、論文「関東大震災における米国の支援活動の役割と影響」を陸戦学会で発表しており、その調査の過程で震災時における軍の動向を原典からつぶさに調べた経験があった。

「被災地を東、西、中地区などと区分けして、それぞれに独立した部隊を投入するという手法は関東大震災でも同じことが行われています。司令部で地区ごとの地図を作製して、食糧の配給や炊き出しに乗り出して……」

原さんがふと気づいたように齋藤さんの言葉を遮った。

「おい、佐伯さんはその時期、どこにいた？」

机の上には、私が作成した佐伯文郎の歩みをまとめた年表が置かれていた。それを改めて凝視すると、大正一一年一二月から一五年まで「参謀本部付」とある。佐伯は陸大を卒業後、卒業生が必ず経験する原隊での中隊長勤務を終えて参謀本部に配属されていた。彼が着任して九ヵ月後に関東大震災が発生、参謀本部には関東戒厳司令部が設置され、参謀たちは震災に対する災害復旧のあらゆる指揮を執った。

ここから取材は一気にすすんだ。震災時の陸軍の動向を逐一伝える『大正一二年公文備考』変災災害附属第一～二巻（防衛研究所所蔵）には、「関東戒厳司令部職員表（大正一二年九月一四日調整）」が掲載されていた。陸軍大将・福田雅太郎司令官（後に山梨半造に交代）の下に阿部信行参謀長、その下に参謀部が置かれ、警備課・情報課・補給課・交通課・航空課の五課が設けられている。副官邸と部付をあわせて将校や高等文官七〇人と、准士官三一人の約一〇〇人からなる体制である。

参謀部の交通課（交通・通信・庶務）には九人の名前が記されており、その中に「歩兵大尉・佐伯文郎」の名前が確かに明記されていた。佐伯にとって参謀職に就いて初めて経験した重大任務が、関東大震災の災害復旧だったのである。

関東大震災は説明するまでもなく大地震が原因だが、実態はその後の火災による被害が甚大だった。焼け出された罹災者の総計は一府六県の二九％にあたる三四〇万人、推定損害額は前年度の国の一般会計予算の三・七倍に匹敵する五五億円。未曾有の大災害によって、南関東一円が交通や通信網の途絶する事態に陥った。被災の規模は、広島の比ではない。

陸軍の初動を見てみると、まず火災の消火、被災者の救援救護、罹災範囲の確認などの業務が記録されている。そして佐伯が広島で最初に着手したのと同じように、当初から積極的な「破壊消防」が行われた。災後の検証で、首都の三分の一が焼け残ったのはこの破壊消防の成果だと評価された。

続いて陸軍は、保管する糧秣の支給を開始し、乾麵や缶詰などを配給。これがわずか三日で底を突いたことから各地でいっせいに炊き出しを始めている。陸軍大臣は東京近郊、朝鮮半島からも保管糧秣を東京に回送させ、四五万人を投入して米六〇万俵、副食三一八万貫、衣類二二三万貫を各被災地に届けた。

佐伯も原爆投下当日の夕刻には早くも宇品の陸軍倉庫に備蓄していた糧秣を放出して支給を始め、間を置かずに炊き出しにも着手。三日後には小豆島から醬油三五〇トン、四国からイリコ一〇〇トンなどの食糧を回送させている。

大震災発生から二日後、戒厳司令部は被災地を四つの警備地区（東京北部・南部・神奈川・小田原）に区分けし、それぞれに独立した部隊を差し向けた。最終的には四地区から七地区に細分化し、五万人もの兵力を投入した。佐伯が原爆投下の八時間後には被災地を三地区（翌日に四地区）に分け、それぞれに独立部隊を送りこんだのは、これに倣ったものと想像される。

さらに東京と横浜では各地で水道管が破損したため給水が一部断絶し、水の確保が火急の問題となった。被災地域における水不足は深刻な二次災害を引き起こし、救援救護の妨げにもなる。陸軍は各地に工兵隊を投入し、集中的に水道水路の補修にとりかかった。

佐伯もまた広島で、特に水道問題を重要視したことが記録上、明らかだ。篠原の手記には、原爆投下の翌八月七日にこう書かれている。

佐伯中将は、給水能力の低下を心配して、自ら水源地に自動車を飛ばせて、市の給水関係者を督励した。佐伯中将は燃えるような熱意をもって、この広島市水道復旧に努力した。

『広島原爆戦災誌』によれば、被爆前には約六〇万石あった一日の水道の使用量が、被爆直後に三五万石にまで低下、全市で水圧が下がっていた。水道行政を所管する広島市の水道部庁舎は爆心直下に近い基町《もとまち》（爆心から六〇〇メートル）にあり、建物も倉庫も灰燼《かいじん》に帰し、職員は全滅した。

佐伯は七日早くに宇品を出て、爆心から五キロ北方にある牛田《うした》の浄水場に向かった。給水設備の心臓部が火災を免れ、ほぼ無事であることを自らの目で確かめると、すぐさま市内各所に工兵を投入、破損した送水ポンプの応急処置にかかるとともに、原爆投下から六日間に五七五〇ヵ所で徹底した漏水防止対策を行っている。

関東大震災において交通担当となった佐伯の主任務は、道路や鉄道の復旧、橋梁の修理である。このとき特に評価されたのは、千葉の鉄道連隊が上部組織からの命令を待たずに復旧に取り掛かったため、震災当日に亀戸─千葉間を開通させたことだ。佐伯は身を以て災害発生時における初動の重要さを知っただろう。また交通の再開は、近隣地域からの物資の搬送や救援隊の投入にも大きく関わることから、佐伯は災害時における補給の全体像を見渡す立場にあった。

広島でも、省線の広島駅（爆心から一・九キロ）は火災によって建物は大きく破損したが、佐伯は被災当日からここに集中的に工兵を送り込んで軌道の整備にかからせた。原爆投下の翌日には広島駅と船舶司令部とを結ぶ宇品線を復旧させ（路線は爆心を迂回するエリアにあった）、二日後の八日一四時には山陽線下りを、一六時には上り列車を一部開通させている。また被災三日後には広島市内でも路面電車が一部路線で運転を再開したが、これも陸軍の工兵と電信柱などの資材が大量に投入されたために実現したものだ。動くものが何ひとつない焼け野原の中を、ゆっくりと走るチンチン電車の姿に励まされたという市民の証言は多い。

ちなみに関東大震災では、佐伯と同じく参謀本部（船舶班）にいた少佐時代の田尻昌次も獅子奮迅の働きをしている。海軍の艦船から届けられる救援物資が集中して芝浦港がパンクしたため、田尻は参謀本部を飛び出して自ら埠頭で陣頭指揮をとった。二週間一睡もせずに補給物資を揚搭したり、被災地に配送したりする作業にかかった。佐伯にせよ田尻にせよ、軍人はこのとき全力を傾注して未曾有の震災復旧に取り組んだのである。

関東大震災における陸軍の活動については、朝鮮人虐殺事件への対応のまずさや、混乱に乗じて社会主義者を虐殺した甘粕事件が強調されがちだ。だが、その内実において莫大な貢献があったことは紛れのない事実である。

大正時代後半は軍縮が続き、近代でもっとも軍人への風あたりが厳しかった。軍人は軍服で電車に乗ることすら憚られ、時の逓信大臣・犬養毅が「軍人いじめが過ぎると、いつか反動がくる」と警鐘を鳴らしたほどだった。それでも、こと震災時における軍の行動についての報道は総じて好意的だ。

大日本雄弁会講談社（講談社）は『大正大震災大火災』において、「軍隊無用論など随所にその叫びを挙げ国民も亦、この声に禍《わざわい》せられて軍隊を厭《いと》ひ、国民皆兵の実将《まさ》に地に堕ちんとしつゝあるの状態であつたが、這個《しやこ》の大変災は、遺憾なくこの風潮を打破して、軍隊の威力を示し、陸海軍の実力の如何に絶大緊要のものたるかを国民の脳裡に刻みつけるに十分であつた」と書いている。

また軍国主義を厳しく批判していた読売新聞も、「兵隊ノ有難味」と題する記事を掲載し、「軍隊が今日の如く一般市民の感謝に値する奉仕的活動を執ったことは、何も軍国主義の攻撃と関係あるのに非ず、吾人は、軍隊の国民化を期待する為に、その正当の軌道を失い、又失おうとする行動及び弊害を非難したのである。そして、軍隊の働きが吾人の要求と符合したところに、軍隊に対する偽りなき感謝が生まれ、認識が生まれたのである」（大正一二年九月二三日付）と、どこか切れ味の悪い賛辞を送っている。

震災翌日に陸軍大臣に就任した田中義一は九月一八日に行った訓示で、軍隊の災害対応におけるあるべき姿勢を次のように示した（防衛研究所所蔵『大震災に当り陸軍大臣の訓示』を要約）。

「軍隊の本来の任務は戦闘ながら、平時、大災害に際し、警防救護の任務の遂行は軍民一体に必要不可欠な事項であり、各部隊がその本分を全うし国民の信頼に応えていることに満足している。さらに軍隊は官民から信頼を得たが、警備や救護に限らずいかなる任務に就こうと謙虚な態度で懇切丁寧に民衆に接し、規律を守り、より国民の信頼を得るように努力すべきである」

陸軍は総力をあげて七七日間、海軍は六七日にわたって救援活動を続けた。

佐伯文郎は関東大震災での任務を通して、災害時における軍隊出動の重要性を学んだ。それは彼自身の成功体験として刻まれた。後の昭和陸軍の専制体制とは異なる、国民の命を守るために総力を挙げて献身する軍隊の姿を、彼はこのとき目の当たりにしたのではなかったか。

関東大震災における戒厳司令部での経験から読み解くことで、佐伯文郎司令官の広島での救援救護における指揮のあり様がようやく腑に落ちた。だがもうひとつだけ、疑問の欠片《かけら》が引っかかる。広島の惨事は、単なる火災ではない。関東大震災と決定的に異なるのは、それが人類初の原子爆弾投下であり、殺人的な放射線が降り注いだ被爆地であるということだ。

佐伯司令官は、かなり早い時点でその脅威を認識していた。

すでに書いたが、船舶司令部では原爆投下からわずか二時間後、それが「原子爆弾」であろうとの意見の一致をみて陸軍大臣に電報が打たれた。このときは市内の様子から推測したに過ぎなかったが、日本時間で七日未明に行われたアメリカ大統領トルーマンのいわゆる「原爆投下演説」について、『広島原爆戦災誌』第一巻には次のような記述がある。

八月六日の夜、陸軍船舶司令部は大混乱のきわみに達していた。同司令部情報部の松島大尉は、七日を迎えたばかりの真夜なか、ラジオの短波のスイッチを入れてみると、アメリカの大統領トルーマンが、次のような声明を発表していた。声明は、最初に英語で、次に日本語で約三〇分間にわたっておこなわれたという。

松島大尉はトルーマンの演説を書き取り、間違いなく上層部に報告しただろう。七日未明の時点で、佐伯司令官は間違いなくそれが「原子爆弾」であることを確認した。

さらに八日には、日本で原爆研究に従事していた理化学研究所の仁科芳雄博士らの一行が東京から広島に到着。調査班は、被災者の一大救護所となっていた宇品の船舶練習部を訪れ、「無傷屍体」の解剖を行っている。

船舶司令部練習部の経理課長・木村経一によると、博士が興味を示したのは体中にひどい火傷を負った死者ではなく「無傷のためか、美しいような感さえした」死者だった。その内臓を取り出すと、赤黒く焼けただれていた。博士はびらんした内臓を手で持ち上げ、「解りますか、これは間違いなく原子爆弾による内臓の破壊です」と「周囲の人々に宣言するように」語ったという。

このとき、広島にかんするあらゆる最新情報は宇品の船舶司令部に集まった。佐伯は仁科博士ら調査班との会合にも出席しており、当時もっとも真実に近い場所にいた。調査班の助言で残留放射能の危険性についても認識していたはずだ。事実、第二総軍や中国軍管区司令部で一命をとりとめた畑俊六ら高級軍人たちは海軍の調査班や軍医の助言で市内中心部には立ち入らず、多くが郊外で身を休めたり、白血球の破壊を防ぐための輸血を繰り返したりした（呉鎮守府衛生部は、彼らの白血球の数値の変化を記した詳細な記録を残している）。

しかし、佐伯司令官は八月八日未明、凱旋館で配下の幕僚たちを一堂に集めた。そして篠原の手記によれば、全員を前にこう檄を飛ばした。

「広島市は空前にして絶後の悲劇に際会した。船舶司令部は今やその業務の総てをなげうって、唯ひたすらに戦災の応急救助と復旧に任じなければならない。この期間をまず、一週間と予定する。

予は今から広島市役所南側の広場に戦闘司令所を進めて、全般の指揮に当たろうとする」

新月の深い闇が明けようとする暁の宇品から一通の電報が放たれた。

八月八日　午前五時三〇分

予ハ本八日〇八〇〇戦闘司令所ヲ広島市庁ニ推進セントス

（『船舶司令部作命綴』）

八日午前五時半、佐伯司令官は爆心から一・二キロの広島市役所へ「戦闘司令所」を前進させることを全部隊に通達した。

宇品の海岸から広島市中心部まで、わずか四キロ。これまでのように河川を舟艇で移動すれば情報は遅滞なく得ることができる。船舶司令部の置かれた凱旋館は窓ガラスが割れただけで、大きな被害は受けていない。放射能の影響がほとんどなかった安全な宇品で、引き続き指揮をとっていても何ら支障はなかった。あえて危険な爆心地に司令官自ら赴く必要があるだろうか。

すでに書いたが、過去に宇品から戦闘司令所が動いたのは昭和一六年一二月、マレー上陸作戦。このときは日本から四三〇〇キロも離れた南部仏印サイゴンに前進した。そして今回は、わずか四キロ先。移動距離こそ大きく異なるが、船舶司令官として戦闘司令所を前進させるという決断の重みにおいて、佐伯は原爆投下後の広島に対する救援救護の任務を、国家の命運をかけた開戦劈頭の大作戦と同等に位置付けたということになる。

佐伯はすでに万という単位の兵隊を放射能に汚染された爆心地に送り込んでいた。特攻任務に就くはずだった一〇代の若者たち約二〇〇〇人も、まだ火炎の熱も冷めやらぬ焦土に野営しながら被災者の救援や遺体の処理に明け暮れている。軍司令官自ら前線に出れば、現場の士気は高まる。しかし、彼の脳裏にあったのはそれだけではなかっただろう。

佐伯はこれまで船舶司令官として何十万人もの船舶兵や船員たちを、その名によって宇品から死地へと投じてきた。彼らは現地軍の指揮下に入って手の及ばぬところとなり、やがて「遺骨」となって帰ってきた。激戦地からの遺骨は、指一本だった。海没した船員の遺骨は、毛髪やサンゴだった。宇品港に軍人軍属の遺骨箱を満載した輸送船が戻ってくるたび、佐伯は司令部近くにある千暁寺に自ら足を運び、住職に法要を依頼した。できることは、それしかなかった。日本最大の輸送基地・宇品にあってその長たる船舶司令官はあまりに無力だった。

八月八日、佐伯は夜明けとともに副官と参謀一五人を伴って凱旋館を出発。そして被災者でごったがえす広島市役所裏に簡易な天幕を張って幕舎となし、そこを宇品に代わる新たな司令所と定めた。

――予ハ　死力ヲ竭シ戦災復旧ヲ完遂セントス

前日、市内各所に貼り出した布告のとおり、自ら爆心に乗り込んだ。そこを拠点に前線部隊を激励してまわり、次々と指令を発していった。そして夜はほんの数時間だけ、焼け跡に敷いたむしろの上に身を横たえた。篠原はそれを「燃えるような熱意」と書いた。

焦土と化した、広島の原子野。そこは彼にとってもはや被災地ではなく、自ら指揮をとることのできる最後の戦場であったのかもしれない。

佐伯は終生、自身のことは一言も語らなかったが、宇品から佐伯司令官に同行し、いわば残留放射能の海の中で過ごすことになった副官の谷口太郎は戦後、次のように回顧している（『船舶兵物語』）。

（閣下は）広島の市役所に戦闘司令所を進め、終戦まで約1週間、焼跡にアンペラ（むしろ）を敷いて寝ながら、約一万人の船舶部隊を直接指揮し、救援にあたられたのです。私も随行いたしまして、まだ三〇歳と若かったのですが、それでも発熱、下痢、白血球が減少しその後10年間原爆症に苦しみました。佐伯閣下は何も言われませんでしたが、17年前（昭和四二年）に肝臓がんで亡くなられました。これも残留放射能の影響であったと私は思っております。

外された軍事目標

原爆投下から三、四日がたつと、広島市役所裏から発せられる佐伯司令官の指令は、交通網の復旧、罹災証明書の発行、電話網・電気の復旧、市民に対する案内所の設置、救護所の情報を記す掲示板に至るまで細々と、そして多岐にわたるようになる。

また佐伯の姻戚によると、南千田町（爆心から一・八キロメートル）の司令官宿舎には佐伯自身の妻と娘も住んでいた。二人は火傷を負い、凱旋館で治療を受けた。佐伯は司令官の家族がいると周囲が過剰に気を遣って市民への対応が疎《おろそ》かになると懸念して、妻子を目立たぬ場所に移した。妻子は被爆後、「軍のトイレの中で生活をした」と語っていたという。

佐伯は各部隊に記録を残すよう重ねて促している。遺体の処理にあたった特幹隊をはじめとする兵隊たちには紙と鉛筆を支給し、死亡者の本籍や氏名、それが不明であれば所持品や遺体の特徴などを詳細に書き残し、遺品は状袋《じょうぶくろ》に入れて提出するよう命じた。これが後に膨大な原爆犠牲者の記録となり、後世に長く伝えられてゆくことになる。同時に爆心に寝起きした多くの兵隊たちが、それぞれの故郷に戻ってから二次被爆によって次々に命を落とした（この作業に身を挺してあたった㋹特幹隊の若者たちの足跡については拙著『原爆供養塔』に詳しい）。

さらに八月九日以降、佐伯司令官は他の部隊に対しても筆記による報告を下命。特に四つの重点地区に配備した各部隊に対しては「戦闘詳報」と同じ形式で詳しい記録を残すよう厳命した。世界初の原子爆弾投下の歴史的意味を、佐伯は正しく理解していたと思われる。この命令は、関東大震災において戒厳司令部が膨大なメモや走り書きまで記録として保存したこととも無関係ではないだろう。

原爆投下から五日後、佐伯が綴った記録の中に彼らしからぬ記述がある。

八月十一日

已に、患者は、概ね収容し、屍体は海中を除き、取片付概了した。道路の啓開も完成し、電灯・電車・バス共に一部復旧、水道亦一部の漏水はあるが、殆んど全域に対し給水可能となり、又、郵便函も新設された。（略）

此の日、大体、高等学校以南――宇品地区、段原――比治山以南地区、草津――己斐地区、府中地区の電灯が、復旧し、荒涼たる被災地に漸く希望の灯がつくようになった。

（佐伯文郎『広島市戦災処理の概要』）

優れた実務家である佐伯の電報や手記には、事実のみが淡々と綴られるのが常である。最後に記された「希望の灯」という情緒的な四文字には、軍人人生最大の修羅場をなんとか越えつつある彼自身の安堵を見るようだ。

広島での救援活動は、敗戦のその日まで続いた。

明治以来、宇品を拠点に海洋業務に従事してきた陸軍船舶司令部は、初めて海ではなく陸へと向かった。戦闘ではなく、市民の救援のために全部隊が動いた。人類史上初めて原子爆弾の犠牲となった広島の地で、その任務をまっとうした。

ここで私たちは重要な事実を思い出さねばならない。アメリカ軍が原爆投下目標を決めるとき、なぜ広島を選んだのかという冒頭の問いである。

an important army depot and port of embarkation（重要な軍隊の乗船基地）

原爆投下の前月、広島市上空に偵察機を飛ばして綿密な撮影を繰り返したアメリカ軍が最終的に原爆投下目標と定めたのは、宇品ではなかった。陸軍倉庫や軍需工場が立ち並び、特攻隊基地が置かれた宇品周辺はほぼ無傷で残った。

アメリカ軍の海上封鎖によって宇品の輸送機能はほとんど失われており、もはや原爆を落とすほどの価値はなかった。さらに言えば、兵糧攻めと度重なる空襲で芯から干上がった日本本土に原爆投下の標的にふさわしい都市など残されていなかった。

それでも原爆は落とされねばならなかった。莫大な国家予算を投じた世紀のプロジェクトは、必ず成功させねばならなかった。ソ連軍の南下を牽制するためにも一刻も早く、その威力を内外に示さねばならなかった。それは終戦のためというよりも、核大国アメリカが大戦後に覇権を握ることを世界中に知らしめるための狼煙《のろし》であった。

遮るものが何もない、のっぺりとしたデルタの町。原爆はそのほぼ中心部、住宅や商店が密集し、人々の営みが行われていた繁華街の真上で炸裂した。後に原爆の威力を分析するとき、被爆地に同心円を何重にも描くことのできる好都合な場所、一度により多くの市民を殺傷するのに有用な場所が投下地点として選ばれた。

アメリカの戦争指導者たちが幾度も議論を重ね、原爆投下の正当な理由として掲げ続けた軍事目標・宇品は、かくもあっさりと外されたのである。

宇品の終焉

昭和二〇年八月一四日午前、大本営から船舶司令部に緊急の親展電が入った。

佐伯文郎司令官に対して、ただちに大本営への出頭を命じる命令である。午後二時前、佐伯司令官は広島市役所裏の戦闘司令所を後にして吉島飛行場を飛びたった。これに船舶参謀の篠原優、副官の二人が同行した。

道中、篠原は何度か佐伯司令官に話しかけたが、佐伯は軽く相槌を打つだけで一言も発さなかった。すでに九日、長崎に二発目の原子爆弾が投下され、ソ連軍による満州への侵攻も始まっている。

日本がポツダム宣言を受諾したことも、短波放送の情報から得ていた。篠原は「最後の徹底抗戦」に向けての重要な命令が下されるのだろうと覚悟を固めた。

夕方、一行は立川飛行場に降り立った。西の空に夕焼けの名残《なごり》をとどめる黄昏《たそがれ》のなかをトラックに乗り込み、土煙をたてながら市ヶ谷台の大本営へと急いだ。都内に入ると、ほうぼうで煙が上がっている。篠原は「さては火事だな」と思ったが、後にそれは機密文書の焼却であったことを知った。

大本営陸軍部の一室で、梅津美治郎参謀総長が待ち構えていた。部屋の周りには殺気立った将校たちが入り乱れている。分刻みの対応に追われる参謀総長の顔はどこか白く、その言葉にはいっさいの無駄がなかった。

「明日、天皇陛下直々に玉音放送が発せられる。船舶司令部では軽挙妄動を戒め、今後の復員作業を整然と行うようにせよ」

会見は、あっという間に終わった。篠原は暫くの間、参謀総長の意味するところが摑めなかったが、廊下に出てから思い至った。

――復員、つまり降伏ということか。

篠原は、このときの佐伯司令官の顔をまったく覚えていない。今の今まで緊張のあまりピンと膨れ上がっていた風船が一瞬で破れ、クシャクシャに萎んだようだった。頭が真っ白になり、何も考える力が湧かない。篠原には知る由もなかったが、梅津参謀総長はこの直前、すでに阿南惟幾陸軍大臣と連名で「戦争終結」について在外軍に発電していた。

その後、篠原は指示されるままに参謀本部の船舶課長に会い、今後の任務について細かな指示を受けた。内容はメモに書き留めたが、前後の記憶は飛んでいる。

翌一五日未明以降、阿南陸相の自決、森赳近衛師団長の殺害など、生々しいニュースが次々に飛び込んできて、大本営周辺は尋常ならざる空気に包まれた。佐伯司令官も広島に残している部隊のことが心配になったようで、すぐさま広島に発つことになった。

帰心矢の如く、日の出とともに立川飛行場を飛びたった。無言の三人を乗せた古い重爆撃機は真っ青な空を駆けていく。篠原は往路に比べて、自分の体が半分くらい縮んだような気がした。機内の爆音すら、どこか遠くで響く。

数時間たって、飛行機がゆっくり下降し始めた。ふと見ると、眼下にはいくども見慣れた広島が広がっていた。故郷の町に、昔をしのぶものは何ひとつ見当たらない。目に入るのはデルタを流れる七本の川、そしてか細い線のように走る鉄道の軌道だけ。町は一面、ただ灰色の焼け野原となっていた。この無残な光景を目にしたとき、篠原はようやく気づいた。

――日本は、もう敗けていたのだ。


佐伯司令官が宇品の凱旋館に戻ると、すぐに配下の全将兵が埠頭に集められた。皆すでに天皇陛下の玉音放送を聞いていて、直立不動の姿勢である。

重く張り詰めた空気の中、船舶司令官の厳かな訓示が始まった。

「ここに船舶部隊の復員を命ぜられ、われわれはその光輝ある歴史を終結せんとす。心情切々として、万感胸に迫るものあり」

宇品の歴史は閉じられる、司令官は確かにそう言った。正面を見据え、精一杯に声を張るその頬を一筋の涙が伝う。続く声は小さく打ち震えていた。

「顧みれば明治二七年、宇品港頭に陸軍船舶部隊の発足を見てより、以来五十有年、累次の聖戦に参加し、武勲を奉し、帝国陸軍船舶作戦に貢献寄与せる所極めて大なり。また戦に倒れ病に死したる幾多戦友に対しては、深く敬弔感謝の誠を捧ぐ」

嗚咽《おえつ》する者あり。がっくりと頭を垂れる者あり。ただ茫然と前を見つめる者あり。訓示の声に一層の力が込められる。

「今や諸子、戎衣を解きて故山に帰らんとするに臨み、酷寒の北冥に、灼熱の南海に身を挺して奮戦したるその労苦に対し、衷心より感謝するとともに、うたた惜別の情、禁ずる能《あた》わず。

今後における諸子の難苦荊棘《けいきょく》の前途に思いを馳すれば、惻々《そくそく》として胸を塞ぐものありも、希《こいねがわ》くは忠誠なる軍人の本分を自覚し、今次賜りたる聖論の奉体具現に努め、益々自重自愛、以て戦後の復興のため、国民の中核たらんことを切望してやまず」

夕凪《ゆうなぎ》の埠頭はむせかえるような熱気に包まれ、ただ静まり返っている。茫然と立ち尽くす将兵たちの背に、敗戦の西日が容赦なく照り付ける。

篠原が佐伯司令官に入れ替わるようにして壇上に立った。大本営から指示された細部の事項を努めて事務的に、抑揚なく読みあげた。

「以下のこと、船舶司令部の全部隊に伝達する。解散後、直ちに対処されたし。
一、今後の船舶輸送は民間の船舶運営会に委ねられる。

二、船舶義勇戦闘隊、海運義勇戦闘隊を解消する。
三、全船員の軍属を解く。
四、召集者を解除する。
五、船舶通信は全て民間に譲る。
六、徴傭船舶、機帆船を解傭する。
七、兵器、弾薬、糧秣、被服等を解除する。
八、機秘密書類を焼却する、以上である」

その日、夜も更けてからのことだ。参謀たちが司令官室で今後の対応を話しあっていると、船舶兵器部の荘司中佐が真っ青な顔で飛び込んできた。荘司は佐伯司令官に一礼すると、二〇〇ccほどの小さなガラス瓶を机の上にそっと置いた。瀬戸内海の大久野島にある毒ガス工場から入手してきたという。

「閣下、米軍が上陸してきて、もし閣下が生きて虜囚の辱めを受けるというような事件が起きるようなことがあれば、どうぞこの〝チビ弾〟をお使い下さい。この小さな壜をポンと卓上で割れば、数秒で室内の全員が死んでしまいます」

数秒で全員が死ぬとの言葉に、居合わせた皆がごくりと唾を呑んだ。荘司は篠原らをふり返ると、今度は背嚢から別の紙袋を取り出した。

「参謀の皆さんには、この紙包をお渡しします。中に青酸カリが入っておりますので、皆さんで小分けにして持つようにして下さい。そして皆さんやご家族が米軍の辱めを受けるようなことがあったときには、そっと舐めて自決して下さい」

参謀のひとりが恐る恐る紙包を受け取り、鍵のかかる機密書類箱に収めた。翌日、青酸カリは小分けにされて参謀たちに手渡された。

篠原は、後世の人は笑い話のように思うかもしれないが、と断りながら、そのときいかに皆が真剣であったかを書いている。篠原自身、受け取った青酸カリを「いざというときのために」と家族に手わたした。なにせ無条件降伏である。これからアメリカ軍が進駐してくれば、戦闘部隊ではない船舶司令部であっても上級幹部はそのままではおられないだろうと誰もが疑心暗鬼になっていた。

アメリカ軍の進駐を前に、広島の風景は慌ただしく変わっていく。

宇品地区の入り口にあたる交差点には、日清戦争の勝利を記念する凱旋碑があった。高さ一六メートル、ずっしりとした頑丈な石積みの立派な造りで、てっぺんには両羽を勇ましく広げる金鵄《きんし》（トビ）が鎮座する。この巨大な凱旋碑は、軍都広島が誇りにしてきた明治以来の遺構だ。

金鵄は、日本の神話に登場する戦いの鳥。神武天皇が日本国を建国する戦いに出たとき、その弓に止まって金色の光で敵の目をくらませ勝利に導いた。優れた武功をあげた軍人に与えられた「金鵄勲章」でも知られる。

しかし、関係者はこの堂々たる凱旋碑が進駐軍にとがめられることを恐れた。慌てて、碑の足下に刻まれていた「凱旋碑」の三文字を「平和塔」に彫り変えた。あまりに塔が高く、尖塔の金鵄を平和の象徴、鳩に置き換えるまでは手が回らなかったが、戦勝の記念碑はあっという間に平和塔に早変わりした。

陸軍に代わって広島市の今後を率いることになった市役所の変わり身も早かった。原爆投下から三ヵ月後、復興予算の陳情で上京した広島市長は、マッカーサー元帥の部下との面会の場でこう伝えている（『中国新聞』昭和二〇年一二月六日付）。

「終戦を速めたのは真に原子爆弾の威力であつてこの洗礼を受けたのが不幸廣島市で、従つて廣島市が今回の戦災を被つたことは世界平和をもたらす第一歩であると同時にこれに寄与するところ誠に大なるものがある（以下略）」

広島市長は現在に至るまでアメリカが主張してやまない、原爆投下を正当化するレトリックをそのままなぞった。戦前戦中と強大な陸軍に依存し、膨大な軍事予算の恩恵を受けて発展してきた町は一転、非道な原爆投下すら〝軍都の代償〟として引き受けた。平和都市として生まれ変わるには、旧日本軍最大の輸送基地・宇品の記憶は負の遺産以外なにものでもなくなった。

遥か遠く彼方にまで広がった戦線からは、兵士たちの復員が始まった。

外地には陸軍三一五万人、海軍三〇万人、一般邦人二〇〇万人、計五四五万人がいる。このうち外地に残る邦人や遅れて帰還するもの二五〇万人を除いて、差し当たり三〇〇万人の復員輸送を行わなければならない、と篠原は書いている。実際は総数六六〇万人以上に膨らみ、これに朝鮮・台湾・中国に帰国する一三〇万人が加わった。彼らを送り出したのが船であれば、連れて帰るのもまた船である。

この大輸送について、佐伯司令官は「戦友同胞の帰還輸送は是非とも船舶司令官の手によって実施させてもらいたい」と重ねて要望した。しかし、復員は政府機構の手に委ねられることになった。宇品の残存総船腹はわずかに八万総トンを使用できるに過ぎず、復員はアメリカ軍が所有する船舶に頼らざるをえなかった。アメリカ軍は戦時中に船を造りすぎて余剰が問題となっており、すぐさま一九一隻もの大船団を日本の復員輸送に差し向けた。

一一月、陸軍省と海軍省が廃止解体され、第一、第二復員省が新設された。船舶司令部は復員大臣の下に「運輸部残務整理部」となり、船舶部隊の複雑多岐な残務整理を担任することになった。かつての高級参謀も、これからは政府の一職員である。

佐伯司令官の肩書きは「部長」に変わった。佐伯部長は、篠原ら旧参謀たち十数人を引き連れて、宇品に近い仁保《にほ》町丹那《たんな》の旧教育船舶兵団司令部へ移った。建物は、孤城落日の感も淋しいバラック建てだ。「これが落ちゆく船舶司令部残存人員の姿であった」と篠原は書いている。

調査課長となった篠原は、宇品の配下にあった船舶部隊、船舶、海運資材の業務や軍物資の処理状況などを調査し、報告書にまとめていった。船員課の課長は、船員の遺家族、船員留守宅の調査などの船員関係業務の処理にあたった。課長となった七人の元参謀たちは華やかなりし参謀肩章を外し、腕まくりのシャツ姿である。

この丹那の小さな城もやがて別の復興事業に使われることになり、一行は荷物をまとめ、追われるようにして再び宇品海岸に戻った。だが、栄光の凱旋館に再び入ることができるはずもない。長く使われていない、朽ちかけた海岸倉庫を見つけ、その階上を皆で大掃除して仮の事務所と定めた。

秋が深まるにつれ、バラックは冷え込みが厳しくなっていく。敗戦の身に、吹きすさぶ寒風は応えた。原爆にすべてを奪われた町で、市民もまた打ちのめされている。市中では「原爆のガス」を吸った者たちが次々に亡くなり、遺体を焼く煙が絶えることもない。原爆により、この年だけで約一五万人もの人々が亡くなったのだから、旧軍人への風当りはことさらに厳しい。郊外に焼け残った旅館も旧参謀に宿舎を提供することを拒み、課長たちは風呂もない倉庫に寝起きした。

いつも腹をすかせて過ごした。もう戦争も終わり、旧軍もなくなったのだから、焼け野原の町から一刻も早く故郷に帰りたいと願うのは元兵隊も元参謀も同じこと。運輸部残務整理部からは一人また一人と人員が欠けていった。佐伯部長は、申し訳なさげに辞表を持ってくる者たちを引き止めることなく、ただ長きにわたる労をねぎらい、穏やかな笑顔で見送った。

苦しい中にも、ひと肌ぬいでくれる人がいた。広島機帆船会社の社長、中村藤太郎氏だ（翌年に広島商工会議所会頭）。中村は〝清水の次郎長〟のような義侠の人で、敬虔なクリスチャンでもあった。氏は路頭にさまよう元船舶司令部の隊員たちに、自身の機帆船会社への就職の道を与えてくれた。かつて船舶練習部で教育してきた技術が、戦後の海洋業務に役立てられるということは関係者にとっていくらか慰みになった。また中村は時に名も告げず、バラックの入り口に一貫以上もあるような大きな牛肉の固まりをそっと置いてくれたりもした。

人の世はうつろえど、季節はいにしえから何ひとつ変わることなく巡ってゆく。朽ちかけた倉庫にうららかな春の日が差し込むようになったころ、佐伯部長の下に残ったのは、とうとう篠原だけになった。部長と課長の二人きり、毎日、小さな木机をはさんで顔をつきあわせ、いまだ行方の知れぬ船舶兵や船員たちの書類を黙々と作成した。

篠原はここに佐伯部長のある限り、石に齧りついても残ろうと決めていた。宇品から繋がる南海北溟の彼方には、永遠の眠りについた同胞たちが何十万もいる。彼らは故郷に戻ることも、平和のもどった祖国を見ることもかなわなかった。あの大戦を始める大きな歯車となってしまった自分には、宇品の最後を見届ける義務がある——。そんな大仰なことは一度も言葉にすることはなかったが、佐伯部長も同じ思いで留まっているように感じられた。バラックに時おり吹き込んでくる潮の香だけが、切なくもやさしかった。

昭和二一年三月三一日、細々と業務を続けてきた運輸部残務整理部は、東京の復員省本部に移管されることになった。出先の宇品支部は閉じられることが決まり、これで港の片隅に留まってきた船舶司令部の残像すらも完全に消え去ることになった。

四月一日、すべての肩書きを失った佐伯文郎が、広島を去る日がきた。彼が五六歳となった春のことである。

朝の広島駅は喧噪《けんそう》に包まれていた。復員してきた元兵隊たち、疎開先から戻ってきた家族づれ、買い出しに向かう市民でごった返している。駅前の広場にはトタン屋根のヤミ市が軒を連ね、まるで祭のようなにぎわいだ。この混雑のなかを切符売場の長い行列に並び、佐伯のために列車の席をひとつ確保することが篠原の最後の仕事となった。

くたびれた鞄を手に下げ、今は静かに故山青葉城下の仙台へ帰りゆく白髪のこの男が、かつて宇品の船舶司令官であったと気づく者は、もう誰もいない。わずか半年前、原子爆弾に焼き尽くされた焦土に立ち、万という兵を率いて闘った司令官であることを知る人も、どこにもいない。

篠原は、それでいいのだと思った。船の部隊である自分たちはあの夏の一〇日間、初めて海から陸へあがり死力を尽くした。彼は後にそれを「軍閥最後の罪滅ぼし」と総括した。

列車の出発を知らせる汽笛が鳴った。

篠原は、ゲートルを脱いで久しい両かかとを音をたててそろえ、背を伸ばした。右手をあげて肘を張り、不動の姿勢をとった。陸軍中将、佐伯文郎船舶司令官その人に向かって深く腰を折り、最敬礼した。固く閉じた両の瞼に、どこからともなく熱いものがこみあげてくる。それは彼が幼い日から人生を投じてきた陸軍との決別のときでもあった。

辛うじて嗚咽を吞みこみ、長い敬礼から顔をあげた。くすんだ窓ガラスの向こうに佐伯の淋しげな笑顔が滲んで見えた。


とうとう、独りになった――。

篠原はまるで自分が宇品の長い歴史の果てにぽつんと残された、最後のひとりとなったような気がした。

広島市内から宇品へと真っすぐに続く、土煙の舞う一本道。古き世に明治天皇の行幸を記念し「御幸通り」と呼ばれたその道を、出征兵士が歓喜の声に見送られて行進したその道を、今は大荷物を抱えた市民や大八車がせわしなく行き交う。

今にも泣き出しそうな重たい雲の下に、あちらこちらから復興の槌音が響いてくる。傷ついた人々の必死の営みは一寸たりとも止むことはない。深い絶望の淵から立ちあがりつつあるこの町が、かつての繁栄を取り戻す日もそう遠くないように思えた。

威風堂々たる凱旋館は、間近に潮騒の響くその場所に変わらずあった。参謀たちが闊歩した建物は今や人気もなく、もぬけの殻となっていた。獅子像に挟まれた玄関から一歩、足を踏み入れると、中央ロビーに堂々と佇立《ちょりつ》していた日露戦争の将軍たちのブロンズ像が床に転がっていた。篠原は、棄てられた偶像を見た気がした。

あてもなく埠頭を歩いた。一陣の風が辺りをさらうと、激しい雨が容赦なく地面を叩き始めた。篠突く雨に打たれながら、陸軍桟橋に佇んだ。港に沈んだ船の折れたマストが驟雨《しゅうう》に洗われ冷やかに濡れそぼっていた。

終章

戦いの日々を終えた者たちの戦後は激しく、慌ただしく過ぎていった。

仙台に戻った佐伯文郎は昭和二三（一九四八）年、B級戦犯容疑で連合軍に連行され、逮捕された。太平洋戦争の間、船舶司令官としてアメリカ軍の俘虜を狭い船室に詰め込んで輸送した捕虜虐待の罪だ。新聞は旧陸軍船舶司令部の所業はまさに「地獄船」であったと書きたてた。

篠原優をはじめ佐伯の元部下たちも参考人として呼び出しを受けた。横浜軍事法廷の事務所での事情聴取は数度に及んだ。戦時中は船舶が不足し、捕虜だけでなく日本兵も同様の環境で輸送したのだと釈明したが、聞く耳はもたれなかった。連合軍にとって輸送の頂点たる船舶司令官はどうしても戦犯とする必要があった。

形だけの短い審理を経て、佐伯をはじめ旧参謀本部の第三部長（船舶担当）経験者ら六人の元中将に禁固（重労働）二四年から二六年の判決が下された。

佐伯は法廷で一度も抗わなかった。収監された巣鴨プリズンでも不平ひとつ言わず、模範囚として日々を過ごした。非公開の記録によれば、彼は刑務所の片隅にある畑で花の世話をする係を希望し、それを黙々とこなした。

獄中から宇品時代の部下たちに宛てられた手紙。

「広大な海洋、悪疫瘴癘《しょうれい》の地で殉せられた方々、十年を過ぐる現在に至るまで原子病に起因して亡くなられた多くの英霊に対し、いつか敬弔の誠を捧げたい」

「巣鴨拘留中の戦犯者でも、（原爆で）家族の全部を失はれた方が二名居らるるので、一層切実に其の感を深くする」

佐伯自身、原因不明の体調不良に見舞われ、日に日に瘦せ衰えていった。それでも、もし生きて自由の身になる日がくれば、必ずや宇品の地で英霊たちの慰霊祭を挙行する。それが獄に繫がれた元司令官の最後の願いであったと篠原は書いている。

判決から九年の歳月が過ぎた。戦後の時の流れがいっそう加速度を増す昭和三二年一〇月、佐伯は巣鴨刑務所から仮釈放された。相貌に刻まれた皺はより深く、六七歳になっていた。時は高度経済成長期の最中、「原子力の平和利用」がもてはやされ、佐伯が仮釈放された二月前には茨城県東海村の日本原子力研究所に初めて「原子の火」が灯った。

年が明けて、宇品にはかつての将校たちが連日のように集まるようになった。元参謀のひとりが経営する会社を準備事務所とし、慰霊祭の準備が始まった。桜の咲くころに佐伯を宇品に迎え、旧陸軍船舶司令部、旧陸軍運輸部をあげて戦死者を追悼する——。しかし、元戦犯に対する世間の眼差しは厳しい。関係者以外への周知は最低限に留め、費用はすべて当事者の募金で賄うことにした。事前に関係者に宛てて送られた法要の招待状に「陸軍」の二文字を使うことも憚られ、陸軍船舶司令部の呼称「暁部隊」の名前が使われた。

昭和三三年四月一三日午後一時五〇分、時を心得たかのように満開の桜が咲き誇る中、宇品の千暁寺で「暁部隊戦没者英霊の追悼法要」が挙行された。埠頭から歩いて数分の千暁寺は、かつて宇品港に無言の帰還を果たした兵隊や船員たちの遺骨が安置された縁の深い場所である。

香煙の漂う本堂で、軍人軍属の遺族、元船舶司令部と元運輸部の職員ら二三十余人が座についた。導師の読経に続いて、背広姿の佐伯文郎が仏前に立ち、弔辞を述べた。開戦初頭の上陸作戦から戦況至難を極める船舶輸送の日々、そして原爆投下後の救援活動に至るまで、そこに斃《たお》れた軍人軍属を偲んで諄々《じゅんじゅん》と往時が辿られた。本当に長い、長い、弔辞だった。

すべてを読み終えると、佐伯は皆のほうをふり返って深く一礼した。そして重い荷物を下ろしたかのような穏やかな表情で語り始めた。

「巣鴨で過ごしました約九年の間、日夜、戦没者の御冥福を祈り、御遺族の方々のご多幸を祈ることのみに心を傾けて参りました。かくして昨年一〇月に仮出所をいたしました。今日、こうして追悼法要に参列できましたことは、まことに感謝に堪えません。今まで追悼法要の挙式が遅れましたことにつきましては、私の不徳のいたす所と御詫び申し上げます」

一回りも二回りも小さくなった老いた元司令官がそう挨拶を結んで頭《こうべ》を深く垂れたとき、満堂の参列者は声をのみ、あちこちからすすり泣きの声が漏れた。この年の慰霊祭が、旧船舶司令部の関係者が一堂に会する最初で最後の会合となった。

場を移しての懇親会での風景を、篠原はこんな風に綴っている。

温顔に微笑をたたえられて席に就かれた元司令官を中心に、昔曹長の今は会社の社長さんや軍医の病院長さん、県衛生部の部長さん、当時の女子挺身隊の乙女も今は家庭の主婦として、いろいろの人々が軍服を背広に、モンペを和服に着かえたままの、昔ながらの心に帰って、心おきなく和気あいあいの裡に、場内は笑い声と懐旧談に花を咲かせた。

四月十三日の宵は、亡きあの人、この人のうわさにしんみりする人々、昔の失敗談や今は懐かしい叱られた話に、当時を懐しむ人々が暁部隊という昔なつかしい思い出の一脈の流れに、ほのぼのと酒の香りとともに、胸にしみとおりつつ、散会して、参々伍々に帰途についたのは既に夜半近くのことであった。

佐伯文郎をはじめ歴代の船舶司令官が訴えてきた全船員の軍属化は、戦後になってようやく実現した。昭和二八年、戦傷病者戦没者遺族等援護法が改正され、旧陸海軍の徴傭船以外の民需船の船員も一律に軍属とされ、障害年金や遺族年金、弔慰金などの支給対象となった。

しかし実際の支給はあくまで本人または遺族による「申告」を基本としたため、新制度を知らぬ多くの人々が補償から取り残された。戦後の混乱の中を生きることに精一杯で手続きを取れなかった遺族も少なくない。夫や息子が再び玄関先に立つことを信じて待ち続けた人もいた。その実数が一体どのくらいにのぼるのか、政府も、船会社も、漁業組合も、船舶関係諸機関も、戦没船員の顕彰会も、いまだ実数を掴み切れていない。

篠原優の戦後は穏やかに過ぎた。

旧軍関係者の斡旋で大手船会社に役員として就職する話を断り、広島市内の私立学校に一教員として勤めた。遠くに似島や金輪島を望む広島市郊外の庚午《こうご》の海沿いに小さな家を建て、若者たちと向き合う日々を過ごした。

晩年、陸軍墓地のある比治山をひとりでよく参った。

比治山は彼にとって、格別の思い出がある場所だった。あの年の八月八日の昼下がり、佐伯司令官を中心に県庁や市役所の生き残った職員が比治山神社の境内《けいだい》に集まり、ムシロの上に車座となって、やけに広くなった青空を仰いで今後を話しあった。――残留放射能によって広島にはもう草も木も生えない。秋には本土決戦に突入する。今後は市内の軍事施設や行政施設を周辺の丘陵地帯に移設し、山に横穴を掘って繋ぎ、相互の連絡は夜間バスで行う。今から考えればうそのような話を、当時は本気で話し合った。

そうして一〇年余の月日が流れた。

あの会議が開かれた比治山神社は、今は豊かな緑に覆われている。結婚式を挙げる花婿、花嫁の幸せそうな姿。まだ歩みもおぼつかぬ孫の手を引いてお参りする老婆の姿。墓参の通りすがりにそんな情景を目にするたび、篠原はかつて悲壮な覚悟でムシロの上に座っていた軍服姿の自分を思い起こさずにはいられなかった。

明治から昭和に至るまで、幾度にもわたる戦争の足跡が色濃く刻まれた宇品の歴史は徐々に市民から遠ざけられ、陸軍船舶司令部の存在も忘れ去られていく。せめて自分の生きた証だけは、たとえそれが後世に大きな過ちであったとの謗《そし》りを免れぬとしても書き残しておきたい——。退職後一〇年がかりで三冊の記録を編んだ。

完成した手記は知人に乞われて何人かに見せた。だが、原爆投下後の体験記としてほんの一部が関心を集めただけで、旧軍の足跡が話題として取りあげられることは一度もなかった。篠原の死後、手記は何十年もの長きにわたり防衛研究所の書庫に眠ったままとなった。

田尻昌次の戦後の歩みも記しておかねばならないだろう。

彼は家族とともに、中国・天津で敗戦の日を迎えた。日本軍の武装は解除され、彼が社長として率いた天津艀船株式会社はじめあらゆる会社組織が中国に丸ごと引き渡されることになった。

蔣介石の正規軍が天津に進駐するまでの間、いたるところに「私設軍隊」が設置され、つい昨日まで田尻の会社で運転手をしていた男まで軍服を着て兵士に変身し、田尻は彼に敬礼をせねばならなくなった。市民の足である人力車は日本人の乗車を拒否し、日本人に食糧を売る店もなくなり、町は不穏な空気に包まれた。

敗戦直後の大混乱の中で田尻がとった行動には刮目《かつもく》すべきものがある。彼はすぐさま北京に向い、日本大使館と艀船会社の親会社と交渉、三億円もの資金を調達する。それを元に自社の二〇〇〇人以上の中国人船員や従業員に対して十分な退職金と当面の食糧を分配し、日本人社員にも帰国までの手当てとしてまとまった一時金を支払った。

同時に、日本人の引き揚げには時間を要することを予想し、帰国が実現するまでの社員たちの食糧を買い上げて倉庫に備蓄した。補給と兵站の問題は軍を退いた後も常に彼の脳裏から離れなかった。また当時で三億円という金額を動かしていることから、陸軍を罷免されたとはいえ、二〇年に及んで船舶界に君臨した影響力は決して衰えていなかったようだ。

この思いきった対処によって田尻の船会社では日本人に対する暴動は起きずにすんだ。中国人従業員たちからは、今後も天津に残って経営を続けてほしいと懇願された。また多くの日本人経営者が中国人の使用人に身ぐるみ剝がされ、豪邸から追い出され路頭に迷ったが、田尻夫妻は平素から彼らに家族のように接していて、逆に彼らが護衛となって他の中国人による迫害から守ってくれた。

それでも敗戦国の国民として窮地にあったことに違いはなく、身の回りの品々を売り払いながら凌ぐ日々は続いた。田尻が何より大事にしていた天皇陛下から賜った勲章の数々は、上陸してきたアメリカ軍に生活用品と交換するかたちで持ち去られた。田尻の勲章はその後、太平洋戦争の戦利品としてフィラデルフィアに運ばれ、博物館に展示された。

敗戦から八ヵ月後の昭和二一年四月、一家は無事に引き揚げ船に乗ることができた。かつて兵隊たちが押し込まれた船倉にムシロを敷いて休んでいると、民間人の船長が旧知の田尻の顔を見つけ、一家を医務室で休ませるはからいをしてくれた。

佐世保に着いたのは四月七日。祖国の地を踏んだのは、日本で婦人参政権が認められ、戦後初めての選挙が行われた一〇日のことだ。中国から持って帰ることのできた荷物は、ほんの小さな行李二つだけ。それでもまだ一歳の幼児（昌克の長女・恵子さん）をはじめ家族のひとりも欠けることなく帰国できたことは何よりの幸いであったと彼は書いている。

満員の列車に揺られながら、帰路についた。途中、列車が広島駅で停車したとき、田尻は雲ひとつない青天井のホームに立って言葉を失った。彼が第二の故郷とさだめ、軍人人生を捧げた広島。あの美しい水の都は見渡す限りの焼け野原となっていた。眼前をさえぎるものは何ひとつなく、一面瓦礫《がれき》の遥か向こうには宇品沖に浮かぶ似島の安芸小富士まで見通せた。

横浜の自宅は空襲を免れて無事だった。田尻は蟄居《ちっきょ》を決めて、近所の女学校のそばに畑を借りて黙々と野菜づくりに励んだ。旧軍にあって何の後ろ盾もない田尻に親身に接してくれた同期の阿南惟幾はすでに自害し、教え子の長勇も沖縄に散った。かつての同僚や部下たちは次々に戦犯容疑で逮捕され、投獄されていった。

長く専制体制を敷いた旧軍の存在は一転、唾棄されるものへ変わった。あらゆる価値観が目まぐるしい勢いで反転していく。戦時中、開戦に反対し不遇をかこってきた関係者は、積年の恨みを晴らすかのように盛んに旧軍批判を繰り広げた。しかし田尻は一言たりとも発そうとしなかった。

沈黙を守り続けた田尻の人生に再び転機が訪れるのは、日本が主権を回復して二年後の昭和二九年のことだ。

この年、横浜の新港埠頭のアメリカ陸軍第二港湾司令部内に陸上自衛隊の前身「横浜港湾班」の仮事務所が設置され、日米相互防衛援助協定による援助物資の受け入れ業務が開始された。翌三〇年二月、仮事務所は「京浜港湾処理隊」に改組され、自衛隊が本格的に港湾における業務処理を行うことになった。京浜港湾処理隊（後の陸上自衛隊中央輸送隊）は、かつて宇品に置かれた旧陸軍運輸部の後継組織にある。

しかし船舶輸送業務を再開するにあたり、旧軍時代の記録は焼却し尽くされ、参考にできる史料はほとんど一物も残されていなかった。そこで防衛庁は、連合軍から戦犯とされず「無傷」であった田尻に、船舶輸送にかんする過去のあらゆる史資料の蒐集《しゅうしゅう》、整備、編纂を正式に委嘱した。かつての〝船舶の神〟に再び活躍の場が与えられたのである。

京浜港湾処理隊の現場には、大戦を生き延びた松原茂生はじめ田尻を慕う元船舶参謀たちが復帰していた。週末になると田尻の居宅の前には自衛隊のジープが停まり、皆が田尻を囲んで海洋輸送に関する難解な問答をしていたと、長男・昌克の女婿天野義也さんは記憶している。田尻もまた頻繁に横浜の埠頭に足を運んでは後輩たちにさまざまな助言を行い、港湾業務再興の一助を担った。その際、三井船舶（現商船三井）に復帰した昌克から得られる最新の世界の船舶情勢も多分に参考にされたという。

田尻は終生、大戦そのものに関する評価は一言も下していない。下さなかった、と書くほうが正確だろう。その代わり、彼は六年の歳月をかけて全一〇巻におよぶ『船舶輸送作戦の過去と現在』を淡々とまとめ、防衛庁におさめた。旧軍が証拠隠滅のためことごとく焼却し、葬り去った不都合の残骸をひとつひとつ復元し、一度は完全に失われた陸軍船舶輸送の苦難の歩みを再び国家の歴史として蘇らせた。彼らしい綿密なデータの裏打ちによって功も罪も露わにし、ときに辛辣な言葉で断罪もした。気の遠くなるようなその膨大な記録を一頁一頁、手繰れば、戦中も戦後もただ海事に人生を捧げ尽くした「軍人」の総決算を見るようである。

最晩年、田尻は血管の病を患い両脚の自由を失った。何年もの間、寝たきりになりながら、最後の仕事・自叙伝の執筆にとりかかる。防衛庁に提出した種々の記録にはいっさいの私見を排し、努めて客観的な記述をすることに徹した。だが、自叙伝には自身の人生やときどきの喜び、苦しみ、そして無念を織り込んだ。

困窮の中から軍人になった若い日の記憶、はからずも〝宇品の主〟となり戦場を駆け回った日々、そして軍人人生をかけた軍上層部への意見具申。一三巻にわたる自叙伝には、これまで家族にすら語ってこなかった自身の歩みを赤裸々に書き綴った。その長い物語はすでに見てきたとおりである。

自叙伝が仕上がってから数ヵ月後の、昭和四四年六月二四日。

その日の横浜は、長く上空から垂れ下がっていた梅雨空が退き、朝から真夏の到来を思わせる白い日差しが広がった。清々しい梅雨晴れの光に包まれて、田尻昌次は自宅で眠るように昇天した。息をひきとる少し前、昏睡状態となった田尻はベッドの上で両手を宙に伸ばし、馬の手綱をさばいて部下を率いるような仕草を見せたという。朽ち果てんとする身体から解き放たれた彼の魂魄は、馬蹄を響かせながら天高く駆けていたのかもしれない。八五歳だった。

葬儀にはかつての部下たち数百人が詰めかけた。亡き人を偲ぶ人垣の中に、すっかり眉雪の翁となった市原健蔵の姿もあった。市原は「東洋一の遊園地」とうたわれた花月園近くの居宅で余生を過ごした田尻を想い、こんな歌をよんだ。

つゆ空に　花一つ散りぬ　花月園

市原にとって田尻は、まさに東洋一の司令官であった。その市原も四年後、郷里の山形で七八年の生涯を終えた。

本書を閉じるにあたり、田尻昌次が自叙伝に遺した次の記述を引用したい。

四面環海のわが国にとって船舶輸送は作戦の重要な一部をなし、船舶なくして作戦は成立しえなかった。船舶の喪失量が増大するにつれ、作戦は暫時手足をもがれ、国内の生産・活動・戦力を喪失し、ついに足腰の立たないまでにうちのめされてしまった。兵器生産資源及び食糧の乏しいわが国がこのような大戦争に突入するにあたりては、かかる事態に遭遇するの可能性について十分胸算用に入れておかねばならぬ重大事項であった。（略）もし再び同様の戦争が起きるならば、わが国は一年もたたぬうちに大戦末期の状態に陥ることであろう。

今、宇品の地に旧陸軍船舶司令部の記憶を残すのは、空き地となった凱旋館跡に苔むす小さな石碑ただひとつ。

そこに刻まれた元船舶輸送司令官・田尻昌次の名は、四方を海に囲まれた島国に暮らす私たちに、あの大戦が残した重い教訓を静かに訴えかけている。

あとがき

二〇二〇年一月下旬、私はガダルカナル島を訪ねた。

日本を発って機内泊、ポートモレスビーを経由し、一日半をかけてガ島のホニアラ空港、かつてのルンガ飛行場に降り立った。日本からの時間距離で言えば地球の反対側よりも遠いこの小さな島で、七八年前、日米両軍による死闘が繰り広げられた。

日本の輸送船団による決死の擱座上陸が行われたタサファロングの浜。今は真っ白な砂浜に七色の海が広がり、マンゴーやパパイヤの木が豊かに茂る。裸足の子どもたちがやって来ては、はにかむような笑顔を見せる。

穏やかな波間に、ポツンと二つの突起物がのぞいていた。鉄さびに覆われた支柱は、船のデリックの基礎部分らしい。船底にあるはずのディーゼルエンジンの部品もむき出しになっている。いずれも旧日本陸軍が徴傭した輸送船「鬼怒川丸」の船体の一部だ。鬼怒川丸は戦後長く浜辺に乗り上げたまま完全な形で残っていたというが、年月の経過とともに腐食が進んでいる。今わずかに海面にのぞく船体も遠からず消えてしまうだろう。

この日、浜辺では全国ソロモン会（遺族や有志の戦友会）による慰霊祭が行われた。僧侶による読経が白い砂浜に沁み込んでゆくようだ。参列者の中で誰よりも深く頭を垂れるのは長嶋さん（五〇代）。長嶋さんの祖父は、本書で紹介した鬼怒川丸の長嶋虎吉氏。ガ島に上陸し、最期まで仲間のために死力を尽くした機関士である。

焼香が終わると、長嶋さんは黙ってスイムスーツに着替え始めた。ダイバーとライフセーバーの資格を持ち、この日のために万全の準備を整えてきた。一基の花輪を頭上に掲げて波間へと身を沈め、船へ向かって泳いでいった。そして慎重に足場の安全を確認して船体に登り、花輪をデリックの先端に高く掲げた。抜けるような南洋の海原で、赤錆びた支柱を愛おしそうに抱きしめた。

「鬼怒川丸にこの手でふれたとき、ようやく祖父を日本へ連れて帰れる気がしました」

長嶋さんは目をうるませ、そう語った。

餓死という、現代からは想像もつかぬ理由で万という命が失われたガ島。強盗団を組んで生き延びた者もいれば、戦友すら糧にして命を繋いだ者もいる。そして仲間のために尽くし、孤島の土と果てた者もいた。大戦の重大なターニングポイントとなったガ島戦にふれることは、人間存在の要諦について考えさせられる取材でもあった。

日本殉職船員顕彰会の調査によれば、太平洋戦争中に命を落とした船員は六万六四三人。戦死者の比率は陸軍二〇％、海軍一六％に対して、船員は四三％。その犠牲がいかに避けがたいものであったかがうかがい知れる。

広島に生まれ育った取材者として、私はこれまでさまざまな視点からヒロシマを見つめてきた。今回とりあげた陸軍最大の輸送基地・宇品の軌跡は、身の丈を遥かに超える難解なテーマで、かつヒロシマを考えるうえで不可避な課題でもあった。

遺族会の存続する船舶砲兵隊や、資料が豊富に残る㋹特攻隊などに範囲を限定して取材すれば、もっと早く別の物語を編むことができたかもしれない。だが宇品の全体像を描くには、陸軍船舶司令部（陸軍運輸部）の実態の解明がどうしても必要だった。

取材ははからずも宇品の物語に留まらず、国家の意思決定の枠組みにふれる為事《しごと》となった。この国の海洋輸送の歴史から上陸作戦の近代化、開戦に至る経緯、南太平洋域での船舶輸送作戦、その最前線に立たされた船員たちの苦難の歩みまで、原爆投下目標とされるほどの国家機能を背負った宇品の位置づけを改めて認識させられた。

本書に登場したのは、歴史にまったくその名を刻まれることのなかった無名の将官たちばかりである。それぞれが宇品の歴史における重要な歯車となった。

「船舶の神」田尻昌次氏の貴重な未公開資料と出会えたことは、取材の大きな転換点となった。田尻氏の足跡を敢えて詳細に記したのは、それが船舶司令部の歴史とシンクロするからだけではなく、日露戦争最中に任官した氏の道のりが、巨大な官僚組織として硬直化していく昭和陸軍の歩みをも照らし出していたからだ。軍中枢への意見具申を以て罷免される軍人人生の幕引きは、まさにその象徴であった。

宇品最後の船舶司令官となった佐伯文郎氏の足跡には、たとえ中将という肩書きを持つ将官であっても、与えられた命令の遂行に歯車のひとつとなって邁進せねばならぬ組織の不条理が滲んで見えた。その彼がたった一度、自身の判断で取った原爆投下後の行動は、軍隊と災害救助活動という現代的なテーマと重なって見えた。現在、自衛隊による災害出動はますます頻度を増している。本書の執筆中にも新型コロナウイルスの感染拡大で逼迫する医療現場や、大雪による遭難現場への派遣が報じられた。「自衛隊の本来業務ではない」「演習の邪魔になる」といった声も聞こえてくるが、私はそのたびに思うのである。あのとき、もし佐伯司令官が「陸軍の任務は、米軍の本土上陸に備えること」と戦力を温存していたら、それでなくても壊滅的な広島の被害は一体どれ程のものになっていたかと。あの夏の一〇日間の陸軍船舶司令部の足跡は、軍隊という組織が何のために存在するのかという根源的な問いを包含している。

本書で繰り返し問われたシーレーンの安全と船舶による輸送力の確保は、決して過去の話ではない。食糧からあらゆる産業を支える資源のほとんどを依然として海上輸送に依存する日本にとって、それは平時においても国家存立の基本である。

昨今、東シナ海における中国軍の動向が活発化する中で、海上保安庁や自衛隊の負担は増大している。近隣諸国に対する国民感情は悪化の一途で、一部の政治家はそれを代弁するかのように、先人が死守してきた専守防衛を逸脱する議論も辞さぬことが増えた。

万全の自衛策は練らなくてはならない。同時に私たちは過去にも学ばねばならない。狭窄的な軍事的視点でのみ正論を掲げ、全力を投じて闘っても、戦そのものに勝利することはできなかった。島国日本にとって船舶の重要性と脆弱性は、いくら強調してもし過ぎることのない永遠の課題である。その危い現実を顧みることなく、国家の針路のかじ取りを誤るようなことは二度とあってはならない。

長い取材の道のりで、あきらめかけるたび多くの方々に励まされた。

田尻昌次氏のご遺族である田尻みゆきさん、天野義也さん・惠子さんご夫妻にはコロナ禍の中を何度も便宜をはかって頂き、子孫に残された貴重な自叙伝を世に出すことをお許しいただいた。

陸上自衛隊輸送学校の森下智二佐による大著『輸送戦史』に出会えたことで、本書の屋台骨を組み立てることができた。軍事史研究家の原剛さん、防衛省防衛研究所・戦史研究センターの齋藤達志さんに重大な取材の突破口を与えられたことには感謝してもしきれない。皆さんは私が数年前から参加している陸軍史勉強会の大先輩で、その勉強会に参加するきっかけを与えて下さったのは、陸上自衛隊幹部学校の元戦史教官・葛原和三さんだ。氏には多くの助言と温かい励ましを頂いた。

ガ島戦に投入された無名の古船に至るまで、あらゆる輸送船のスペックを詳細に明らかにすることができたのは、戦没船の膨大な調査を独力で続けている元川崎汽船の五十嵐温彦さんのご協力によるものである。その徹底した調査には取材者としての基本姿勢を改めて学ばされた。

防衛大学校名誉教授の田中宏巳先生にはBC級戦犯裁判の膨大な記録を、戦没した船と海員の資料館の大井田孝さんには鬼怒川丸の貴重な資料の存在をご教示いただいた。和歌山県で徴傭船舶の調査を続けた故中村隆一郎氏の妻、久江さんには氏の貴重な記録を提供していただいた。ガ島での慰霊を続ける全国ソロモン会の崎津寛光常任理事、元船舶司令部員の被曝治療に携わった鈴木頌医師、船舶砲兵隊遺族会の吉田只五郎会長はじめ会員の皆様、広島経済大学の岡本貞雄教授、箱根 villa bizan の鈴木さんご夫妻、編集者の淺川継人さんにも大変お世話になった。

時間を割いて取材に応じていただきながら本文で紹介することのかなわなかった方々も多く、改めてお詫びを申し上げたい。皆様から与えて頂いた貴重な証言や情報は本書の血となり肉となった。

ちょうど本稿を書き上げたとき、思わぬニュースが飛び込んできた。太平洋戦争戦没者の遺骨帰還事業で、これまで手つかずのままだった海没した遺骨を日本政府が収容する方針を固めたという。今なお海深く眠る声なき戦没者、約三〇万。戦後何十年のときを刻もうとも、大戦の悲劇に真摯に向き合うのに遅すぎることはない。本書がその道程に役立てられることを祈りながら筆をおく。

二〇二一年四月二四日

堀川惠子

Guadalcanal:Jan 28,2020

❖主要参考文献

田尻昌次『自叙伝』全一三巻（田尻家所蔵）

田尻昌次『船舶輸送作戦の過去と現在』全一〇巻（防衛研究所所蔵）

篠原優『暁部隊始末記』全三巻（防衛研究所所蔵）

座談会「船舶兵物語」『偕行』昭和五七年一一月号～同五九年一二月号（偕行社）

森下智『輸送戦史』（陸上自衛隊輸送学校）

岩村研太郎『戦間期日本陸軍の上陸作戦研究―「渡海作戦」の追求―（増補版）』（防衛大学校総合安全保障研究科・修士論文　平成二八年三月）

松原茂生・遠藤昭『陸軍船舶戦争』（戦誌刊行会）

●参考文献・論文

防衛庁防衛研修所戦史室編『戦史叢書』（朝雲新聞社）

田尻昌次『上陸作戦戦史類例集』（廣文舘）

田尻昌次『船舶に関する重大事項の回想乃至観察』（防衛研究所所蔵）

田尻昌次『船舶輸送業務回想録』（防衛研究所所蔵）

田尻昌克『私の歩んだ道』（田尻家所蔵）

佐伯文郎『広島市戦災処理の概要』（防衛研究所所蔵）

『船舶司令部作命綴』（防衛研究所所蔵）

『大正一二年公文備考』変災災害附属第一、二巻（防衛研究所所蔵）

広島市役所『広島原爆戦災誌』全五巻（広島市）

上野滋『太平洋戦争に於ける船舶輸送の研究』全三巻（防衛研究所所蔵）

齋藤達志「日本軍の上陸作戦に関する研究」『陸戦研究』通巻四四三号

齋藤達志「ガダルカナル島をめぐる攻防―戦力の集中という視点から―」『ＮＩＤＳ戦争史研究国際フォーラム報告書』平成二五年九月二五日開催（防衛省防衛研究所）

遠藤芳信『日本陸軍の戦時動員計画と補給・兵站体制構築の研究』（北海道教育大学教育学部　科学研究費補助金（基盤研究C）研究成果報告書）
馬越善通『馬越利通船長』（非売品）
東洋海運株式会社『東洋海運株式会社二十年史』（東洋海運）
日本郵船株式会社『日本郵船戦時船史』（日本郵船）
財団法人日本経営史研究所編『創業百年史』（大阪商船三井船舶株式会社）
大阪商船三井船舶株式会社編『三井船舶株式会社社史』（大阪商船三井船舶株式会社）
船舶技術協会『船の科学』53（4）（船舶技術協会）
田中耕二、他編『日本陸軍航空秘話』（原書房）
宮崎周一『ガ島作戦秘録』（防衛研究所所蔵）
佗美浩『われらかく戦えり　コタバル敵前上陸』（プレス東京）
井本熊男『作戦日誌で綴る大東亜戦争』（芙蓉書房）
井本熊男『広島の原爆被爆時の第二総軍司令部の状況』（防衛研究所所蔵）
今村均『今村均回顧録』（芙蓉書房）
今村均『幽囚回顧録』（中央公論新社）
田中新一『田中新一中将業務日誌』（防衛研究所所蔵）
堀江芳孝『硫黄島　激闘の記録』（光文社）
堀江芳孝『辻政信　その人間像と行方』（恒文社）
田山花袋『第二軍従征日記』（雄山閣）
大井篤『海上護衛戦』（角川文庫）
西浦進『昭和戦争史の証言』（原書房）
高橋辰雄『護衛船団戦史　日本商船団武器なき戦い』（図書出版社）
賀屋興宣『渦の中　賀屋興宣遺稿抄』（賀屋正雄）

主要参考文献

藤沢国輔『陸軍運輸部から』（渓水社）
日本兵器工業会編『陸戦兵器総覧』（図書出版社）
『現代史資料43　国家総動員1　経済』（みすず書房）
荒川憲一「戦時下の造船業」（『東京国際大学論叢　経済学部編　第51号』）
荒川憲一『戦時経済体制の構想と展開　日本陸海軍の経済史的分析』（岩波書店）
ジェローム・コーヘン、大内兵衛訳『戦時戦後の日本経済』上下（岩波書店）
住田正一『世界戦争と船舶問題』（朝日新聞社）
林寛司『日本艦船戦時日誌』上下（自費出版）
林寛司『戦時日本船名録』（戦前船舶研究会）
駒宮真七郎『戦時輸送船団史』Ⅰ、Ⅱ（出版協同社）
駒宮真七郎『船舶砲兵　血で綴られた戦時輸送船史』（出版協同社）
松井邦夫『日本商船・船名考』（海文堂出版）
会報「戦前船舶」No.21、22（戦前船舶研究会）
厚生省援護局「陸軍徴傭船舶行動調書」（靖国神社偕行文庫所蔵）
五十嵐温彦『太平洋戦争に於ける東京船主籍殉難船　航跡資料集（其二）三三』（私家版）
小倉要一『特攻艇マルレの誕生』
木俣滋郎『日本特攻艇戦史』（光人社）
岡村千秋『南十字星のもとに　ああ船舶工兵隊』（元就出版社）
内田正男『鎮魂　幸の浦から広島へ』（たいまつ社）
「船舶特幹第三期生の記録」編集委員会編『若潮三期の絆・船舶特幹第三期生の記録』（陸軍船舶特別幹部候補生第三期生会）
第八十一回帝国議会衆議院「予算委員会議事（速記）第八回」昭和一八年二月四日
ＮＨＫ取材班編『ドキュメント太平洋戦争1　大日本帝国のアキレス腱』（角川書店）

沖縄戦史刊行会編『日本軍の沖縄作戦　秘録写真戦史総集編』（月刊沖縄社）
中村隆一郎『常民の戦争と海【聞書】徴用された小型木造船』（東方出版）
マーチン・ファン・クレフェルト、佐藤佐三郎訳『補給戦　何が勝敗を決定するのか』（中公文庫）
片山杜秀『未完のファシズム　「持たざる国」日本の運命』（新潮選書）
北岡伸一『官僚制としての日本陸軍』（筑摩書房）
北岡伸一『日本陸軍と大陸政策―１９０６-１９１８年』（東京大学出版会）
野村実「太平洋戦争の日本の戦争指導」近代日本研究会編『年報近代日本研究４　太平洋戦争　開戦から講和まで』（山川出版社）
森山優『日本はなぜ開戦に踏み切ったか　「両論併記」と「非決定」』（新潮選書）
小林道彦『近代日本と軍部』（講談社現代新書）
冨澤暉『逆説の軍事論』（basilico）
牧野邦昭『経済学者たちの日米開戦　秋丸機関「幻の報告書」の謎を解く』（新潮選書）
戸部良一、他『失敗の本質　日本軍の組織論的研究』（中公文庫）
読売新聞社編『昭和史の天皇　原爆投下』（角川文庫）
小河原正己『ヒロシマはどう記録されたか』上下（朝日文庫）
スーザン・バトラー、松本幸重訳『ローズヴェルトとスターリン』上下（白水社）
海上労働協会『日本商船隊戦時遭難史』（成山堂書店）
戦没船を記録する会編『知られざる戦没船の記録』上下（柘植書房）
全日本海員組合編『海なお深く　徴用された船員の悲劇』上下（全日本海員福祉センター、成山堂書店）
大内建二『戦時商船隊』（光人社）
大内建二『戦時標準船入門―戦争中に急造された勝利のための量産船』（光人社）
岩重多四郎『戦時輸送船ビジュアルガイド』１、２（大日本絵画）
太平洋戦史シリーズ37『帝国陸海軍　補助艦艇』（ＧＡＫＫＥＮ）

浅井栄資『慟哭の海―知られざる海上交通破壊戦』（日本海事広報協会）

伊藤禎『大東亜戦争戦没将官列伝　陸軍・戦死編』（文芸社）

大岡昇平『レイテ戦記』全四巻（中公文庫）

五味川純平『ガダルカナル』（文藝春秋）

亀井宏『ガダルカナル戦記』全四巻（講談社文庫）

堀栄三『大本営参謀の情報戦記　情報なき国家の悲劇』（文春文庫）

永井荷風『断腸亭日乗』上下（岩波文庫）

徳川夢声『夢声戦争日記』全五巻（中央公論社）

坂根嘉弘編『地域のなかの軍隊5　西の軍隊と軍港都市』（吉川弘文館）

有吉義弥『海運五十年』（日本海事新聞社）

広島市文化財団広島市郷土資料館編『平成二十九年度広島市郷土資料館特別展　宇品港』（広島市文化財団広島市郷土資料館）

全国ソロモン会「会報　ソロモン」第一二六〜一二八号

船舶砲兵会「船舶砲兵　会報」第一号

Groves, Leslie（1962）. Now It Can Be Told: The Story of the Manhattan Project, New York: Harper.

Murray, Williamson, Millett, Allan R., eds.（1996）. Military Innovation in the Interwar Period, New York: Cambridge University Press.

U. S. Navy. ONI225J "Japanese Landing Operations and Equipment."

Alperovitz, Gar（1965）. Atomic Diplomacy: Hiroshima and Potsdam, New York: Simon & Schuster.

堀川恵子（ほりかわ・けいこ）

1969年広島県生まれ。『チンチン電車と女学生』（小笠原信之氏と共著、日本評論社）を皮切りに、ノンフィクション作品を次々と発表。『死刑の基準―「永山裁判」が遺したもの』（日本評論社）で第32回講談社ノンフィクション賞、『裁かれた命―死刑囚から届いた手紙』（講談社）で第10回新潮ドキュメント賞、『永山則夫―封印された鑑定記録』（岩波書店）で第4回いける本大賞、『教誨師』（講談社）で第1回城山三郎賞、『原爆供養塔―忘れられた遺骨の70年』（文藝春秋）で第47回大宅壮一ノンフィクション賞と第15回早稲田ジャーナリズム大賞、『戦禍に生きた演劇人たち―演出家・八田元夫と「桜隊」の悲劇』（講談社）で第23回ＡＩＣＴ演劇評論賞、『狼の義―新 犬養木堂伝』（林新氏と共著、ＫＡＤＯＫＡＷＡ）で第23回司馬遼太郎賞受賞。

暁《あかつき》の宇品《うじな》
陸軍《りくぐん》船舶《せんぱく》司令官《しれいかん》たちのヒロシマ

二〇二一年 七月 五日 第一刷発行
二〇二三年 七月 五日 第八刷発行

著者 堀川恵子《ほりかわけいこ》

発行者 鈴木章一

発行所 株式会社 講談社
東京都文京区音羽二丁目一二―二一 郵便番号一一二―八〇〇一
電話 編集 〇三―五三九五―三五二二
販売 〇三―五三九五―四四一五
業務 〇三―五三九五―三六一五

装幀 岡 孝治

印刷所 株式会社新藤慶昌堂

製本所 大口製本印刷株式会社

定価はカバーに表示してあります。

ISBN978-4-06-524634-4

KODANSHA